洪兴隆 / 编著

MG动画设计与制作

从新手到高手

清华大学出版社
北京

内 容 简 介

本书是为MG动画初学者量身定制的学习教程。想要成为一名MG动画师，需要掌握和了解的技能也不止一种。本书分为基础篇和实战篇两篇共11章。第1章～第5章为基础篇，依次讲解MG动画的基本概念、制作流程、设计风格、配色技巧等基本知识，然后介绍MG动画常用的Illustrator、After Effects和Photoshop软件相关知识及其在MG动画设计中的应用方法；第6章～第11章为实战篇，通过点线风格、LOGO动效、UI动效、MBE风格、人物角色和奔跑等MG动画案例，讲解各风格、各类型案例的制作方法，帮助读者积累实战经验。

本书适合MG动画新手学习，也适合有一定设计基础的设计师参考，还可作为各类高校相关专业的教材或相关培训机构的培训用书。

图书在版编目(CIP)数据

MG动画设计与制作从新手到高手 / 洪兴隆编著 . —北京：清华大学出版社，2023.6
（从新手到高手）
ISBN 978-7-302-63880-3

Ⅰ. ① M… Ⅱ. ①洪… Ⅲ. ①动画制作软件 Ⅳ. ① TP391.414

中国国家版本馆CIP数据核字(2023)第113412号

责任编辑：陈绿春
封面设计：潘国文
版式设计：方加青
责任校对：胡伟民
责任印制：曹婉颖

出版发行：清华大学出版社
网　　址：http://www.tup.com.cn，http://www.wqbook.com
地　　址：北京清华大学学研大厦A座　　**邮　　编：**100084
社 总 机：010-83470000　　**邮　　购：**010-62786544
投稿与读者服务：010-62776969，c-service@tup.tsinghua.edu.cn
质 量 反 馈：010-62772015，zhiliang@tup.tsinghua.edu.cn
印 装 者：小森印刷霸州有限公司
经　　销：全国新华书店
开　　本：188mm×260mm　　**印　　张：**10　　**字　　数：**343千字
版　　次：2023年8月第1版　　**印　　次：**2023年8月第1次印刷
定　　价：88.00元

产品编号：091559-01

前言 PREFACE

随着移动互联网、5G技术的发展，视频已经成为了人们日常生活中最普遍的一种信息载体。视频不仅可以用来传播内容，也可以用来传播营销类的广告信息。MG动画作为时下流行的营销广告内容的传播形式之一，受到越来越多企业的追捧。

MG是Motion Graphic的缩写，可以直译为“图形动画”或“动态图形”，即通过动态的图形变换表现出各种引人入胜的画面，最终达到传播内容的目的。

MG动画的制作流程相对复杂，涉及的软件种类较多，所以MG动画师的门槛也相对偏高。除了要会画分镜，还要懂平面和动画，但也正因如此，一名合格的MG动画师在行业内的薪资报酬也很可观。本书的主要内容就是教会读者如何一步步从零开始成为一名合格的MG动画师。

1. 编写目的

鉴于制作MG动画的流程相对复杂，我们力图编写一本可以让一名“小白”从零开始学MG动画的书。所以本书从MG动画的基本概念讲起，全面介绍了各MG动画主流制作软件的应用方法，并附有大量的案例练习，力求读者能在学完本书内容之后，可以输出属于自己的MG动画作品。

2. 内容安排

本书共11章，有理论，有实操。讲解软件时，会从软件的基本功能讲起，并附有案例练习，让读者通过边学边练的方式掌握书中的知识。本书最后几章更是针对目前市面上的主流风格，有针对性地设计了几个案例。全书具体内容安排如表1。

表1

章　题	内容安排
第1章　MG动画概述	介绍MG动画的基本概念，MG动画制作的常用软件，以及MG动画的一般制作流程
第2章　动画设计风格的确立	介绍MG动画的几种常见风格，讲解MG动画的配色原理和技巧
第3章　Illustrator在MG动画中的应用	介绍Illustrator软件，从基本操作讲起，涉及绘图工具、图形绘制技巧等
第4章　After Effects在MG动画中的应用	介绍After Effects软件，从基本操作讲起，涉及动画属性、关键帧和表达式等重点知识
第5章　Photoshop在MG动画中的应用	介绍Photoshop软件，从基础操作讲起，涉及工具组、图层等重点知识
第6章　点线风格MG动画	从零开始制作一个点线风格的MG动画，从动画分析讲起，依次完成每一个分镜，最后将所有分镜组合成一个完整的MG动画

续表

章　题	内 容 安 排
第7章　LOGO动效MG动画	从零开始制作一个LOGO动效，从出场到停留，再到收尾，每个部分都会告诉读者如何制作
第8章　UI动效MG动画	从零开始制作一个UI动效，使用素材库提供的psd素材，制作两个UI的转场动效
第9章　MBE风格MG动画	从零开始制作一个MBE风格的动画，从元素绘制到动画制作，全流程讲解
第10章　人物角色MG动画	从零开始制作一个人物角色动画，使用软件提供的aep文件，将绘制好的人物形象制作成一个不断奔跑的状态
第11章　羊驼奔跑MG动画	通过制作一个奔跑的羊驼动画，掌握切换形态的制作技巧，学习After Effects路径动画的灵活应用

3. 本书写作特色

本书主要以理论结合实战的方式，讲解制作MG动画所需要的各项知识点，力求读者学完之后，自己也能动手制作自己的MG动画。本书有如下特点。

由易到难，循序渐进。

先从基础理论讲起，再过渡到简单案例，最后用综合案例结尾。学习过程由易到难，循序渐进，力求让读者在学习过程中不会卡壳。

图文视频，相得益彰。

本书采用文字配合图片的讲解方式，图片为主，文字为辅。案例部分除了图文，还配有详细的视频教程，即便是新手，也能跟着视频完成操作。

注重落地，学以致用。

由于本书涉及的知识较多、较广，为了确保读者能将所学知识学以致用，本书的最后6章都是综合案例。

4. 配套资源及技术支持

本书的配套素材及视频教学文件请用微信扫描下面的二维码进行下载，如果有技术性问题，请用微信扫描下面的技术支持二维码，联系相关人员进行解决。如果在配套资源下载过程中碰到问题，请联系陈老师，联系邮箱：chenlch@tup.tsinghua.edu.cn。

配套素材

视频教学

技术支持

编者

2023年5月

CONTENTS 目录

基础篇

第 1 章　MG 动画概述

第 2 章　动画设计风格的确立

第 3 章 Illustrator 在 MG 动画中的应用

第 4 章 After Effects 在 MG 动画中的应用

第 5 章 Photoshop 在 MG 动画中的应用

实战篇

第 6 章 点线风格 MG 动画

第 7 章 LOGO 动效 MG 动画

第 8 章 UI 动效 MG 动画

第 9 章 MBE 风格 MG 动画

第 10 章 人物角色 MG 动画

第 11 章 羊驼奔跑 MG 动画

基础篇

第1章
MG动画概述

随着视频硬件载体的普及和数据流量成本的降低，MG动画在产品宣传、广告领域出现的频率变得越来越高。制作MG动画的技能，也逐渐变成了设计师的标配能力。

本章从MG动画的基础概念讲起，介绍MG动画的特点、主要的应用领域和相应的制作手段。

1.1 什么是MG动画

MG动画属于一种动画表现风格，MG即Motion Graphic的缩写，直译为“图形动画”或“动态图形”，一般简称为“MG动画”。MG动画通过把一幅平面图像中的文字或图形元素转变成动态图形，使画面呈现生动的视觉效果，如图1-1所示。

图1-1

MG动画可以创造一个三维空间，将平面中的元素立体化，重新赋予它们生命力和表现力。MG动画与传统动画的区别在于，MG动画侧重于非叙述性、非具象化的视觉形式，传统动画则是为故事情节服务。

从另外一个角度理解，MG动画就是将静态的视觉画面动态化，进而增加画面的表现力和传递的信息量。

1.2 MG动画的传播优势

比起传统的Flash类动画、平面设计等常见的视觉表现形式，MG动画拥有更多维度的叙事和表达方式，其丰富的画面和流畅的动画效果为观众带来全新的视听体验。

1.2.1 可加载的信息量大

MG动画通过在短时间内展现大量画面，来向观众传递更多的信息，所以节奏较快。而这种将大量的碎片化信息进行整合的形式，能够激起观众更多的观看兴趣。

比起传统的Flash类动画，MG动画的画面更精致，且抛弃了传统的剧情叙事方式，只给观众呈现精简（包含画面简化、内容简化、旁白简化）过的关键信息，更加符合当下“短视频”时代“短”和“快”的特点。

1.2.2 成本低，制作周期短

传统的Flash类动画为了让画面看起来更流畅，往往需要逐帧绘制。这样不仅制作过程耗时耗力，而且由于Flash软件矢量绘图本身的局限性，最终做出来的画面依然是过渡生硬，达不到元素丰富且风格柔和的效果。一些具有空间感的镜头做起来不仅费时费力，效果也很一般，如图1-2所示。

图1-2

MG动画的主流制作软件是Illustrator、Photoshop、After Effects和Cinema 4D。这类动画的制作流程通常是用Illustrator、Photoshop或Cinema 4D制作好视觉元素，再导入到After Effects中进行动画制作和后期合成。与在Flash中绘制相比，这些软件让MG动画在视觉表现力上有了质的飞跃，如图1-3所示。

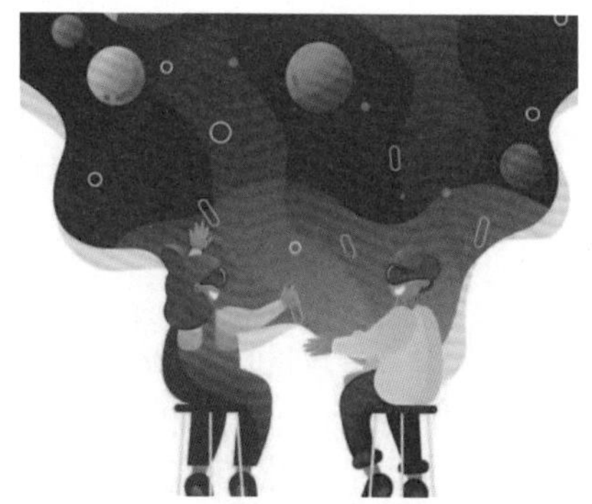

图1-3

这些软件与实拍、三维等技术相比，绘制元素的方式增加了视觉表现力的同时，也降低了MG动画的制作成本。而After Effects强大的后期能力，也让设计师可以比较轻松地制作出更精致的画面和更细腻的动态，大大提升用户的观看体验。

1.2.3 画面品质标准化

我们日常看到的MG动画的风格一般都是"扁平风格"，如图1-4所示。与"扁平风格"相对的风格叫"拟物风格"，如图1-5所示。"扁平风格"和"拟物风格"最大的不同就是，"扁平风格"更注重通过简洁的图形、色彩、文字的组合排序让用户直观地表达有效信息。

不用刻画细节，一方面降低了扁平风格内容的制作成本，另一方面，也弱化了修饰元素对信息传达的干扰，让观众将注意力聚焦到信息本身，强化了动画画面的传达功能。

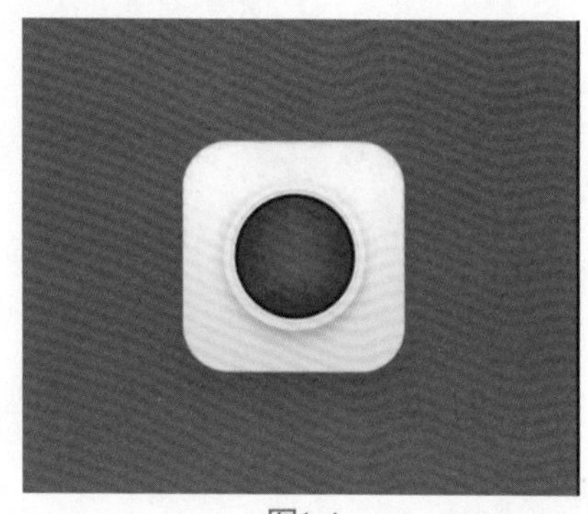

图1-4

图1-5

1.2.4 传播载体多样化

MG动画时长相对较短，通常不会超过五分钟，甚至有的只是一张GIF动态图片。这样节奏快、信息量大的特征，非常贴合当下移动互联网时代的信息传递速度，很适合在移动设备上播放和传播。

近几年，随着抖音、快手等一系列短视频应用平台的崛起，在移动设备（智能手机或平板）上看视频已经成为主流。各方面数据都显示，移动端视频的播放量已经逐步超过PC端。在用户越来越喜欢短而信息量大的今天，要求精短的内容与MG动画的效果做到了彼此成就。

再加上MP4、GIF无论在PC端还是移动端都有着非常出色的兼容性，做好的MG动画就可以在各大主流平台播放和传播。

因此，当下每一个想要传播自己内容的个人或机构，都会考虑MG动画这样的传播形式。

1.3 MG 动画制作常用软件

可以用来制作MG动画的软件非常多，目前比较主流的有Illustrator、After Effects、Photoshop、Cinema 4D等。这些软件功能强大、兼容性好，通过彼此合作，不仅能提升设计者的工作效率，还能制作出丰富多彩的视觉效果。

1.3.1 Illustrator

Adobe Illustrator简称AI，是由美国Adobe公司于1986年推出的一款基于矢量的图形制作软件，广泛应用于印刷出版、专业插画、多媒体图像处理和互联网页面制作等领域。

Illustrator内置的专业图形设计工具提供了丰

富的像素描绘功能，以及顺畅灵活的矢量图编辑功能。Illustrator软件启动界面如图1-6所示。

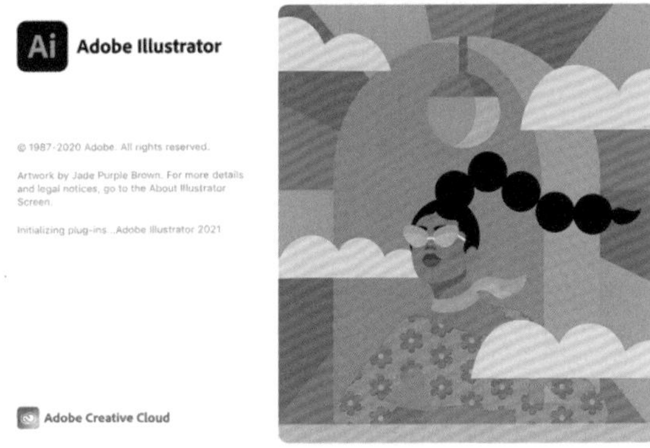

图1-6

1.3.2 After Effects

After Effects简称AE，是由美国Adobe公司推出的一款图形视频处理软件。由于After Effects强大的影视后期特效制作功能，其已成为目前最流行的影视后期合成软件之一。

After Effects拥有先进的设计理念，是一款基于层的2D和3D后期合成软件，与同为Adobe公司出品的Premiere、Photoshop、Illustrator等软件可以无缝结合，兼容使用，再加上其自身包含上百种特效及预置动画效果，足以创建出众多无与伦比的视觉特效。关键帧和路径的引入，也使得高级二维动画的制作变得更加游刃有余。After Effects软件启动界面如图1-7所示。

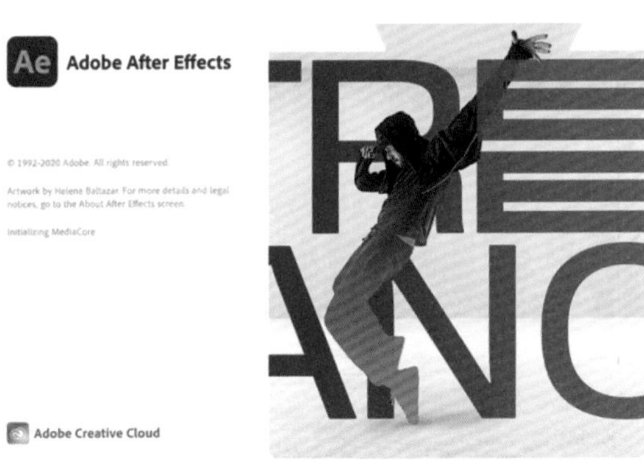

图1-7

1.3.3 Cinema 4D

Cinema 4D简称C4D，是由美国MAXON公司出品的一款功能强大的3D绘图软件。作为一个综合型的三维软件，Cinema 4D以高速图形计算速度著称，有着令人惊叹的渲染器和粒子系统。并且Cinema 4D具备高端3D绘图软件的所有功能，处理图形更加流畅、高效、便于操作。Cinema 4D软件启动界面如图1-8所示。

图1-8

Cinema 4D渲染器在不影响速度的前提下，可以为用户输出极高品质的图形，同时软件内置丰富的工具包，方便在制作MG动画时，营造出各种丰富的动效，如图 1-9所示。

图1-9

小贴士：After Effects在安装了Cinema 4D的互导插件之后，两个软件可以实现文件互导。

1.3.4 Photoshop

Photoshop简称PS，是由美国Adobe公司推出的一款久负盛名的集图像扫描、编辑修改、图像制作、广告创意于一体的图形图像处理软件，被誉为“图像处理大师”。Photoshop软件启动界面如图1-10所示。

图1-10

由于Photoshop优秀的软件性能，其在制作MG动画时能够起到不小的作用，其不仅可以优化处理图形素材，还能导入After Effects输出的视频文件，再将其输出为GIF文件，用于在其他平台上传播。

1.4 MG 动画制作的一般流程

很多读者以为，只要学会了几个可以用来制作MG动画的软件，就等于学会了制作MG动画。其实不然，MG动画的制作流程还是比较复杂的，动画制作只是其中一个环节。如果前期的创意和脚本不够出色，动效制作得再好，也不能弥补内容的缺憾。

1.4.1 剧本文案

虽然不同的团队制作MG动画的过程和方法可能各不相同，但制作之前设计师都应该先理清思路。将想要制作的内容制作成一份剧本文案。

剧本文案一定要明确三个问题。

- 写剧本文案的目的。
- 想要对受众产生的影响。
- 通过怎样的方式降低观众对内容的理解难度。

1. 文案目的——为宣传对象负责

我们经常能够想到一些广为流传的广告文案，但如果问消费者这些脍炙人口的广告文案出自哪个产品和品牌，就鲜有人能回答上来。这恰好也是MG动画剧本文案经常会出现的一个问题——创意大于产品。

很多设计师在创作剧本文案时喜欢先提几个要点，可能是一个词语，也可能是一个句子，然后根据这些要点去发散出新的内容，直到完成整个剧本文案。

但在这个“短视频时代”，在海量视频内容面前，用户的注意力变得越来越宝贵。短视频领域有句话是这么说的——如果你不能在视频的前三秒成功吸引用户的注意，那用户就划走了。这句话又被称为“黄金三秒”法则。

制作MG动画也是一样的道理，如果MG动画的前三秒不能激起用户的强烈兴趣，用户可能就不会继续往下看了。

所以，一份合格的剧本文案的前几句台词非常关键，它们能否激起用户的兴趣可能直接决定了这是否是一个优秀的MG动画。

2014年支付宝的“十年账单”视频在各大社交平台上“刷屏”，如图1-11所示。其MG动画文案的开头就直接向用户提出一个问题——过去十年，我们共同经历了什么？一下子就牢牢抓住了用户的兴趣，配合怀旧风的画面，勾起了大众的共同回忆。

图1-11

当然，在剧本文案完成后，我们也可以通过“第三方人员审读”的方式对自己的剧本文案质量进行评估，如果收到的评价只聚焦于文案本身，丝毫不提产品相关内容，就应该引起警惕。

2. 影响——从用户的角度看问题

MG动画作为一种宣传手段，必然要为它的宣传对象服务，而每个宣传对象又必然有它特定的受众群体。所以在编写基本文案时，一定要结合受众群体的特征，顺着他们的思维逻辑来选择性地制作文案。

以宣传5G的MG动画为例，很多剧本文案的思路是：5G速度比4G快，所以大家应该选择5G。例如有的文案就写道——何必只快一步，要快就快7倍。

但消费者看了文案之后可能会说：“5G是很快，但4G的速度已经满足我需求了，我为什么还要换？”

所以我们在制作相关MG动画时，应该顺着消费者的思路把文案改成——5G的上网速度不仅比4G快7倍，相同的上网时间能提供更多便利，性价比更高！

然后基于这条文案来制作MG动画，就能更好地表达出客户想要给用户传达的意图。

> 小贴士：MG动画剧本和传统动画剧本最大的不同就是，MG动画剧本中很少有人物对话，更多是通过画面配合旁白激起观众的联想，进而传达信息。

3. 表达方式——简单直接

剧本文案作为创作者和用户的一种沟通工具，高效地传递信息是它的首要任务。剧本文案应当尽量避免书面语，言语应当尽量通俗、口语化，尽可能地降低用户的理解难度。用一个比较流行的说法就是“多说人话”。

同时，为了提高信息的密度，在最短的时间内传达最多的内容。剧本文案应当选择最简洁、字数最少的内容，去掉和用户无关的文字。在保证内容完整性的前提下，让每一个字都有意义，这就是我们常说的“最简”原则。

1.4.2　美术设定

品牌形象通过视觉化处理再进行传播，更容易被大众接受。例如看到一只黄色的袋鼠就想到美团外卖，看到一个音符就想到抖音，看到小电视就会想到B站，如图1-12所示。

图1-12

越来越多的品牌都会选择将自己的品牌形象转换为一个大众更容易接受的视觉符号，以降低用户的认知成本，提高品牌的传播效率。

剧本文案一定要具备“视觉感”，一方面降低视觉画面对文案内容的表现难度，另一方面也能让画面和文案的融合度更好，降低用户的理解成本。

在进行具体绘制之前，需要根据剧本文案确定动画的风格、色调，以及主体造型。然后再根据剧本文案的具体内容，进行大批量的原画绘制工作。根据剧本文案绘制的MG动画如图1-13所示。

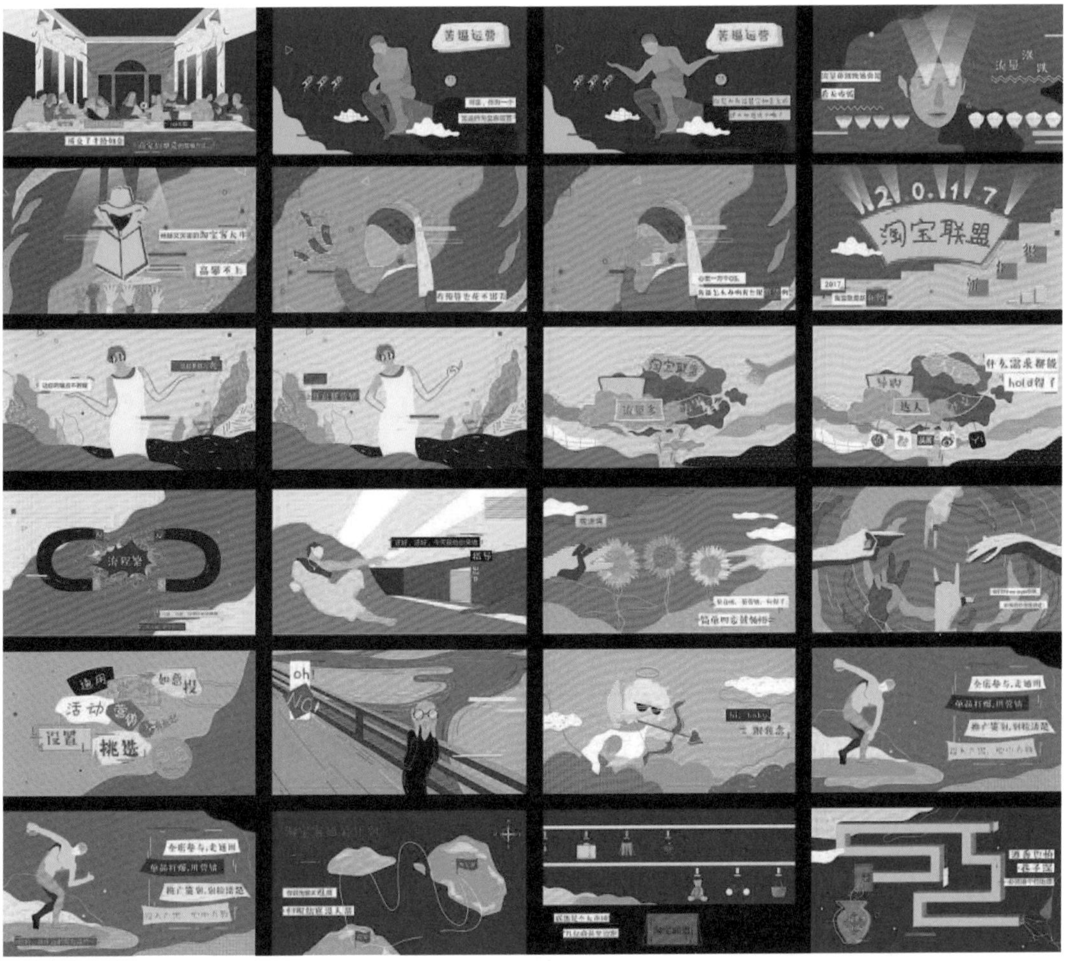

图1-13

1.4.3 设计分镜头

分镜头如图1-14所示。分镜头决定了动画的整体风格，影响动画的流畅性，关乎整个动画的视听节奏，所以前期做好分镜头工作，有助于后期工作的有序进行。

分镜头应该是最终成片的预览小样，设计者除了要构思每个镜头的架构，还必须考虑时间分配的比例，包括每个镜头的时间长度、镜头中动作的时间长度、画面与画面直接的连接与转换等。

在制作分镜头阶段可以调整剧本的某些内容，一旦进入制作阶段，就必须严格按照画面分镜头的各项指标来操作。

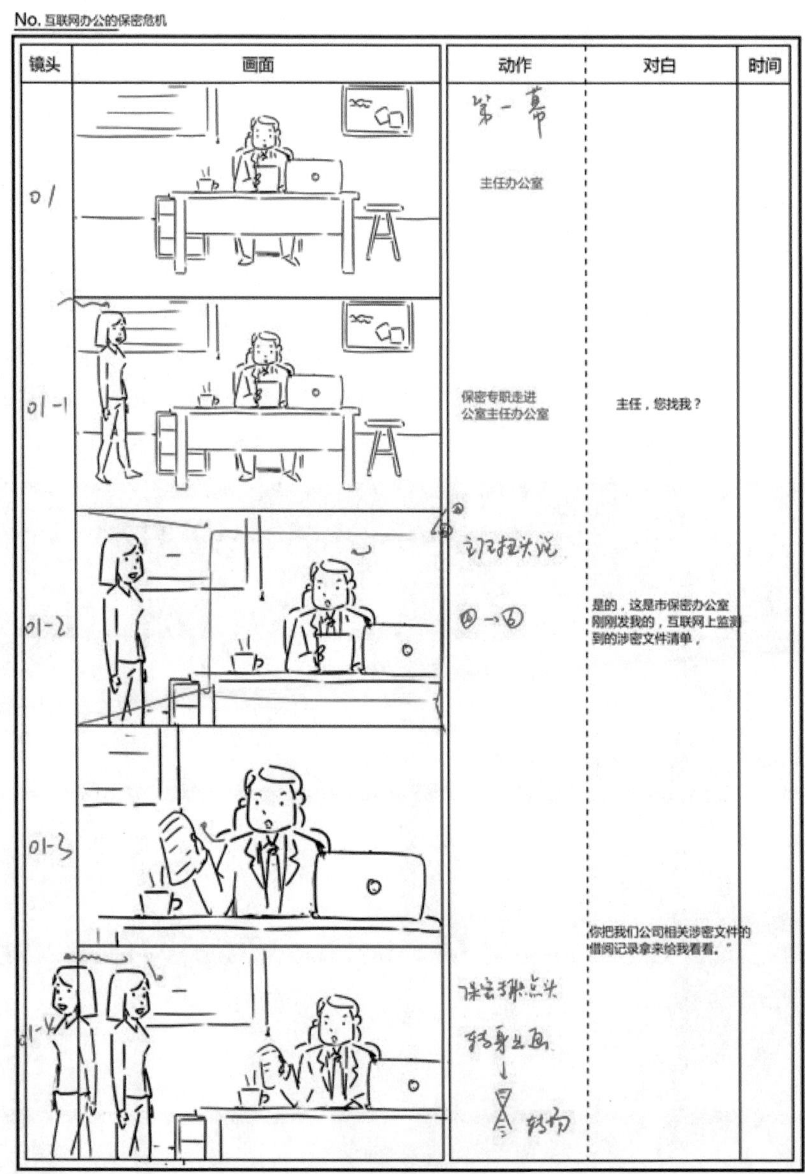

图1-14

1.4.4 绘制素材

确定好风格和分镜头之后，下面要做的就是绘制具体的素材。

由于MG动画多为“扁平风格”，所以在绘制具体的元素时，一般都是用不同的色块进行“拼装组合”。在绘制色块方面比较好用的软件是Illustrator，因为Illustrator绘制的都是矢量图形，无论绘制的具体尺寸多大，都能在导入After Effects时保证绝对的清晰度。如果使用Photoshop进行元素绘制，则通常要将文档的尺寸设定为和视频输出的具体尺寸一样。

如果绘制的元素中有"人"，则需要根据分镜头需要，绘制出不同角度的人物造型。为了方便后期动画实现，绘制时还要将不同的肢体分开、分层，如图1-15所示。这样在导入After Effects时也会自动分开，大大提高动画的制作效率。

图1-15

1.4.5　声音的创作

MG动画需要借助声画配合共同传递信息，除了配音，恰当的音效、背景音乐也非常重要。

配音也要根据MG动画的主题选择不同的语调、语气以及说话节奏等。例如偏商务类的MG动画，配音应该口齿清晰、语音标准；一些轻松科普类的MG动画，配音的语调就可以轻松些，甚至为了配合某些主题可以夹杂一些地方口音。

音效一方面可以增加画面的真实感，提高用户在观看动画时的沉浸程度，另一方面可以增强动画的节奏感。这些功能看似不起眼，实则非常重要。一些音效素材网站会提供丰富的音效素材，我们可以下载后根据需要进行裁剪和组合，最终得到我们想要的音效。

背景音乐和配音一样，要根据MG动画的主题来选择。一个MG动画也可以根据画面的内容添加多个背景音乐。虽然音乐素材很好找，但一定要注意音乐的版权问题，千万不要使用一些禁止商用的音乐作为背景音乐。如果预算充足，也可以找专门的音乐工作室给自己的MG动画进行定制创作。

1.4.6　后期剪辑

将绘制完成的素材导入After Effects，根据分镜的描述制作成一个个动画片段。在导入素材前，在绘制素材的软件中（一般是Photoshop或Illustrator）也要根据最终的动画效果进行必要的分层。

在制作动画的过程中还要考虑每个动画片段的进场和出场方式，这样在最后拼合成片时，看起来就会自然流畅很多。

拼合片段时还要注意画面和旁白的配合，确保"音画同步"，如果需要添加字幕，可以使用Premiere，或其他专门的加字幕工具给视频加上字幕。最后再给整个动画根据不同的片段内容加上合适的背景音乐，即可渲染输出。

1.5 本章小结

通过前面几节的讲解，我们对MG动画已经有了一个比较初步的认识。

如今，MG动画不仅被广泛应用于产品推广、品牌宣传、流程演示以及影视片头等众多热门领域，在热门的"短视频"领域中也依然有它的"用武之地"，越来越多的短视频博主在自己的视频中引入了MG动画作为内容的表现形式。所以哪怕学完了不去制作品牌宣传类的视频，也不愁这项技能无处施展。

第 2 章

动画设计风格的确立

MG动画和海报、插画都属于传播媒介，MG动画的风格同样是多变的。MG动画诞生至今，已经历了好几轮的风格迭代。

当下的MG动画通常是多种风格混用。小部分前卫MG动画的风格，已经开始贴近动画短片的风格。但无论哪种风格，都是为了突出主题以及表达内容需要。

本章将深入了解MG动画常见的几种风格以及配色技巧。

2.1 MG 动画的常见风格

MG动画推崇简洁、直观地传达信息，所以常见的MG动画都是“扁平风格”，但随着MG动画的持续发展，“扁平风格”里也细分出了新的MG动画风格。

2.1.1 MBE 风格

“MBE风格”的原创作者是法国设计师MBE，他于2015年年底在dribbble网站上发布。从线框型Q版卡通画演变出来的“MBE风格”，其设计采用了更大更粗的描边，相比没有描边的“扁平风格”插画，去除了里面不必要的色块区分，更简洁，更通用，易识别，如图2-1所示。粗线条描边起到了对界面的绝对隔绝作用，突显内容，表现清晰，化繁为简。此后，所有此类型的图标和作品都被称为“MBE风格”。

图2-1

2.1.2 线条风格

2013年秋季，苹果公司iOS 7发布会上展示了一条名为Designed by Apple in California的视频，如图2-2所示。优雅的点线面动画、淡雅的黑白灰配色，再加上轻柔的配乐，整个视频将“简约而不简单”的概念演绎到了极致。视频一经公布，网上就出现了很多模仿该视频风格的动画。经过几年的拓展演变，最终变成了现在大家熟知的“线条风格”。

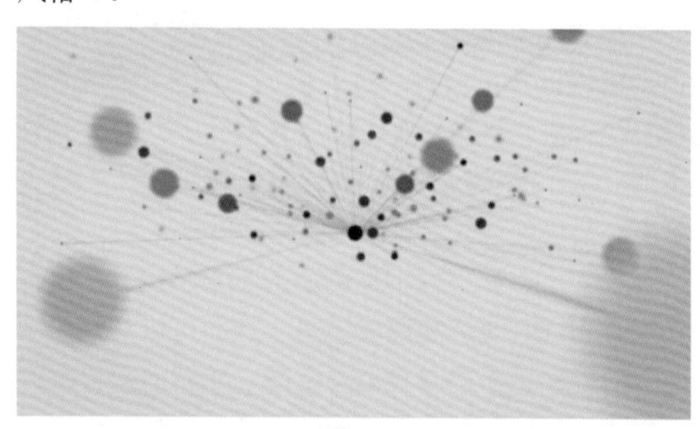

图2-2

2.1.3 扁平风格

“扁平风格”最早于2008年由谷歌提出，通过去除冗余、厚重的装饰效果，只保留简洁的色块，来突出了整个画面的“信息”元素，如图2-3所示。“扁平风格”在元素的设计上强调抽象、极简和符号化，这样既突出了信息，又减少了工作量。因此“扁平风格”也是目前最常见的MG动画风格，当然“扁平风格”也不只应用在动画方面，在UI界面、网页设计、平面设计领域也应用广泛。

图2-3

2.1.4　插画风格

“插画”又被称为“插图”，最早应用在平面设计领域。随着户外媒介的传播形式升级，越来越多的屏幕支持动态影像，于是一些互联网公司开始试着将自己的插画风格的平面广告制作成动态画面来吸引行人的注意，“插画风格”就逐渐演变成一种MG动画风格。

相比起“扁平风格”，“插画风格”的MG动画细节要更丰富一些，其不仅在绘制环节多了一些工作量，在动画制作环节也会增加不少工作量，但通常给观众的效果也是更加细腻且有质感，如图2-4所示。

图2-4

2.1.5　点线科技风格

“点线科技风格”从视觉上看，有点像“线条风格”的加强版，但二者有本质上的不同。

“点线科技风格”更多的是用点线的形式来营造一种未来科技感，如图2-5所示，而“点线风格”则是为了表现出一种极简的风格。

另外，“点线科技风格”会用点和线绘制更多具象化的图形，用来传达非常具体明确的信息。这种风格目前也被比较多地用在一些科技产品的宣传动画中。

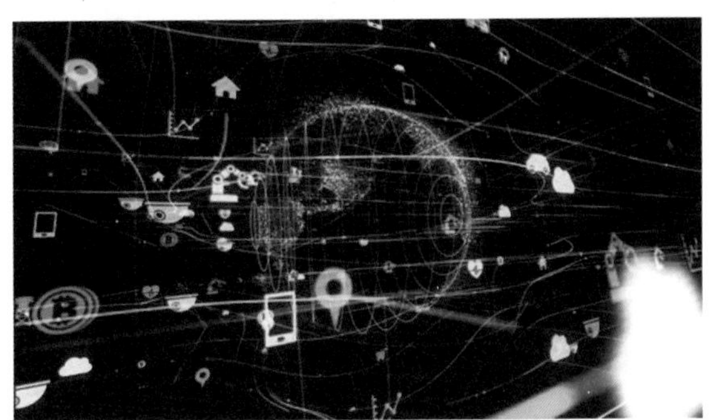

图2-5

2.2 色彩搭配原理

一个MG动画的风格主要由图形风格、色彩搭配、动画节奏、声音（包含背景音乐、旁白、音效）共同组成。其中色彩搭配在视觉方面的影响最大，因为人眼总是优先感知颜色再去感知图形。

2.2.1　主色和辅色的作用

任何一个视觉画面通常都需要一个最主要和突出的颜色作为画面的主角，其他颜色作为辅助或者点缀颜色呈现，这个占据主角地位的颜色被称为主色。

在一个视觉画面中，所占面积仅次于主色的颜色被称为辅色。如果两个颜色所占面积几乎等量，那色调偏轻的就是辅色。有时作为背景色的颜色往往所占面积最大，但此时的背景色不见得就是主色，而是特殊的辅色。

只有一个颜色的画面通常会给人过于单调的感觉，而有了主色和辅色之后，辅色可以突出主色以及更好地体现主色的优点，在完成传达信息的同时，也让整个画面变得更加饱满，如图2-6所示。

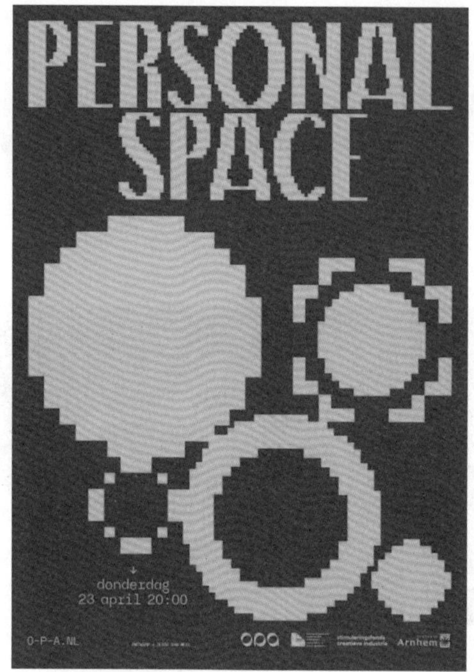

图2-6

2.2.2 色轮工具

色轮又叫色相环，是一个可以理解色彩间复杂关系的工具。色环由12种基本颜色组成，其中红、黄、蓝被称为原色。通过三种原色互相混合得到间色，间色再互相混合就得到了三级色，如图2-7所示。

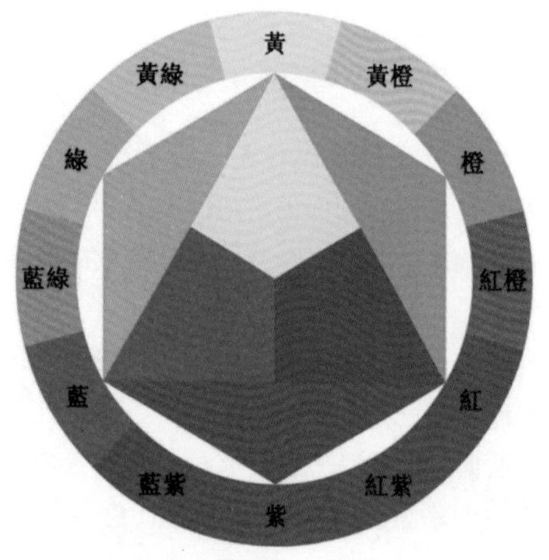

图2-7

例如将红色和黄色、黄色和蓝色、蓝色和红色均匀混合，就会创建出三种间色：绿色、橙色和紫色。将这些颜色应用到项目中，可以提供强烈的对比。三次色来源于间色和原色的混合，主要有红紫色、蓝紫色、蓝绿色、黄绿色、橙红色和橙黄色。

2.2.3 色相、饱和度及明度

色相、饱和度、明度又被称为色彩三要素。我们眼睛看到的任何一个彩色光都是这三个要素综合后得到的结果。其中色调与光波的波长有直接关系，明度和饱和度与光波的幅度有关系。

1. 色相

色相即我们常说的色彩，如图 2-8所示，是由物体上的物理学的光反射到人眼视神经上所产生的感觉。因为色相由光的波长决定，所以色相即指这些不同波长的光。其中波长最长的是红色，最短的是紫色。

图2-8

2. 饱和度

饱和度可以简单地理解成颜色的“鲜艳程度”，如图 2-9所示。有彩色的各种色都具有彩度值，无彩色的彩度值为0。

颜色饱和度的高低通常根据这种颜色中含灰色的程度来计算，即便是色相相同的颜色，也会因为明度和饱和度的不同而看起来不同。

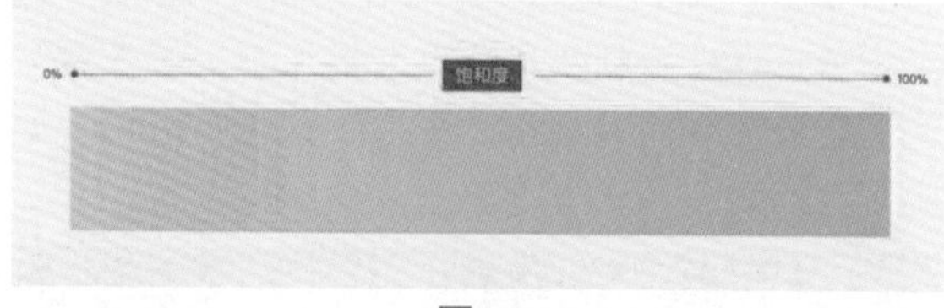

图2-9

3. 明度

颜色所具有的亮度和暗度被称为明度。计算明度的基准是灰度测试卡，黑色为0，白色为10，在0～10内等间隔地排列为9个阶段，如图2-10所示。

色彩可以分为“有彩色”和“无彩色”，但“无彩色”仍然存在着明度，只不过相对而言，“有彩色”的明度不太容易辨别。在现实生活中，颜色的明度要选择在明亮的地方鉴别，不要选择在昏暗的地方。

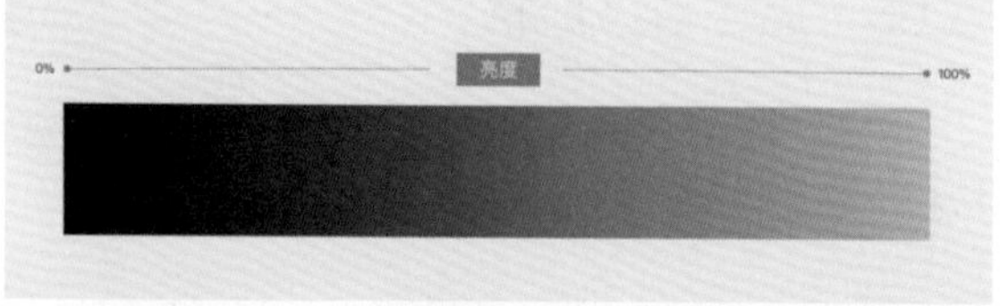

图2-10

2.2.4 配色公式

有了前面的知识铺垫，接下来介绍8种常用的配色公式。它们都有各自的优缺点，可以根据需要设计的画面选择某种配色方式。当然，也可以直接登录配色网站，挑选现有的配色方案。

1. 单色

单色是从色轮中选择一种颜色（或一种相邻颜色），并仅对亮度和饱和度做差异的着色方式，如图2-11所示。

优点：统一感强烈，可直接传达所选颜色的颜色形象。

缺点：画面略显单调，没有张力。

图2-11

2. 类比色

类比色是一种仅使用色轮中相邻颜色进行着色的方法。当单色效果不太满意时，用这个方法最合适。和单色效果比起来，类比色颜色宽度增加了，如图2-12所示。

优点：具有统一感，易于传达所选颜色的图像。

缺点：画面单调，缺少张力。

图2-12

3. 互补色

互补色是在色轮中选择两个呈180°角的颜色的配色方案，如图2-13所示。

优点：因为互补色会增强彼此，所以画面看起来会比较生动。

缺点：很难获得统一感。

图2-13

4. 分割互补色

分割互补色是一种将近似颜色替换其中一种互补色的配色方法。当设计者想使用互补色的配色方式，又想让画面看起来更统一、更柔和时，这个配色方式就很有效，如图2-14所示。

优点：画面有冲击力。

缺点：缺少统一感，因为基本上还是使用了互补色。

图2-14

5. 互补（重叠类型）

互补（重叠类型）是在色轮上绘制一个矩形，并使用位于其顶点处的颜色。这样既可以增加色彩范围，还能保持和互补色相同的效果，如图2-15所示。

图2-15

优点：由于使用了互补色，画面有冲击力。

缺点：比较难获得统一感。

6. 三向轴

三向轴是在色轮上绘制一个正三角形，并使用顶点颜色的配色方法，如图2-16所示。

优点：在增加颜色宽度的同时，也容易取得平衡。

缺点：颜色太多，画面容易显得乱。

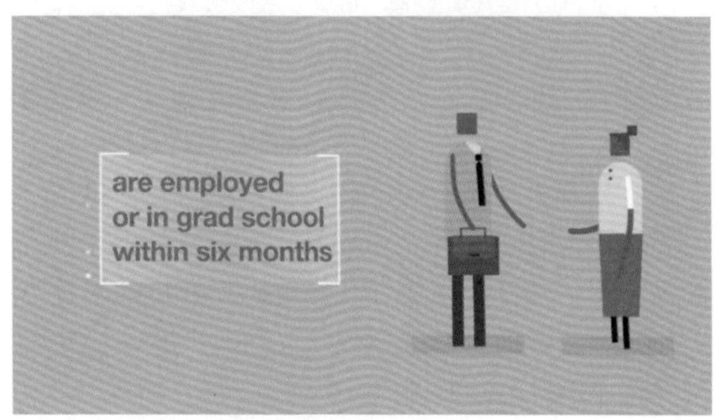

图2-16

7. 四角色

四角色是在色轮上绘制一个正方形，并使用顶点颜色的配色方法，如图2-17所示。

优点：画面色彩丰富。

缺点：比较难保证画面的统一感。

图2-17

8. 白色和黑色

白色、黑色、灰色被称为消色差，并且没有色相和饱和度，因为它们和任何颜色都很搭配。如果在配色方案上遇到困难，先用黑白灰测试一下也是一种方法，如图2-18所示。

图2-18

2.3 MG 动画的配色技巧

蓝天、绿树、红苹果，这是生活中最常见的配色，但如果在MG动画中都按照现实的颜色去配色，最后得到的画面效果可能不是“五彩斑斓”，而是“眼花缭乱”。

在给MG动画配色时，要突破惯性思维，不必刻意追求“真实颜色”，而是从整体的角度选择三至五个，甚至以更少的颜色作为主色调。

2.3.1 色差的比例调配

互补色虽然会让画面更活泼，但也会让画面失去统一感，原因就是两个颜色色差过大。如果选择使用互补色配色，就需要通过下面两种方法去营造统一感。

第一种方法是减少其中一种颜色的比例，使其作为一种强调色，如图2-19所示。第二种方法是降低颜色的饱和度和明度来营造统一感。

图2-19

2.3.2 利用色彩的反差

MG动画非常强调信息传递的效率，画面中经常需要强调一些重点信息。这时想要让观众把注意力聚焦到这些重点信息上，就需要利用色彩的反差，将想要强调的元素主体颜色改成背景色的反色或者反色的邻色，以此实现强调的效果，如图2-20所示。

图2-20

2.3.3　选择合适的配色方案

打开某个配色网站，我们能一下子得到很多配色方案，如图2-21所示。但在给MG动画选择配色方案时并不是只要选自己认为好看的就可以。

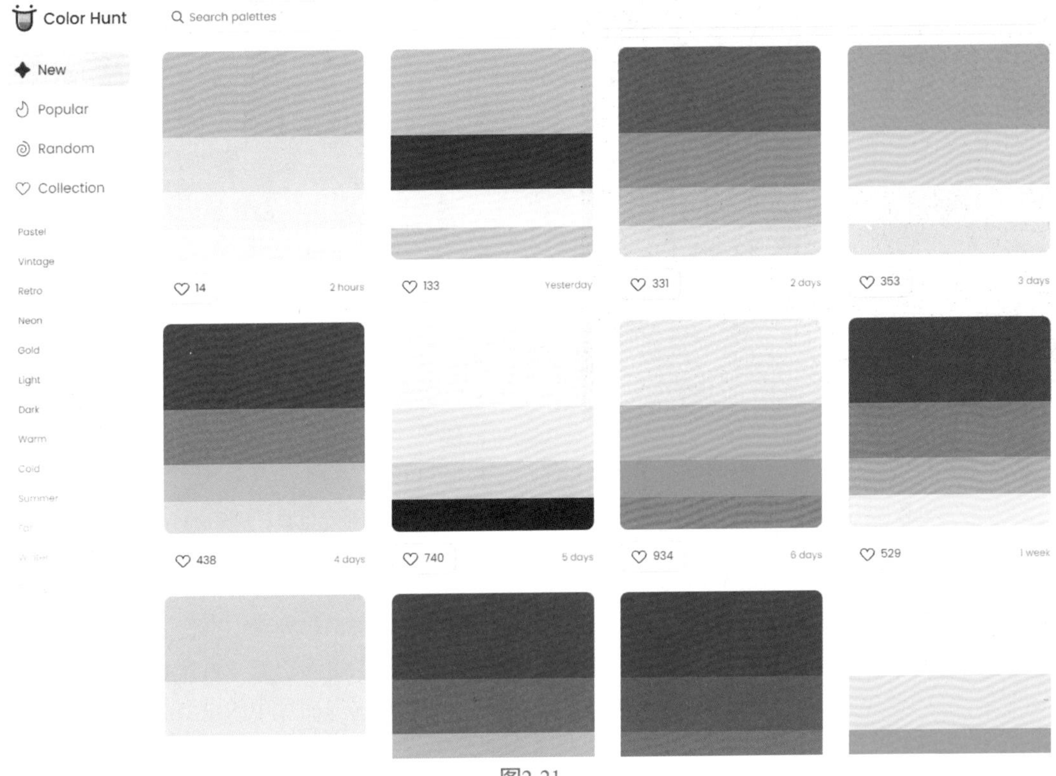

图2-21

首先要考虑动画的主要播放场景。如果主要作为广告宣传，播放渠道通常是户外大屏，那么不要选择明度太暗的配色。

其次要考虑动画的主题。如果主题涉及人的情感，可以多考虑暖色为主色的配色方案。如果主题是讲一些客观事物，例如数据展示、产品介绍等，则可以考虑冷色为主色的配色方案。如果主题比较活泼，就可以考虑颜色多一点的配色方案；反之，如果主题比较深沉，就选用颜色较少的配色方案。

最后，如果整个动画不同阶段表达的情感或者主题是有变化的，在不同的片段里也可以使用不同的配色方案，但一定要注意这些配色方案的统一性，否则整个动画看起来就像是几个不同的短片拼凑起来的。

2.3.4　巧妙运用黑色

黑色作为一种明度为0的特殊颜色，除了可以作为一种配色外，也有一些巧妙的用途。

1. 表现轮廓

将元素主体调成纯黑色，再将其放置在颜色明度较高的背景中，就可以利用黑色勾勒出清晰的主体轮廓，如图2-22所示。

图2-22

2. 表现光

当我们想在动画里做一些发光效果时，例如霓虹灯，就可以利用纯黑色作为背景，如图2-23所示。

图2-23

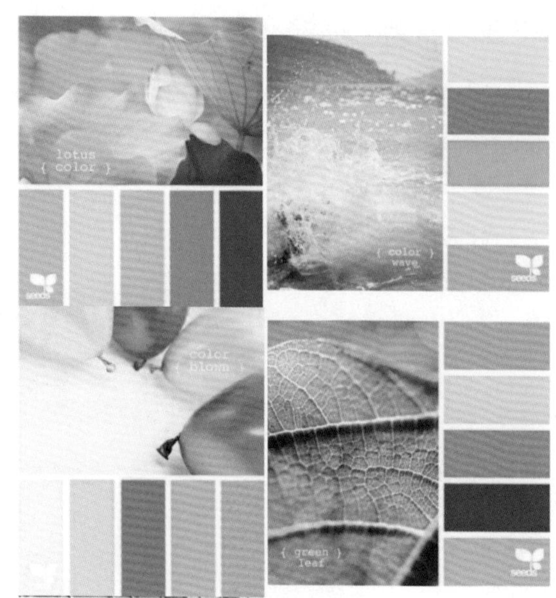

图2-24

2.3.5 从大自然中提取颜色

我们身处的大自然就是一个“配色天堂”。同一个地方的不同季节，或者在一天中的不同时刻，在色相、饱和度、明度上也会有很大的不同，这也是从大自然中提取配色方案的魅力所在，如图2-24所示。

2.3.6 从图案中提取颜色

当我们看到一些好看的图案时，可以将它们的配色提取出来，作为我们自己的配色方案。有些网站就专门提供这项功能，只需要上传一张图片，网站就会自动提取图片中的主要颜色数据，如图2-25所示。

	颜色名	RGB	RGB	WEIGHT
	Silver|银(ExactName:Khaki)	#fbcf80	rgb(251,207,128)	0.48426637
	Blue|蓝 (ExactName:DarkSlateBlue)	#2a30c2	rgb(42,48,194)	0.28770757
	Red|红 (ExactName:Crimson)	#e21d39	rgb(226,29,57)	0.22658606
	Olive|橄榄绿 (ExactName:Peru)	#ce8032	rgb(206,128,50)	0.0011563391
	Gray|灰 (ExactName:SlateBlue)	#5d5cde	rgb(93,92,222)	2.8366677E-4

图2-25

2.3.7 根据情绪和心理活动选择颜色

MG动画中经常会出现人物，部分MG动画是有主角人物的。这时画面的配色就可以根据主角在动画中的情感和心理活动进行调整，如图2-26所示。不同的情感和心理活动使用不同的配色方案更能让观众代入其中。

图2-26

2.4 本章小结

本章主要讲解了如何确立一个MG动画的风格，并从最基础的色彩理论开始，讲解如何基于色环给MG动画配色，最后又分享了一些其他的配色方式，正好和前面的基于色环配色的理论互相补充。

自己制作MG动画时，要能够活学活用，做到善用理论且非拘泥于理论，最终做出属于自己风格的MG动画。

第 3 章 Illustrator 在 MG 动画中的应用

在制作MG动画的过程中，Illustrator的用途要比Photoshop更广泛。虽然很多动画是基于叠加形状图层来实现的，但使用 Illustrator效率更高，也可以创作出更复杂的形状，所以Illustrator通常是MG动画师的首选绘图软件。

本章将讲解Illustrator的基本操作，为后期制作MG动画做准备。

3.1 Illustrator 软件概述

启动Illustrator软件，执行“文件”→“打开”命令，打开AI图形文件。进入操作界面后，可以看到Illustrator的工作界面由“标题栏”“菜单栏”“工具栏”“控制面板”“绘画区”“面板堆栈”“图层面板”等组件构成，如图3-1所示。

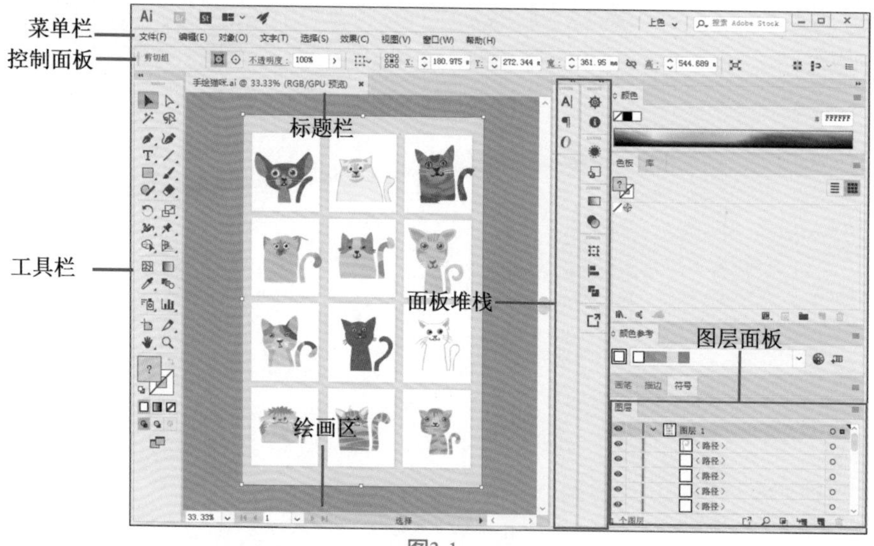

图3-1

Illustrator工作界面各构成组件的作用如下。

- 标题栏：显示当前文档的名称、视图比例和颜色模式等信息。
- 菜单栏：用于组织菜单内的命令。Illustrator有9个主菜单，每一个菜单中都包含不同类型的命令。
- 工具栏：包含用于创建和编辑图像、图稿和页面元素的工具。
- 控制面板：显示与当前所选工具有关的选项，会随着所选工具的不同而改变。
- 绘画区：编辑和显示图稿的区域。
- 面板堆栈：用于配合编辑图稿、设置工具参数和选项。很多面板都有菜单，包括特定于该面板上的选项。面板可以编组、堆叠和停放。
- 图层面板：在该面板中显示当前项目的所有图层。

3.2 文档的基本操作

在Illustrator中绘制任何图形对象之前，首先要对该软件的基本操作有所了解，例如文件的新建、打开与置入、保存等工作。

3.2.1 新建文档

打开Illustrator软件，默认的欢迎界面会自动提供几种常见的文档尺寸，用户可以根据需要选择新建文档尺寸大小，也可以单击“自定义大小”按钮，自行设置文档的尺寸，如图3-2所示。

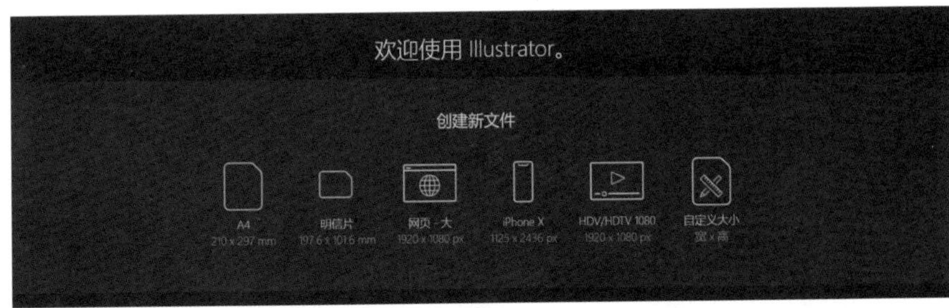

图3-2

使用“新建文档”对话框也可以新建文档。执行“文件”→“新建”命令，或按快捷键Ctrl+N打开“新建文档”对话框，如图3-3所示。在对话框中输入文档的名称，并设置尺寸大小和颜色模式等选项，单击“创建”按钮，即可创建一个空白文档。

图3-3

> 小贴士：在制作MG动画时，文档尺寸通常设置为最终MG动画输出的尺寸。例如最终输出MG动画的尺寸为1920px×1080px，在创建文档时可以设置文档尺寸为1920px×1080px。

3.2.2 打开文档

如果要打开一个文件，可以执行“文件”→“打开”命令，或按快捷键Ctrl+O，在弹出的“打开”对话框中选择需要打开的文件。或者单击欢迎界面左上角的“打开”按钮，如图3-4所示，在弹出的“文件浏览”对话框中，选择需要打开的AI文件，即可完成打开文档的操作。

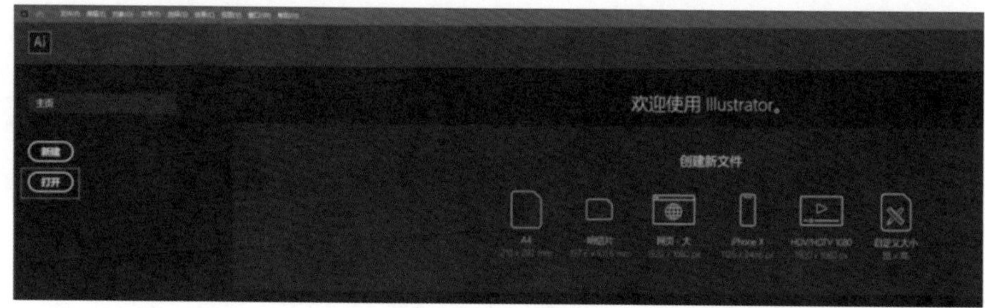

图3-4

除此之外，直接双击文件夹中的AI文件，Illustrator也会自动启动并打开该文件，如图3-5所示。

图3-5

3.2.3 置入文档

使用“置入”命令可以将外部文件导入Illustrator文档。新建或打开一个文件之后，执行“文件”→“置入”命令，或按快捷键Shift+Ctrl+P打开“置入”对话框，选择其他程序创建的文件或位图图像。单击“置入”按钮，在画板中单击并拖动光标，即可将其置入现有的文档中。另外一种方法，选择需要置入的文档，直接从文件夹中拖入打开的AI文档，如图3-6所示。

图3-6

3.3 认识绘图工具

Illustrator提供了各种图形绘制工具，如矩形工具、椭圆工具、多边形工具和星形工具等。这些工具的使用方法非常简单，选择图形工具后，只需在画板中单击并拖动光标，即可绘制出对应的图形。如果想要按照指定的参数绘制图形，可在画板中单击，然后在弹出的对话框中进行设定。掌握这几款简单的几何图形工具，就可以组合出各种复杂的图形。

3.3.1 线条工具

直线段工具、弧形工具和螺旋线工具可以绘制直线段、弧线及各式各样的线条组合。

1. 直线段工具

工具栏中的“直线段工具”╱用于创建直线。

在画板中单击并拖动光标设定直线的起点和终点，即可创建一条直线，如图3-7所示。在绘制的过程中，若按住Shift键，可以创建水平、垂直或以45°角方向为增量的直线；若按住Alt键，可以创建以单击点为中心向两侧延伸的直线；若要创建指定长度和角度的直线，可以在画板中单击，打开“直线段工具选项”对话框，设置精确的参数，如图3-8所示，单击“确定”按钮，完成直线的绘制，如图3-9所示。

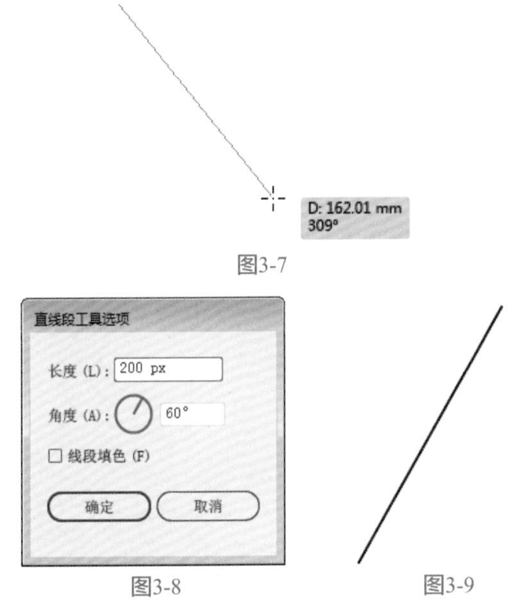

图3-7

图3-8　　图3-9

延伸讲解

选择“直线段工具”后，控制面板会显示该工具的各种选项，其中“描边粗细”选项可以设置直线段图形的宽度。

2. 弧形工具

工具栏中的“弧形工具”可以用来创建弧线。弧线的绘制方法与直线的绘制方法基本相同，在画板中单击并拖动光标设定弧线的起点和终点，即可创建一条弧线，如图3-10所示。在绘制过程中，若按X键，可以切换弧线的凹凸方向，如图3-11所示；若按C键，可以在开放式图形与闭合图形之间切换，图3-12所示为闭合图形；若按住Shift键，可以保持固定的角度；若按“↑”“↓”“←”“→”键可以调整弧线的斜率。

若要创建精确的弧线，可以使用“弧形工具”在画板中单击，打开“弧线段工具选项”对话框，设置精确的参数，如图3-13所示，绘制完成后的效果如图3-14所示。

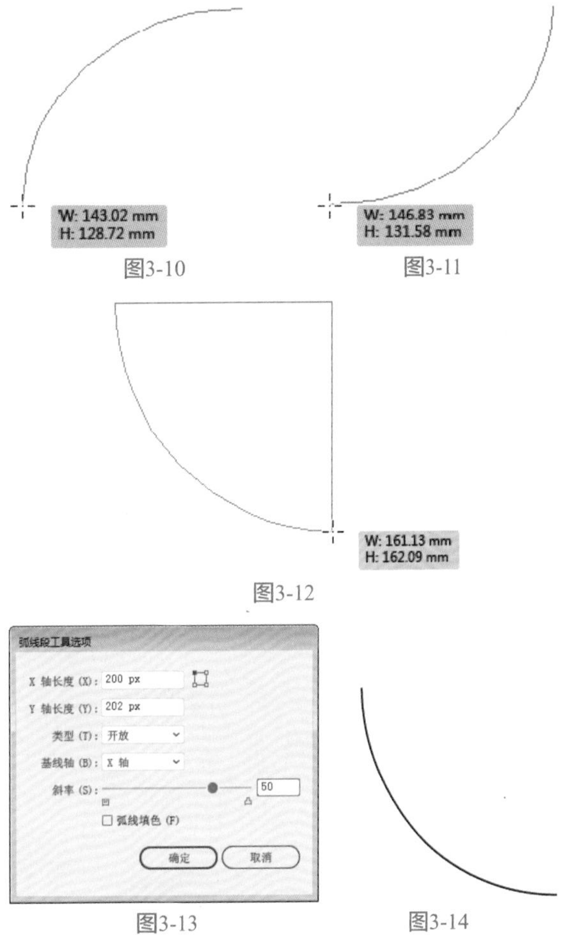

图3-10　　图3-11

图3-12

图3-13　　图3-14

“弧线段工具选项”对话框中各选项参数作用如下。

- 参考点定位器：单击参考点定位器上的4个空心方块，可以指定绘制弧线时的参考点。
- X轴长度/Y轴长度：用来设置弧线的长度和高度。
- 类型：该下拉列表中包含“开放”与“闭合”两个选项，用来设置创建开放式弧线或者闭合式弧线。
- 基线轴：该下拉列表中包含“X轴”与“Y轴”两个选项。若选择“X轴”选项，可以沿水平方向绘制；若选择“Y轴”选项，则会沿垂直方向绘制。
- 斜率：用来指定弧线的倾斜方向，可输入数值或拖动滑块来调整参数。
- 弧线填色：勾选该复选框后，会用当前的填充颜色为弧线围合的区域填色。

3. 螺旋线工具

工具栏中的“螺旋线工具”可以创建螺旋

线，使用该工具在画板中单击并拖动光标即可绘制螺旋线，如图3-15所示，在拖动光标的过程中可以同时旋转螺旋线；若按R键，可以调整螺旋线的方向，如图3-16所示；若按住Ctrl键拖动光标，可以调整螺旋线的紧密程度，如图3-17所示；若按“↑”键，可以增加螺旋，如图3-18所示，按“↓”键则会减少螺旋。

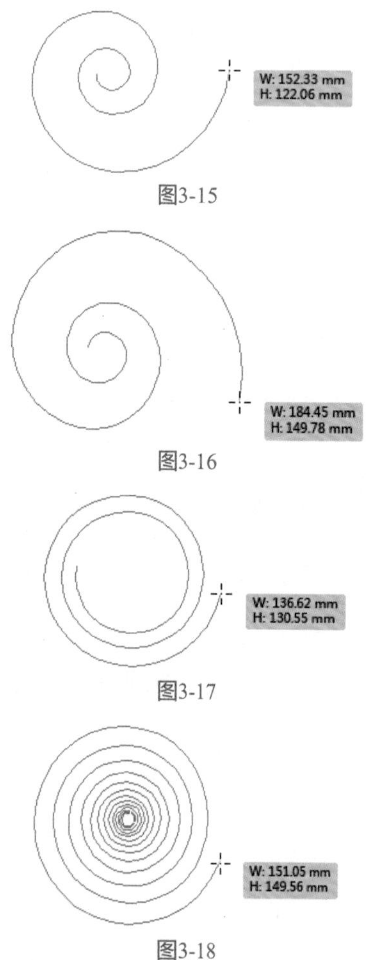

图3-15

图3-16

图3-17

图3-18

若要创建精确的螺旋线，可以使用“螺旋线工具” 在画板中单击，打开“螺旋线”对话框，设置精确的参数，如图3-19所示，绘制完成后的效果如图3-20所示。

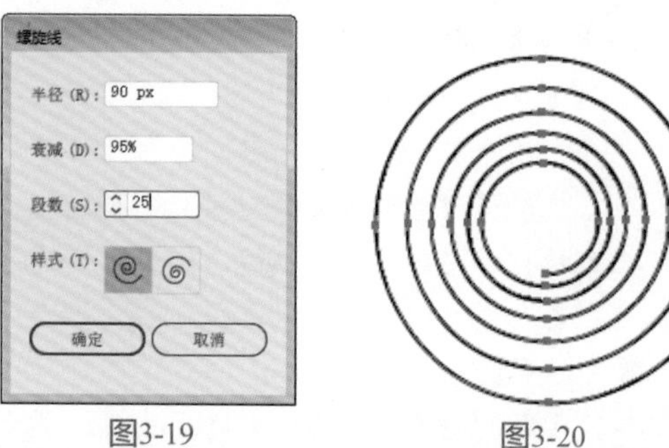

图3-19　　图3-20

“螺旋线”对话框中各选项的含义如下。

- 半径：用来设置从中心到螺旋线最外侧结束点的距离，该值越高，螺旋线的范围越大。
- 衰减：用来设置螺旋线的每一螺旋相对于上一螺旋应减少的量，该值越小，螺旋的间距越小，不同衰减量的螺旋效果如图3-21和图3-22所示。

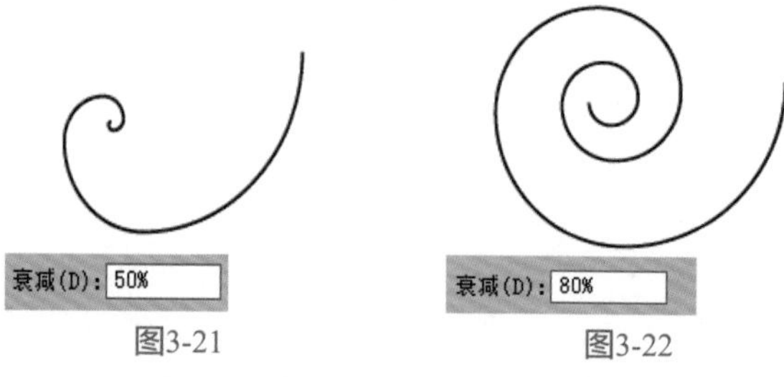

图3-21　　图3-22

- 段数：用来设置螺旋线路径段的数量，如图3-23和图3-24所示。
- 样式：用来设置螺旋线的方向。

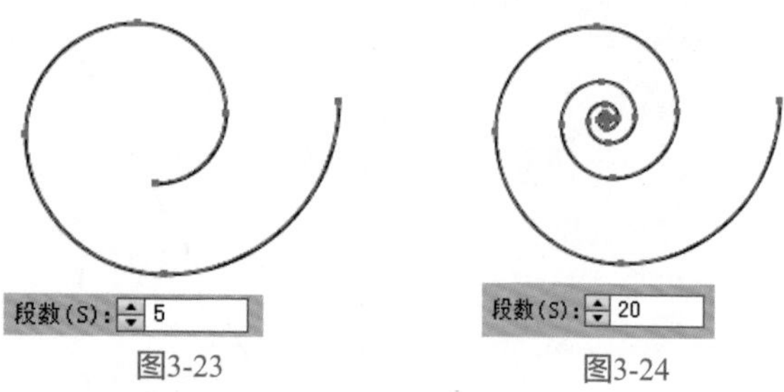

图3-23　　图3-24

3.3.2 图形工具

1. 矩形工具

单击“矩形工具”按钮，将当前工具切换为矩形工具。在画板上按住鼠标左键不放，将光标向任意方向移动，即可绘制出一个矩形。如果在绘制过程中按住Shift键，则会绘制出一个正方形，如图3-25所示。

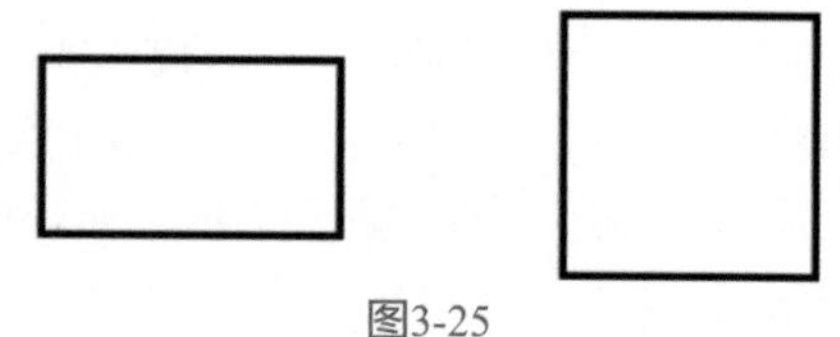

图3-25

> 小贴士：选择“直接选择工具”，选择矩形的任意一个顶点，该顶点附近会出现一个圆形图标。此时，将光标移动至该圆形图标上，按住鼠标左键并向矩形内侧拖动，可以将该顶点的直角变成一个圆角。这个点的作用就是用来改变矩形每个角的圆度，如图3-26所示。

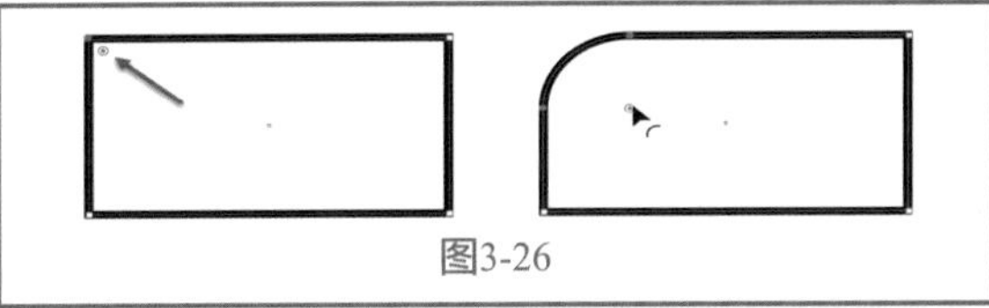
图3-26

2. 椭圆工具

使用“椭圆工具” 可以创建圆形和椭圆形（图3-27）。选择该工具后，在画板中单击并拖动光标可以绘制任意大小的椭圆形；在操作时，若按住Shift键，可以创建正圆形，如图3-28所示；若按住Alt键，可以以单击点为中心向外绘制椭圆形；若按快捷键Shift+Alt，则可以以单击点为中心向外绘制圆形。

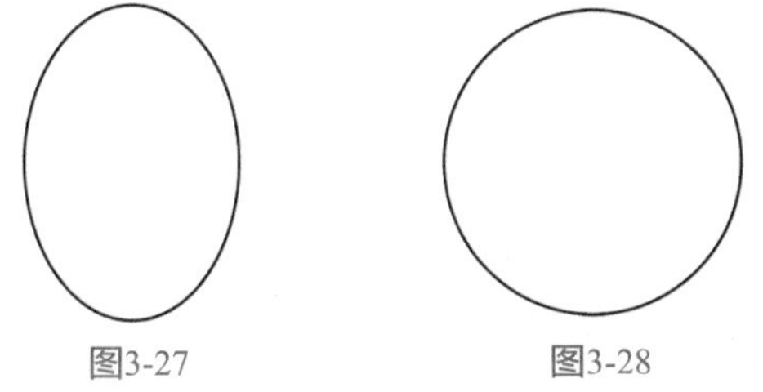
图3-27　　图3-28

如果要创建一个指定大小的圆形或者椭圆形，可以在画板中单击，打开“椭圆”对话框，如图3-29所示，在对话框中设置相应参数即可。

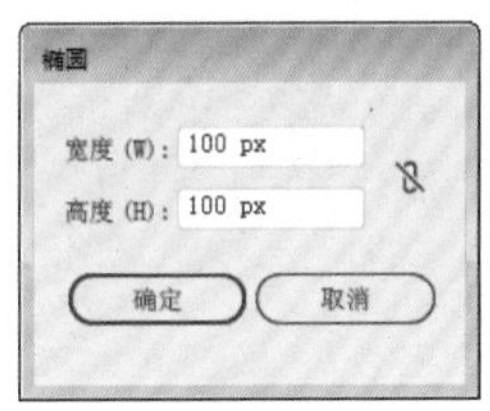

图3-29

3. 多边形工具

长按“椭圆工具” ，在弹出的列表中选择“多边形工具”选项，即可将当前工具切换为“多边形工具” ，如图3-30所示。

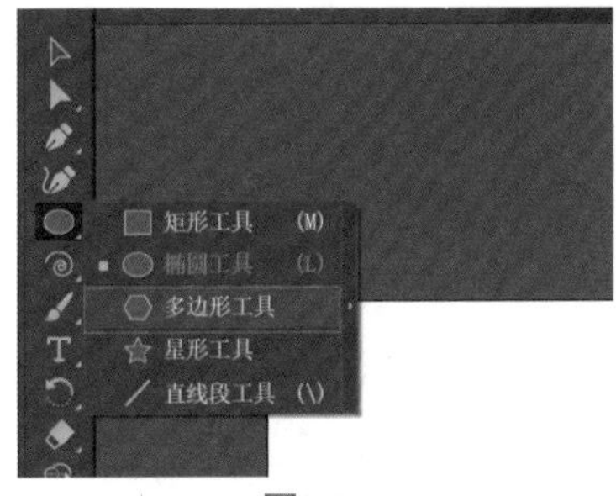

图3-30

在画板中单击并拖动光标，即可绘制出一个六边形，如果在绘制的同时按住Shift键，则会绘制出一个水平方向的六边形，如图3-31所示。

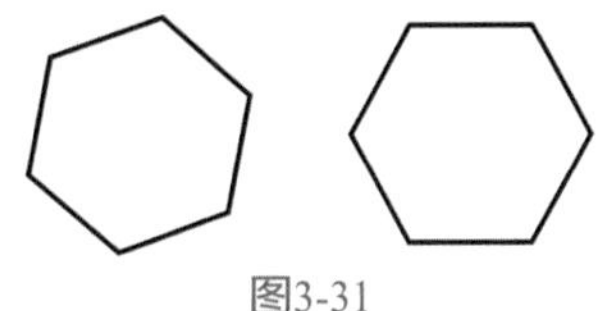
图3-31

小贴士：在绘制六边形的过程中，按“↑”“↓”键，可增加和减少六边形的边数。最少可保留三条边，即三角形，如图3-32所示。

图3-32

4. 星形

“星形工具” 也位于图形工具组中，如图3-33所示。

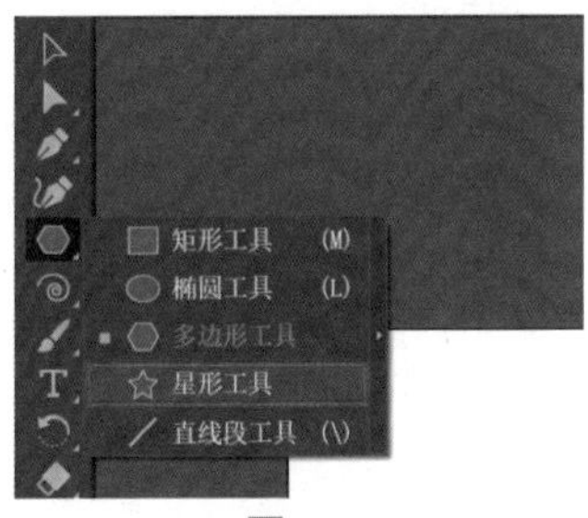

图3-33

在画板中单击并拖动光标，即可绘制出一个五角形，如果在绘制的同时按住Shift键，则会绘制出一个水平方向的五角星，如图3-34所示。

图3-34

小贴士：在绘制星形的过程中，按“↑”“↓”键可增加和减少星形的角数。最少可保留三个角，即三角形（图例中为四角形），如图3-35所示。

图3-35

3.3.3 实战——绘制极简风格图标

本实战使用Illustrator的基本图形绘制一个极简风格的图标，完成效果如图3-36所示。

图3-36

01 执行“文件”→“新建”命令，或者按快捷键Ctrl+N，新建一个宽度为1920px，高度为1080px的文档，方向选择横向，单击“创建”按钮，完成创建，如图3-37所示。

02 选择“矩形工具”，在画板中央绘制一个矩形。将光标移动到矩形角上的圆点上，拖动圆点，将长方形的四个角都转化成圆角，如图3-38所示。

03 单击工具栏中“互换填色与描边”按钮，将长方形的“描边”和“填色”互换，并在右侧的“属性”面板中，将描边的大小改为30pt，如图3-39所示。

04 选择绘制的矩形，按快捷键Ctrl+C复制后，按快捷键Ctrl+V在原位置进行粘贴。选中上面的矩形，当光标变成↻时，按住Shift键拖动，将水平矩形旋转成竖直状态，如图3-40所示。

图3-37

图3-38

图3-39

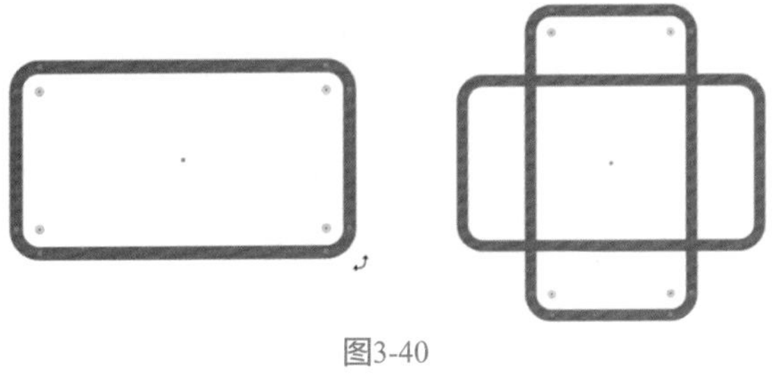

图3-40

05 选中竖直状态的矩形，单击“属性”面板的“填色”图标，将填充颜色改为白色，如图3-41所示，填充效果如图3-42所示。

06 将工具切换为“多边形工具”，在矩形的中央位置绘制一个三角形。选中这个三角形，按I键将当前工具切换为“吸管工具”，用“吸管工具”单击一下后面的矩形，将三角形的描边改成跟矩形一样的颜色，如图3-43所示。

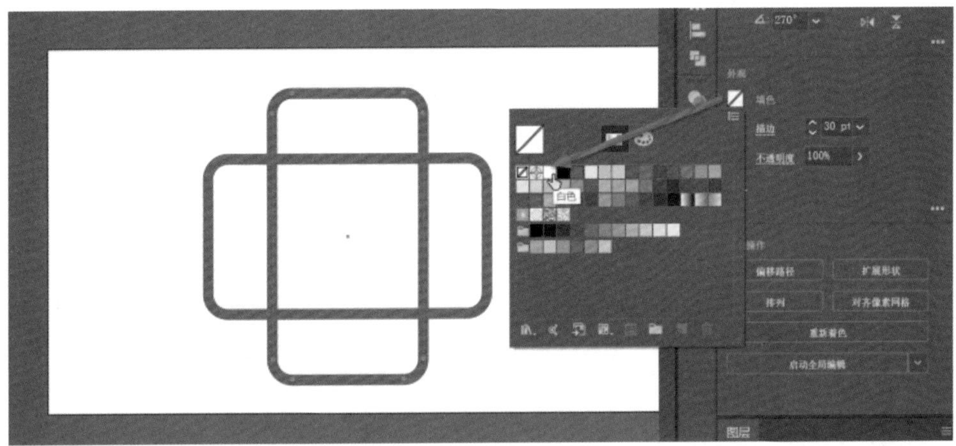

图3-41

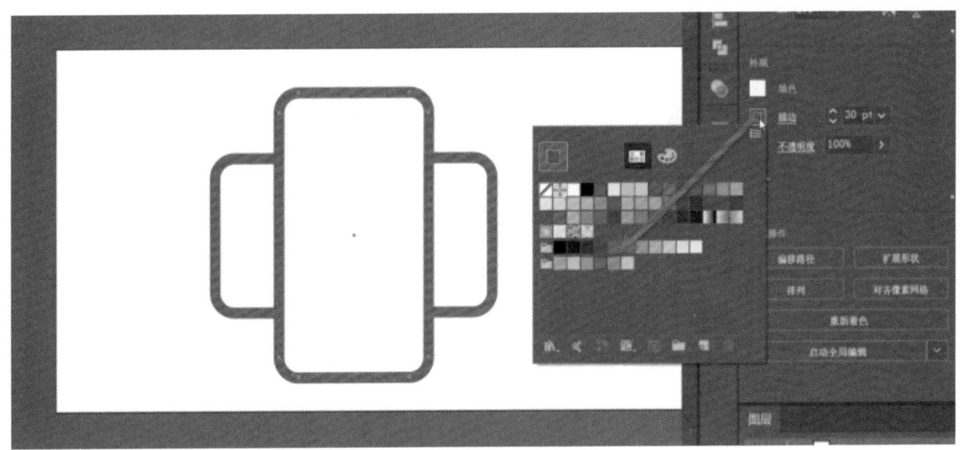

图3-42

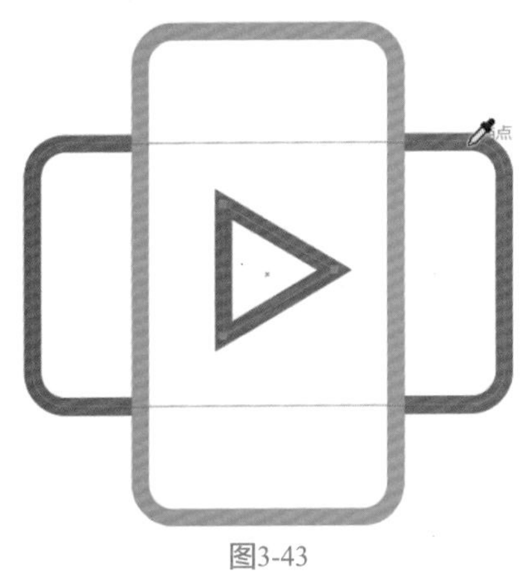

图3-43

07 使用“直接选择工具”依次选中三角形的每个顶点，并单击“属性”面板中的“将所选锚点转换为平滑”按钮，如图3-44所示，即可将三角形的每个顶点都变得“圆润”一些，如图3-45所示。

08 将工具切换为“直线段工具”，在第一个矩形的上方绘制一长一短的两条直线，并按I键，将工具切换为“吸管工具”，吸取竖直矩形的描边颜色，完成效果如图3-46所示。

09 选中这两条直线，单击右侧“属性”面板的“描边”按钮，将“端点”和“边角”的属性都改成第二种样式，如图3-47所示。

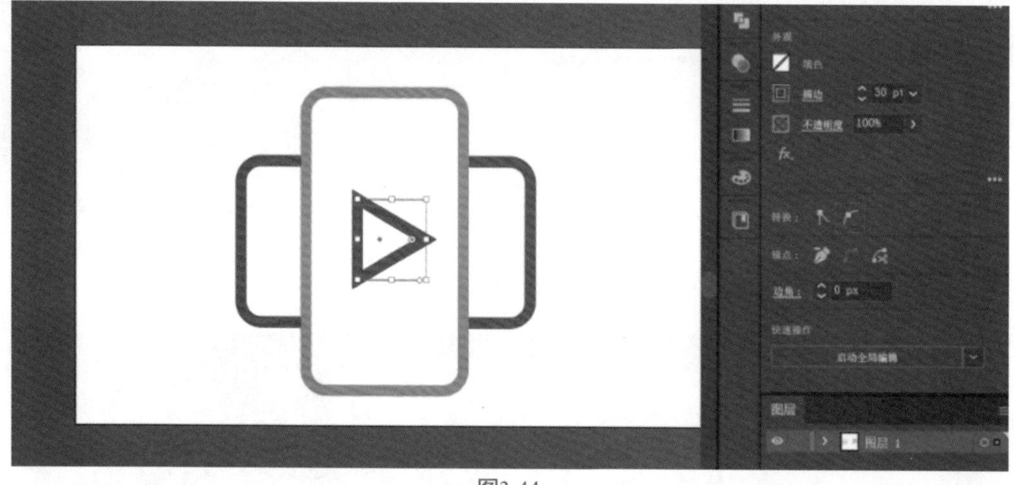

图3-44

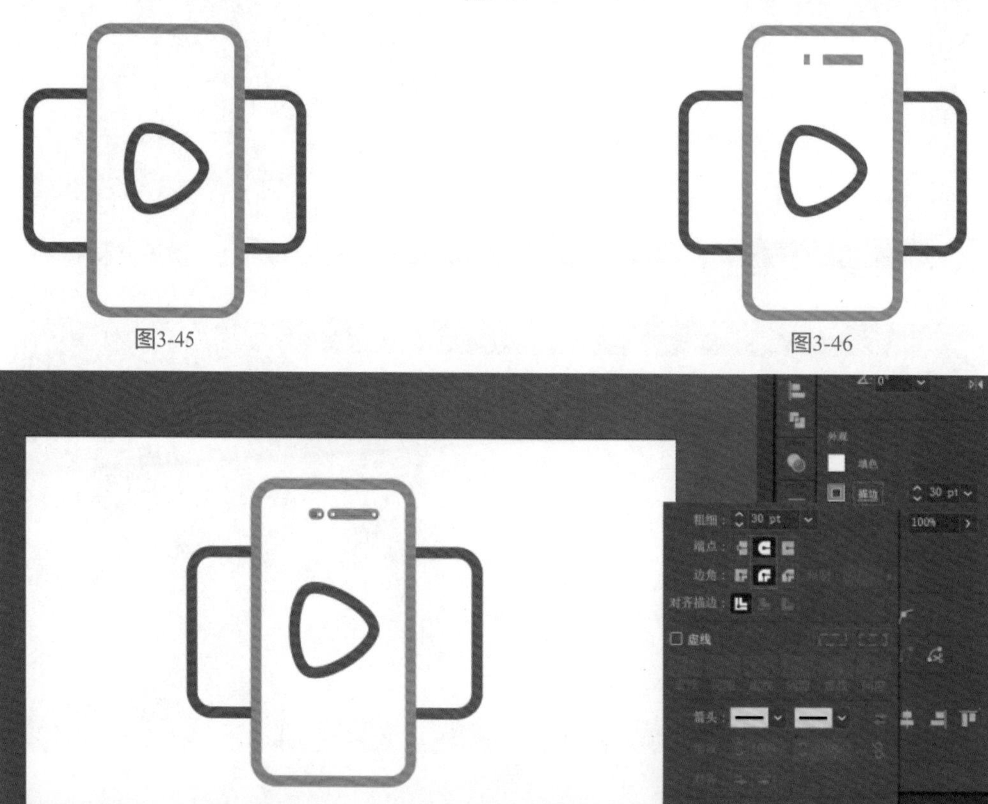

图3-45

图3-46

图3-47

10 选择“椭圆工具”，在主体周围绘制几个修饰，即可完成极简风格图标的绘制，如图3-48所示。

图3-48

3.3.4 钢笔工具

1. 绘制多边形

单击工具栏的“钢笔工具”图标，可将当前工具切换为“钢笔工具”。在Illustrator中绘制矢量图形时，“钢笔工具”是最核心的工具，使用该工具可以绘制直线、曲线及任意图形，并且可以对已有路径进行编辑。熟练掌握“钢笔工具”能够帮助用户创建出更加丰富的造型。

使用“钢笔工具”在画板上单击可创建一个锚点，然后拖动光标在另一处位置单击，即可创建直线路径，如图3-49所示。

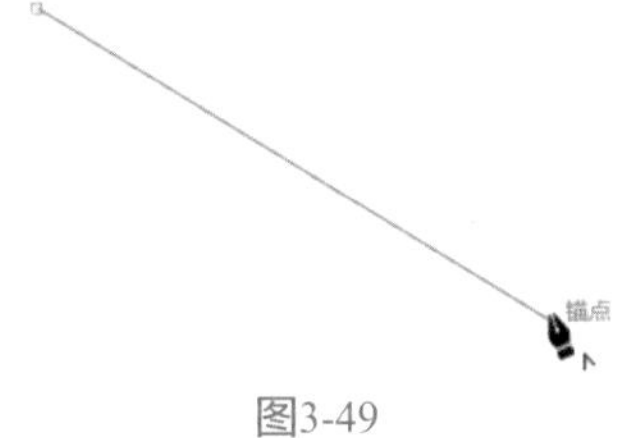

图3-49

若按住Shift键单击，可以将直线的角度限定为45°的倍数。在其他位置单击，可继续绘制直线，如图3-50所示。

图3-50

如果将光标移动至起点处，光标右下角会出现一个“圆圈”标志，此时单击，就完成了一个闭合形状的创建，如图3-51所示。使用这种方式可以用钢笔工具绘制出任意一个多边形。

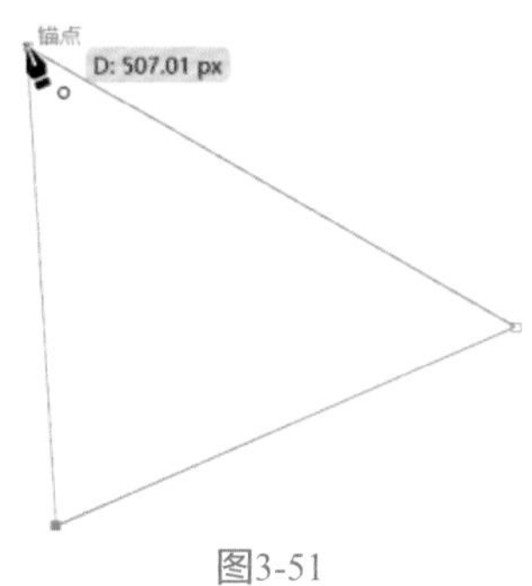

图3-51

2. 调整多边形

对于绘制好的形状，可以使用“钢笔工具”继续编辑。当把光标放到多边形上的某个锚点上时，光标的右下角会出现一个“-”图标，此时单击就会删除这个锚点，如图3-52所示。

如果将光标放到多边形的某条边上，光标的右下角就会出现一个“+”图标，此时单击就会在该条边上创建一个新的锚点，如图3-53所示。

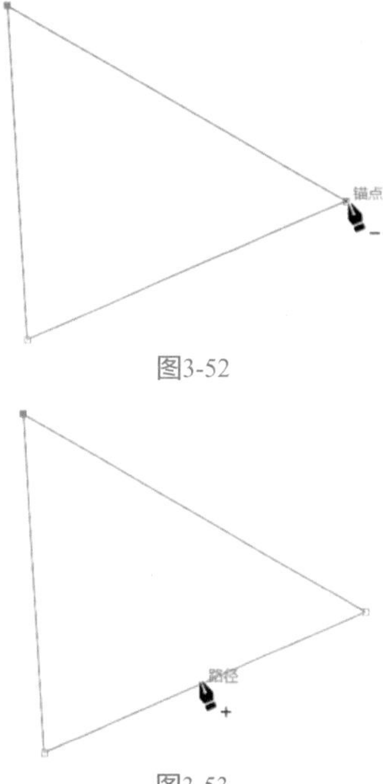

图3-52

图3-53

按住Ctrl键，可以将钢笔工具临时转换为“直接选择工具”，这时可以选择并移动锚点，如图3-54所示。

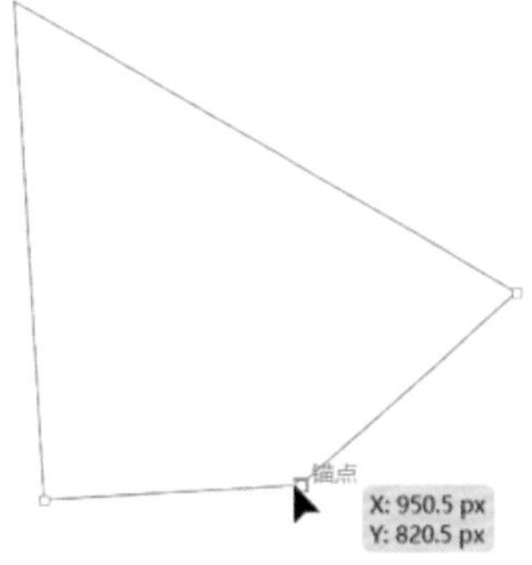

图3-54

通过加点和减点这两种方式，可以将绘制好的多边形改变成所需的任意形状。

3. 锚点工具

长按“钢笔工具”，在弹出的列表中选择“锚点工具”选项，将当前工具切换为“锚点工具”，如图3-55所示。

图3-55

使用“锚点工具”单击任意一个顶点，并向任意方向拖动光标，即可为该点添加弧度，如图3-56所示。

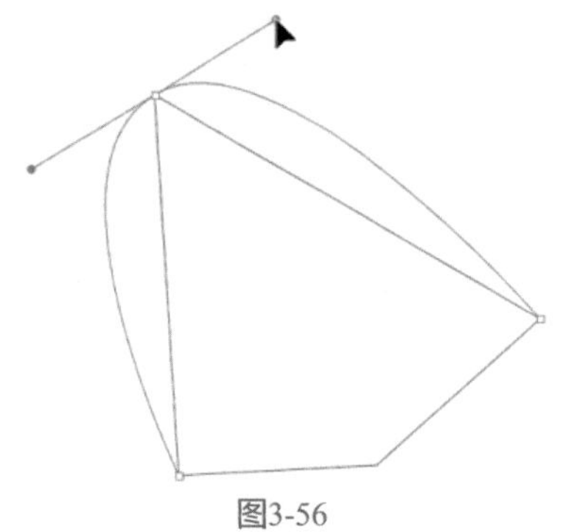

图3-56

使用“锚点工具”单击已经有弧度的点，可将其弧度去除，如图3-57所示。

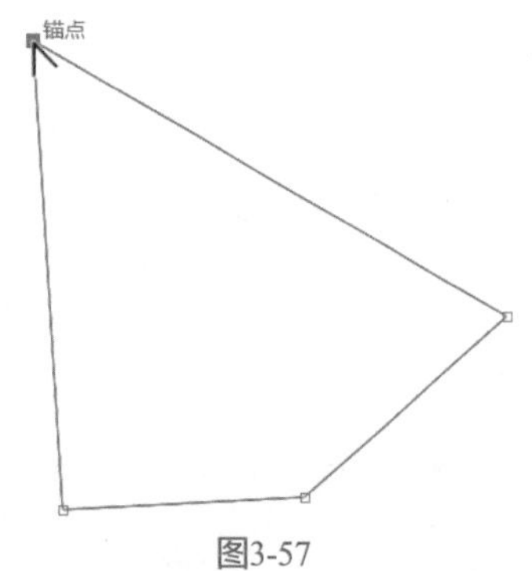

图3-57

4. 钢笔的进阶使用

使用“钢笔工具”在画板任意位置单击并拖动，可拉出“锚点”的“控制手柄”，如图3-58所示。

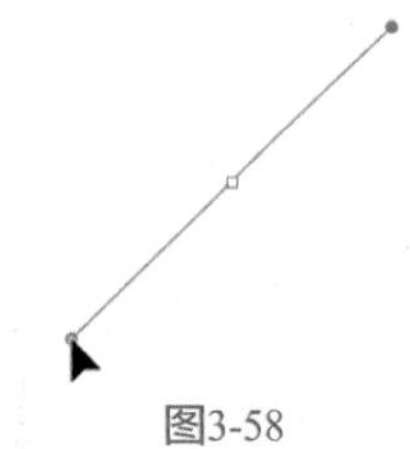

图3-58

“控制手柄”分布在锚点两侧，分别用来控制锚点两侧曲线的弧度。此时如果在这个锚点的两侧分别创建两个新的锚点，那锚点之间连接的线段就是一条曲线，而不是一条直线段，如图3-59所示。

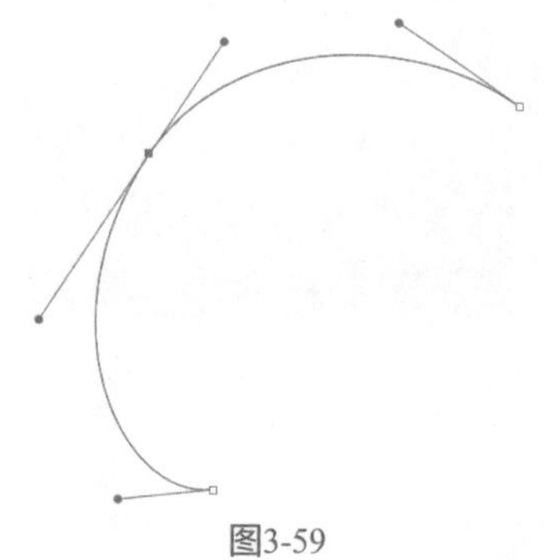

图3-59

此时按住Ctrl键，将“钢笔工具”临时转换为“直接选择工具”，可以控制锚点的控制手柄。使用“直接选择工具”调整控制手柄的方向，可以改变曲线的形态，如图3-60所示。

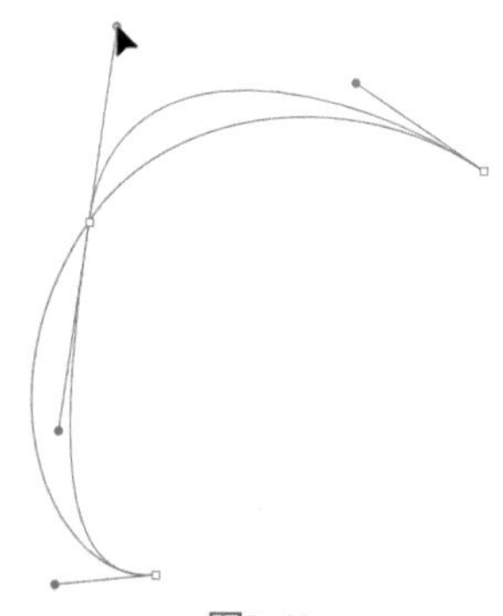

图3-60

在控制锚点一侧的“控制手柄”时，另一侧的“控制手柄”也会跟随着一起发生变化。如果想要分别控制两侧的“控制手柄”，则需要在“直接选择工具”的状态下，按住Alt键，再去移动“控制手柄”，这样另一侧的“控制手柄”就不受影响，如图3-61所示。

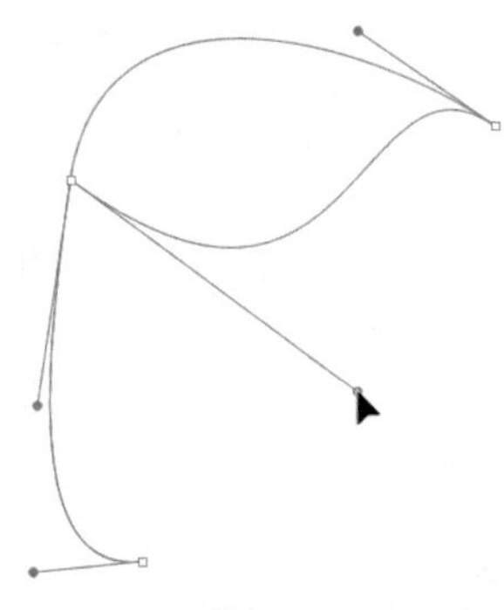

图3-61

另外，在使用“直接选择工具”时，将光标移动到线段上，“直接选择工具”会出现“弧线”标记，此时按住鼠标左键不放，可以改变形态，如图3-62所示。

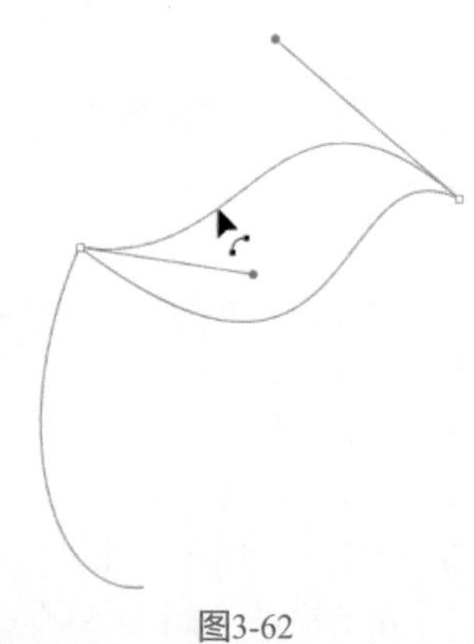

图3-62

小贴士：在Illustrator中，线段虽然是由两个“锚点”共同创建的，但并不意味着一定要删掉某个“锚点”才能删除线段，用“直接选择工具”▶选择线段也可以删除该线段，同时两个锚点也会保留，如图3-63所示。

图3-63

3.3.5 实战——绘制雪人卡通插画

图3-64

下面结合前面讲的知识，绘制一个“MBE风格”的雪人插画，如图3-64所示。

01 执行“文件”→“新建”命令，或者按快捷键Ctrl+N新建一个宽度为1920px，高度为1080px的文档，方向选择横向，单击“创建”按钮，完成创建，如图3-65所示。

02 选择“椭圆工具”◯，按住Shift键绘制一大一小两个正圆。填充改为“无”，描边大小改为22pt，描边颜色为#665d82，如图3-66所示。

图3-65

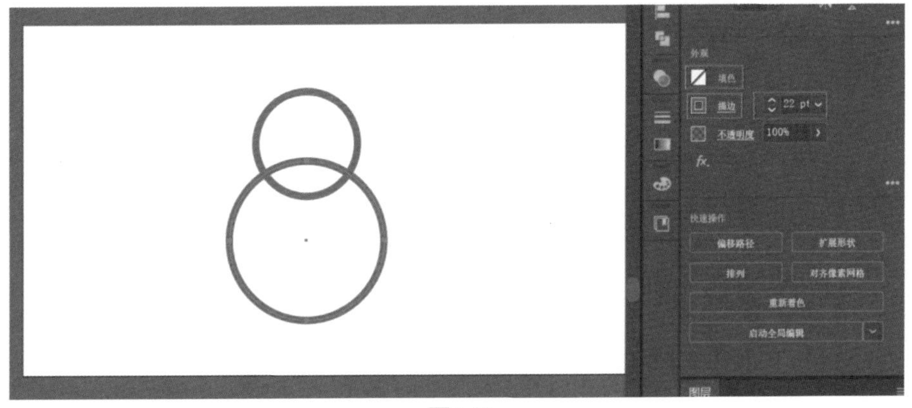

图3-66

小贴士：单击“描边”按钮，在弹出的对话框中选择“颜色混合器”，在“颜色混合器”对话框右下角输入色值，即可改变描边的颜色，如图3-67所示。

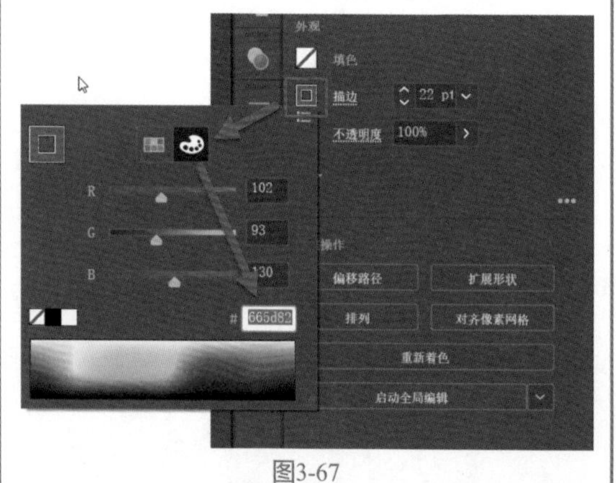

图3-67

03 切换到“选择工具”，框选两个圆，在右侧“属性”面板对齐栏中单击“水平居中对齐”按钮，将两个圆水平居中对齐，如图3-68所示。

04 选择“钢笔工具”，在大圆的任意一侧绘制两条曲线，作为雪人的“手臂”，如图3-69所示。

05 选择绘制的左侧“手臂”，按快捷键Ctrl+C复制，按快捷键Ctrl+V粘贴至雪人的右侧。选择右侧手臂，双击工具栏的“镜像工具”，在弹出的“镜像”对话框中选择“垂直”选项，并勾选“预览”复选框，可以看到复制的手臂已经水平翻转，如图3-70所示。单击“确定”按钮关闭对话框，将翻转后的手臂调整到合适的位置，如图3-71所示。

06 使用“多边形工具”绘制出一个正三角形。用“直接选择工具”选择三角形的一个顶点，将其向上移动，如图3-72所示。

图3-68

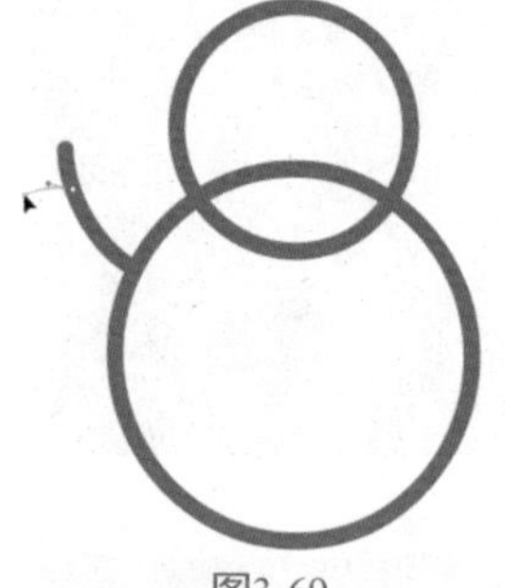

图3-69

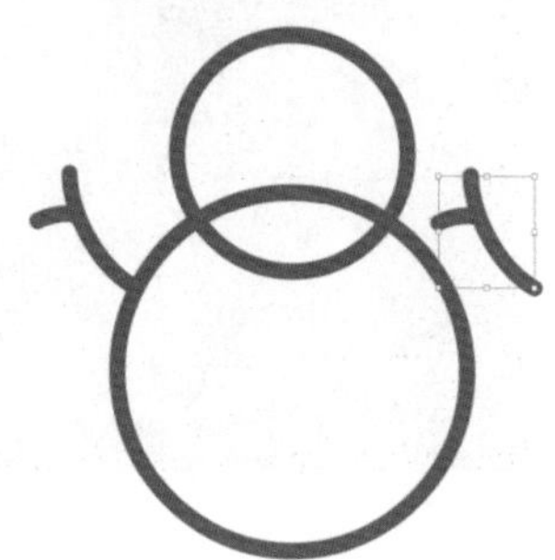

图3-70

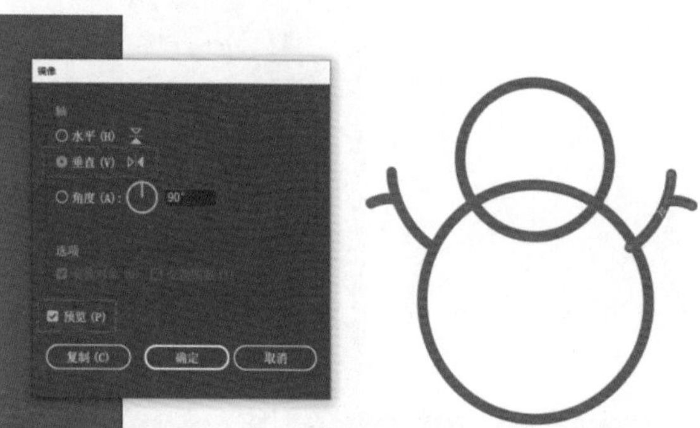

图3-71

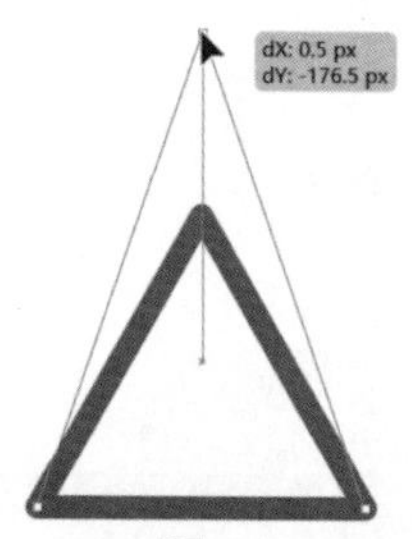

图3-72

07 选中三角形下面的两个顶点，通过拖动“小圆点”，将它们变成圆角。再选中最上面的顶点，拖动“小圆点”，将其改成“圆角”，如图3-73所示。

图3-73

08 交换三角形的填充和描边属性，使其描边为“无”，填充颜色为#665d82，然后将其摆放到第一个圆上合适的位置，作为雪人的鼻子，如图3-74所示。

图3-74

09 使用“椭圆工具”绘制出雪人的“眼睛”和衣服的“纽扣”，如图3-75所示。

图3-75

10 选中两个大圆，在右侧“属性”面板中单击“联集”按钮，将两个圆形合并成一个形状，如图3-76所示。

11 选中合并后的形状，将描边“端点”“边角”和“对齐描边”属性改成图3-77所示的选项。

12 将合并后的形状复制一份，并向左下移动到合适的位置，将其“描边”改成“无”，“填充”色值改为#abfafd。再按快捷键Ctrl+Shift+[，将其移动到“最底层”，如图3-78所示。

13 在雪人身体描边路径右上角位置，用“钢笔工具”增加4个点，如图3-79所示。

图3-76

图3-77

图3-78　　图3-79

14 使用“直接选择工具”，选中红色描出的线段，按Delete键删除，如图3-80所示。这样一个MBE风格的雪人就绘制完成了，最终效果如图3-81所示。

图3-80　　图3-81

3.4 图形的填充

前面介绍的绘图工具主要用来勾勒图形的轮廓造型，本节介绍图形填充的方法和技巧。填充是指在路径或者矢量图形内部填充颜色、渐变或图案。在Illustrator里，图形的填充方式有很多种，不同的填充方式结合起来可以实现意想不到的效果。

3.4.1 单色填充

使用“椭圆工具”在画板上绘制一个正圆，在右侧的“属性”面板“外观”选项栏中可以看到正圆的“填色”属性。单击“填色”左侧的色块，在弹出的面板里可以选择任意颜色，如图3-82所示。

单击“颜色混合器”按钮，进入“颜色混合器”面板，可以拖动RGB的“滑块”来修改填充的颜色，也可以在“#”框中输入十六进制的色值，还可以在下面的“RGB色谱”上用“拾色器”选择想要的颜色，如图3-83所示。

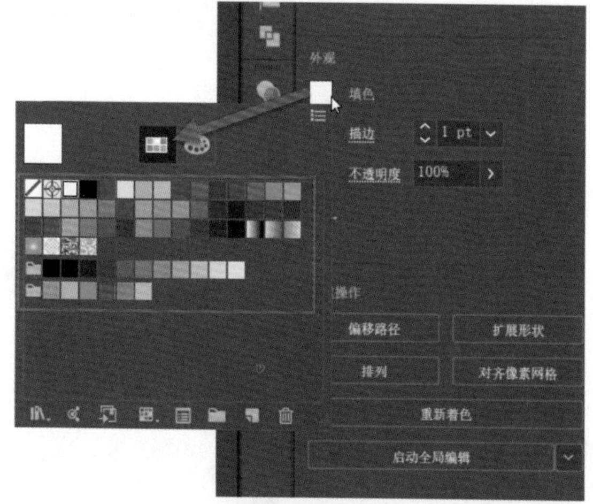

图3-82

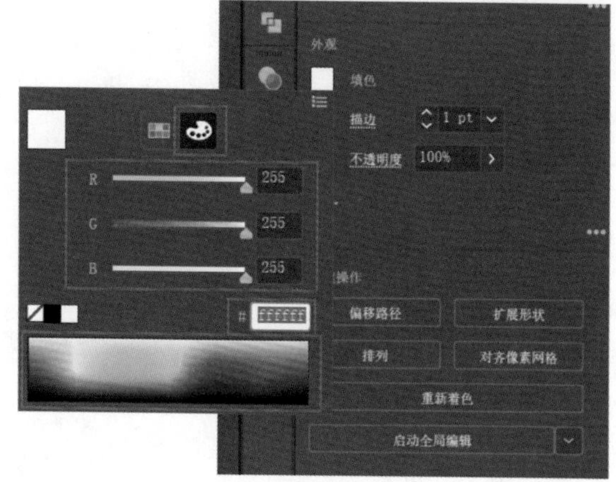

图3-83

3.4.2 渐变填充

渐变填充是为所选图形填充两种或者多种颜色，并且使各颜色之间产生平滑过渡效果，在为所选对象进行渐变填充时，可使用工具栏中的“渐变工具”进行填充，还可以在“渐变”面板中调整渐变参数。

执行“窗口”→“渐变”命令，打开“渐变”面板，在渐变面板中可以看到有三种渐变类型，如图3-84所示。

- 线性渐变：起始颜色沿直线混合到结束颜色。
- 径向渐变：起始颜色从中心点向外辐射到结束颜色。
- 任意形状渐变：可以在形状中按一定顺序或随机顺序创建渐变颜色混合。

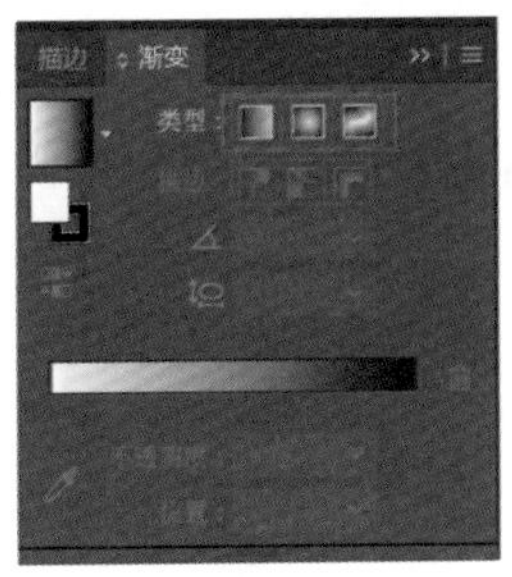

图3-84

Illustrator为用户提供的大量的预设渐变，用户也可以自行创建所需的渐变。

3.4.3 渐变网格

渐变网格通过给已有形状添加自定义的网格，然后在网格的交汇点上添加颜色，从而创建出复杂的渐变效果。选择“矩形工具”，在画板上绘制出一个长方形，单击工具栏的“网格工具”，在矩形的任意位置单击，即可添加渐变网格点，如图3-85所示。

图3-85

选中网格上的交汇点，可以移动该点。通过这样的方式，可以把网格调整成需要的样子，如图3-86所示。

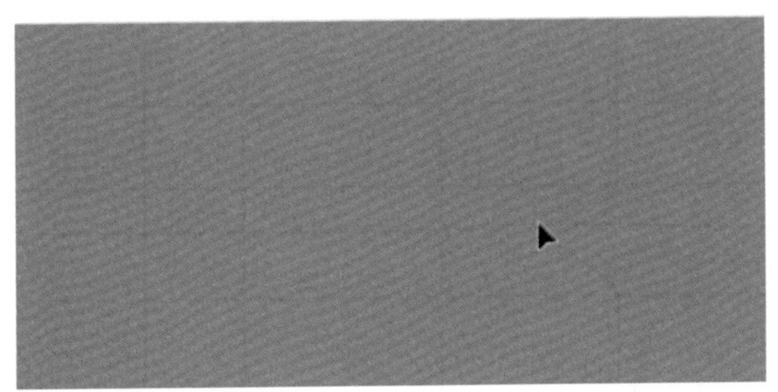

图3-86

选中网格上的交汇点，可以在“属性”面板中通过“填色”选项修改该点的颜色，如图3-87所示。

通过调整交汇点的位置，网格的数量及每个点的颜色，可以制作各种各样的填充效果，如图3-88所示。

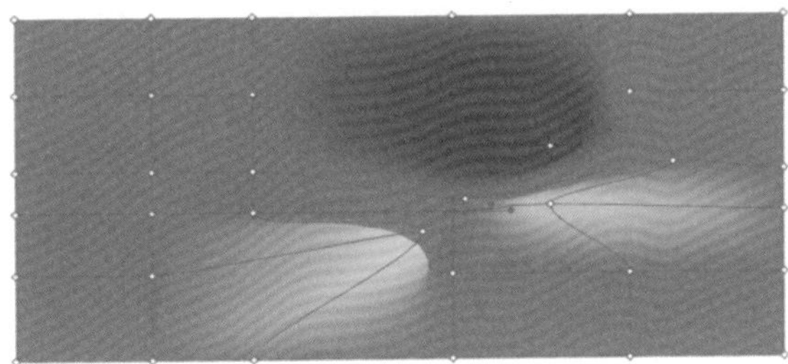

图3-87

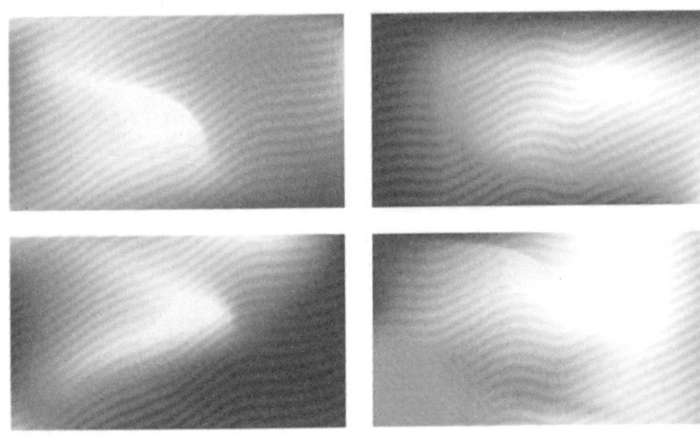

图3-88

3.4.4 文字工具

在制作MG动画时，文字的使用必不可少。在Illustrator中，创建文本的方式一共有三种：点文字、区域文字和路径文字。

1. 点文字

切换到工具栏的“文字工具”，在画板中任意位置单击，Illustrator会默认创建出一行文字，这时可以使用键盘输入任意文字。用这种方式创建出来的文字图层区域会随着输入文字的数量改变而改变。如果文字较少，则区域较小，如果文字较多，则区域较大，如图3-89所示。

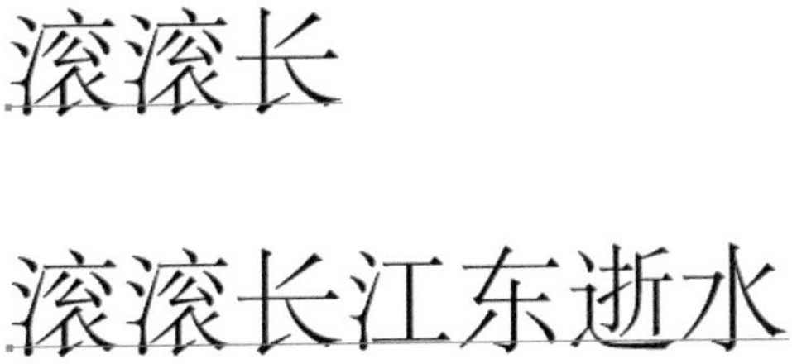

滚滚长

滚滚长江东逝水

图3-89

2. 区域文字

在切换到“文字工具”的状态下，在画板中拉出一个矩形框，此时会创建出一个“区域文字”。“区域文字”的范围不会随着文字数量的变化而变化，而是尽量让文字在区域范围内排列，如图3-90所示。

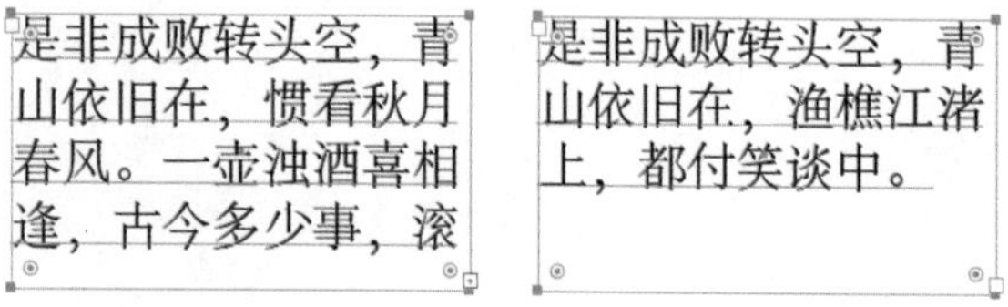

是非成败转头空，青
山依旧在，惯看秋月
春风。一壶浊酒喜相
逢，古今多少事，滚
是非成败转头空，青
山依旧在，渔樵江渚
上，都付笑谈中。

图3-90

3. 路径文字

在切换到“文字工具”的状态下，用光标在路径上单击，会创建出一个“路径文字”。

路径文字的特点是，所有的文字都会沿着路径的方向整齐排列。当用户要制作一些沿着某个路径排列的文字效果时，可以通过“路径文字”来实现，如图3-91所示。

是非成败转头空，青山依

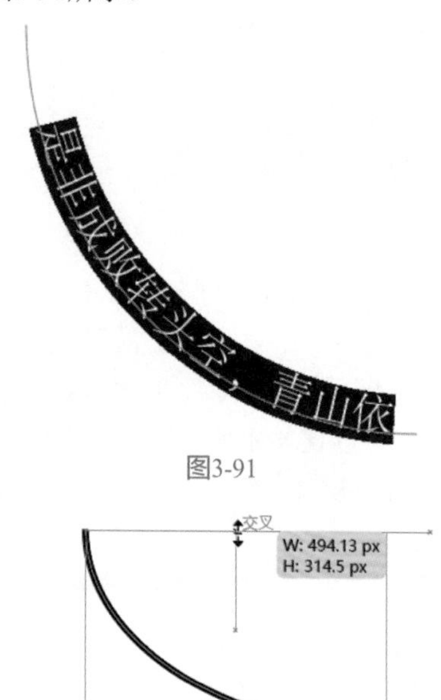

图3-91

3.5 编辑图形对象

在绘制好一个图形后，有时还要给这个图形做一些调整才能达到与场景融合的效果，例如常见的旋转、缩放、变形等，这时就要用到Illustrator里的编辑图形对象的一系列功能。

3.5.1 变换控件

Illustrator中的任意一个对象都可以进行缩放、旋转、位移这样的自由变换。选中一个对象后，对象的周围会出现“变换控件”，如图3-92所示。

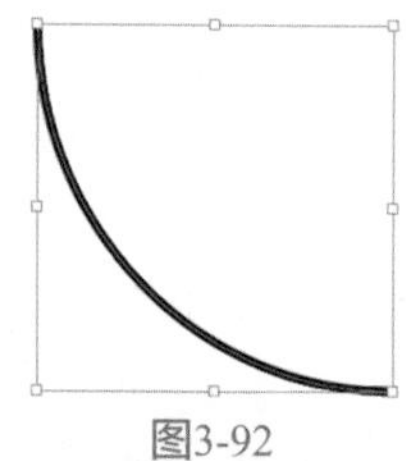

图3-92

此时将光标移动到变换控件上的任意一个控制框上，都可以改变这个对象的缩放比例，如图3-93所示。

交叉
W: 494.13 px
H: 314.5 px

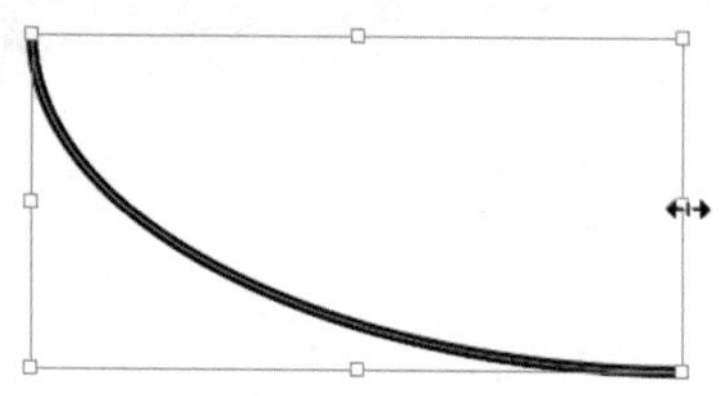

图3-93

拉动“变换控件”角上的正方形块，则可以将对象以斜着的角度进行缩放，如果按住Shift键进行拉动，则会锁定比例进行缩放，如图3-94所示。

当光标移动至“变换控件”四个角的外侧时，按住鼠标左键不放移动，拖动光标可以旋转对象。在旋转的同时按住Shift键，则对象会以45°为最小单位旋转，如图3-95所示。

W: 694.5 px
H: 665.5 px

图3-94

29.48°

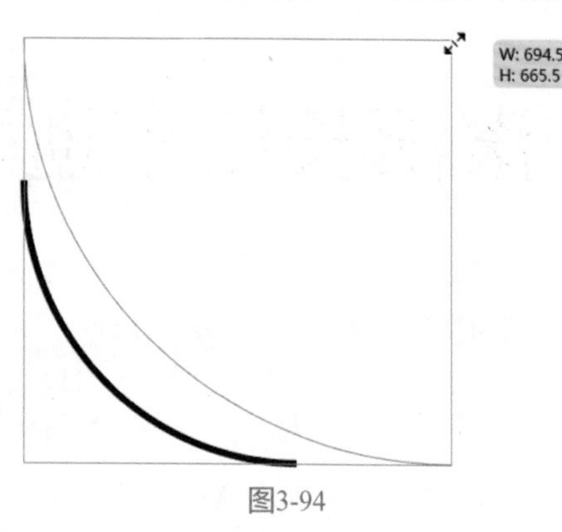

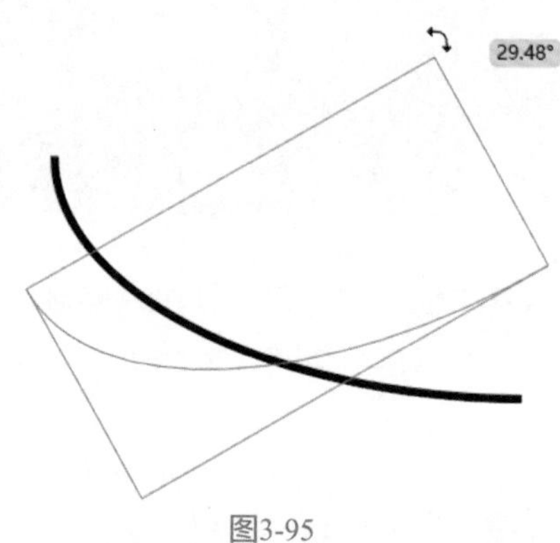

图3-95

3.5.2 旋转工具

选中想要旋转的对象，单击工具栏的“旋转工具”，将当前工具切换成“旋转工具”，此时对象附近就会出现“旋转中心”，这时在对象附近任意位置按住并拖动光标，都会让选中的对象围绕这个“旋转中心”发生旋转，如图3-96所示。

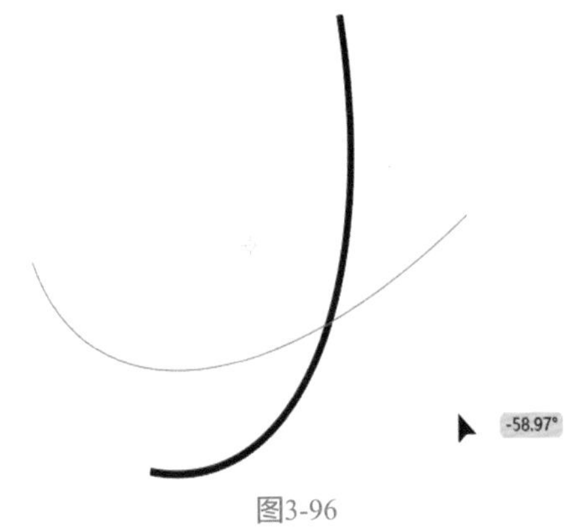

图3-96

按住Alt键双击旋转对象，可以打开“旋转”对话框，在这里可以输入精确的旋转度数，勾选“预览”复选框，可实时预览旋转的效果，最后单击“确定”按钮确认即可，如图3-97所示。

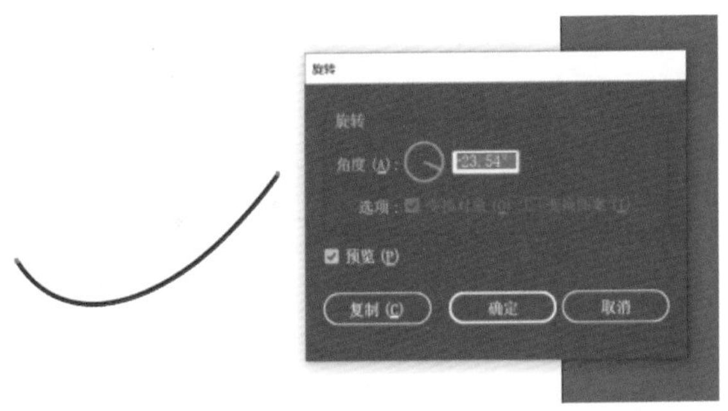

图3-97

如果单击“旋转”对话框中的“复制”按钮，则在保留原对象的同时，旋转复制出一个新的对象，如图3-98所示。

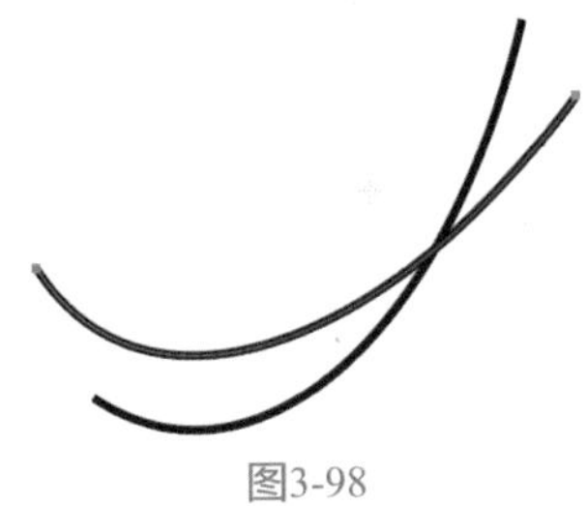

图3-98

> 小贴士：在Illustrator中，按快捷键Ctrl+D可以重复执行上一次变换操作，连续按快捷键Ctrl+D多次，会得到图3-99所示的效果。

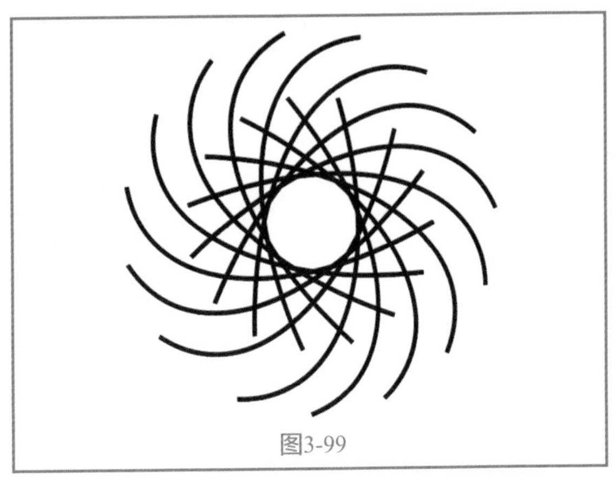

图3-99

3.5.3 比例缩放工具

“比例缩放工具”可以为对象设置参考点，并以该参考点为基础缩放对象。选择“比例缩放工具”后，将光标移动到对象附近，按住并拖动光标，会发现对象随之发生比例缩放变形，如图3-100所示。

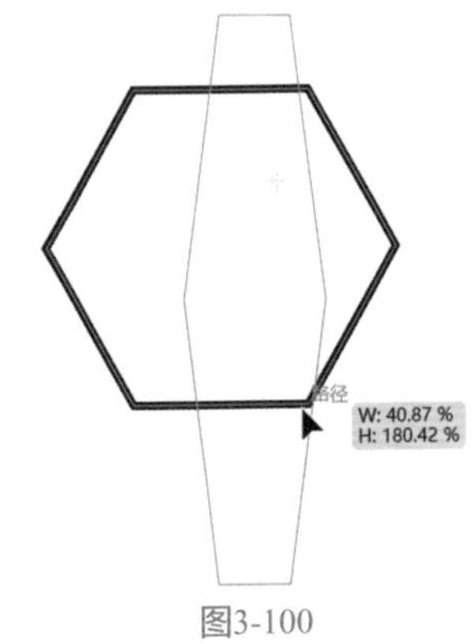

图3-100

用户也可以只选择对象上某几个点，再用“比例缩放工具”去调整，如图3-101所示。

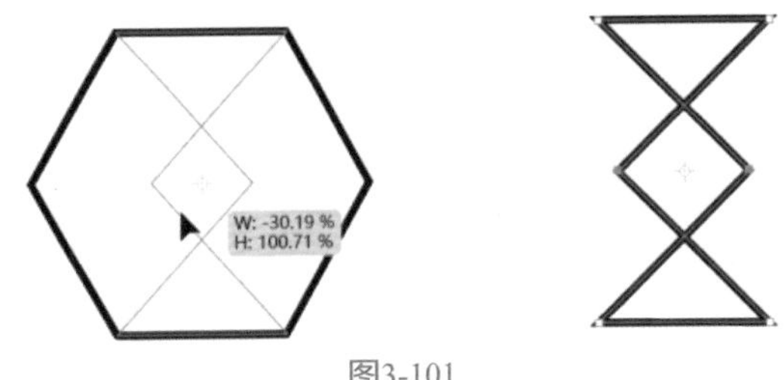

图3-101

还可以按住Alt键在任意位置单击，将比例缩放的中心点定义到单击点，然后在弹出的“比例缩放”对话框中设置精确的缩放参数，如图3-102所示。

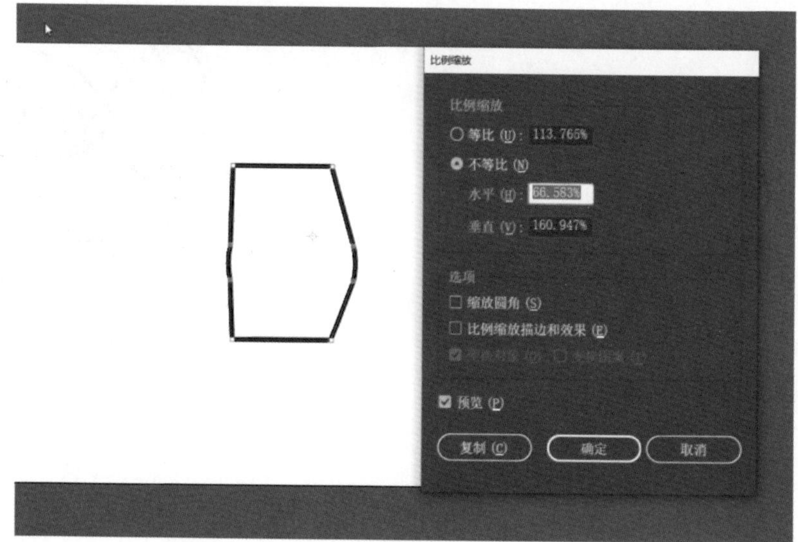

图3-102

3.5.4 镜像工具

选择“镜像工具”，按住Alt键在对象附近的空白处单击，在弹出的“镜像”对话框中可以选择镜像的方式，可以实现对象的镜像操作。

在“镜像”对话框中直接单击“确定”按钮可将当前对象进行镜像，单击“复制”按钮会将当前对象复制一份再进行镜像，如图3-103所示。

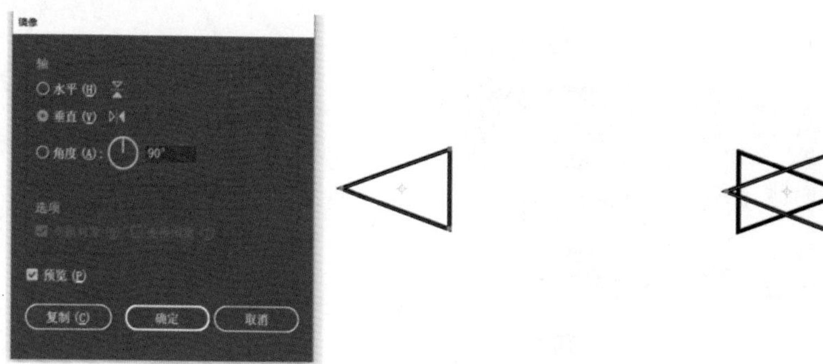

图3-103

3.5.5 倾斜工具

倾斜对象是指以对象的参考点为基准，将图案对象向各个方向倾斜。选择“倾斜工具”，将光标移动到倾斜对象附近，按住鼠标左键并拖动光标，即可让对象发生倾斜，如图3-104所示。

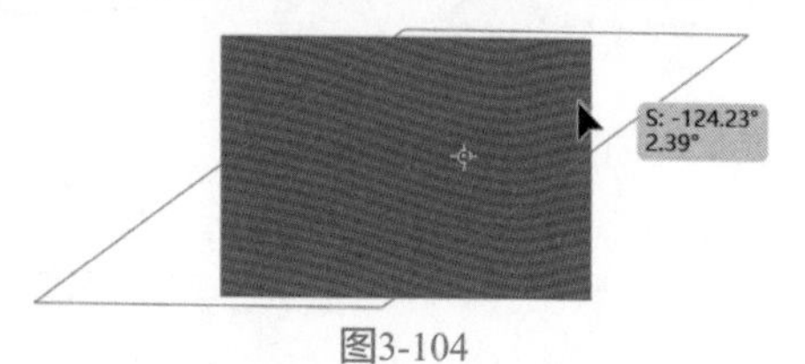

图3-104

按住Alt键单击“倾斜工具”，可以打开“倾斜”对话框，以精确设置倾斜的方式和角度，如图3-105所示。

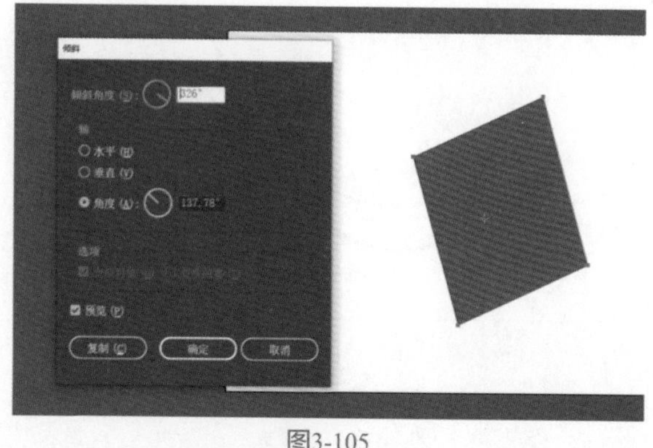

图3-105

3.5.6 不透明度属性

选中任意一个对象，都可以在右侧的“属性”面板中看到“不透明度”属性值，如图3-106所示。不透明度数值越大，对象就越清晰，反之，数值越小，对象就越模糊。

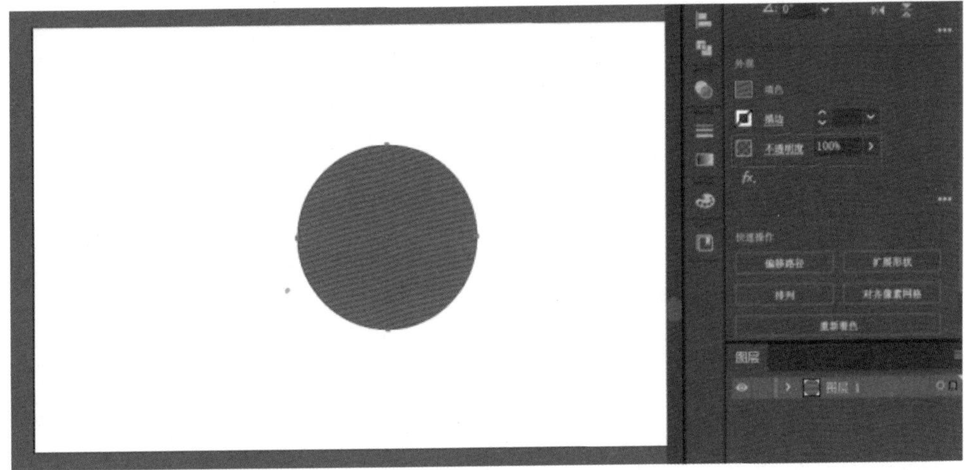

图3-106

3.6 综合案例——绘制江南水乡场景

通过本章知识的学习后，可以使用Illustrator绘制一些扁平风格的场景。本综合案例通过绘制“江南水乡场景”，练习Illustrator基本绘图工具的使用方法，如图3-107所示。

图3-107

在正式绘制之前，先将这幅画以远、中、近景的方式来拆分成三个部分。首先是远景的山和太阳的部分，然后是中景的房子和树木的部分，最后是近景的水面部分，如图3-108所示。

图3-108

1. 绘制山和太阳

01 执行“文件”→“新建”命令，在打开的“新建文档”对话框中设置宽度和高度分别为1920px、1080px，如图3-109所示，单击右下角的“创建”按钮关闭对话框。

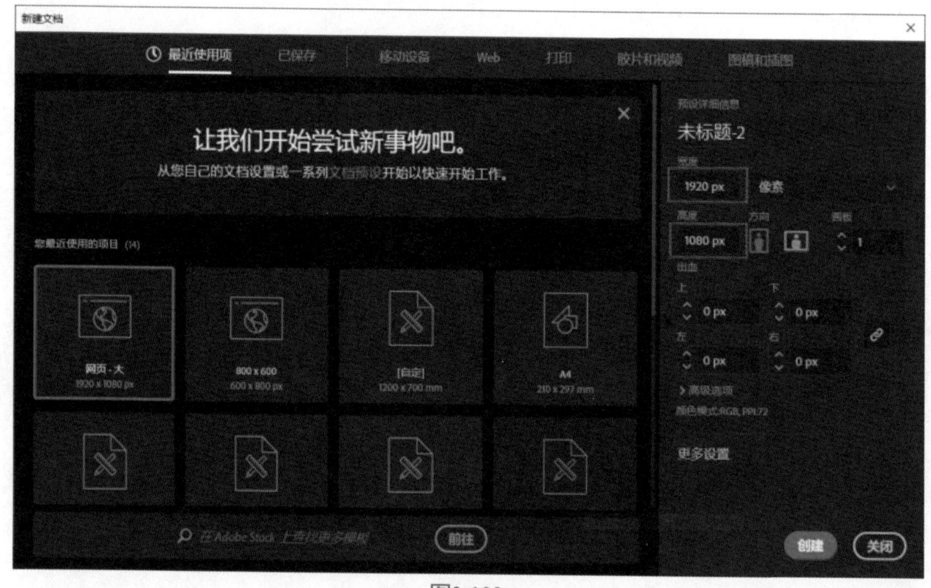

图3-109

02 选择“椭圆工具”，在画板中央绘制出一个正圆，填充颜色为#eaf9ff，如图3-110所示。

图3-110

03 选择“多边形工具”，在圆形的左下角绘制出一个三角形，填充颜色为#a4d5fb。使用“直接选择工具”选中上面的角，拖动“小圆点”，让其变成圆角，如图3-111所示。

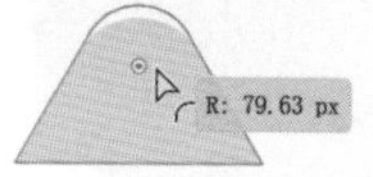

图3-111

04 选中做好的这个“山”图形，分别按快捷键Ctrl+C、Ctrl+V复制多个，使用自由变换的方式调整其形状和位置，调整“山”图形的填充颜色，色值分别是#b5dfff、#95caf1、#a4d4fd和#b5dfff，效果如图3-112所示。

图3-112

05 选择“椭圆工具”，在山的上方绘制一个正圆，颜色填充为#fcdba7。分别按快捷键Ctrl+C、Ctrl+V将圆形复制一份，将复制后的圆形放大，并将“不透明度”调整为20%，制作出太阳的光晕效果，如图3-113所示。

图3-113

2. 绘制房子和树木

01 使用“矩形工具”绘制出几个矩形，填充颜色的色值分别是#4860ad、#a2badb、#fdffff。选择最上面的矩形，使用“倾斜工具”调整成倾斜的形状，如图3-114所示。

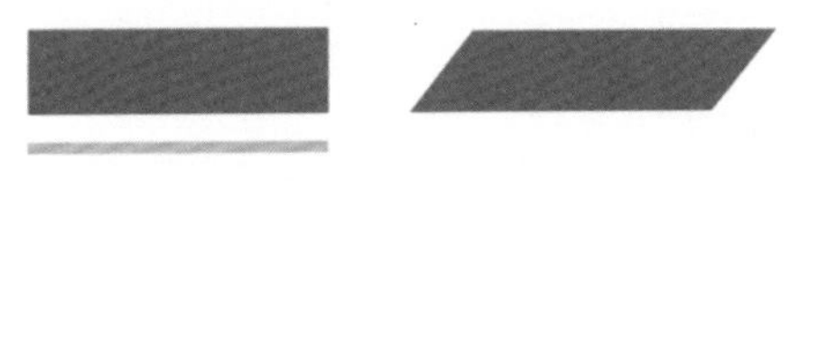

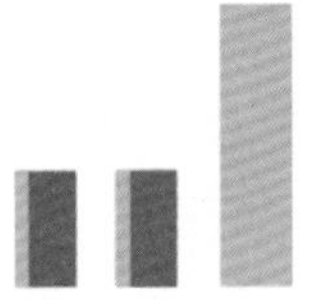

图3-114

02 将上面的几个形状拼凑成一座房子的效果，如图3-115所示。

图3-115

03 利用相似的方法，再绘制出其他几个房子的效果，如图3-116所示。

图3-116

04 选择“椭圆工具”，在画板中绘制出几个圆形，填充颜色为#6baa66。选中所有圆形，按快捷键Ctrl+G，将它们编组，如图3-117所示。

图3-117

05 制作草丛效果。在圆形上绘制一个矩形，盖住圆形大约一半的位置。然后同时选中圆形和矩形，右击，在弹出的快捷菜单中选择“建立剪切蒙版”选项，如图3-118所示，即可将没有重叠的部分“裁剪”掉。制作的草丛效果如图3-119所示。

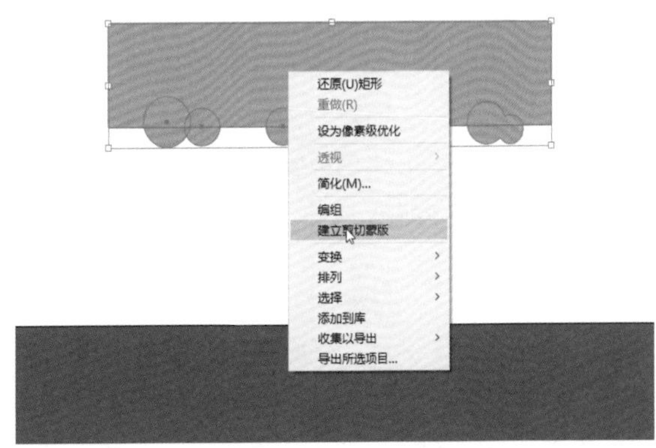

图3-118

图3-119

06 使用“多边形工具”绘制一个三角形，填充颜色为#6baa66。调整三角形的形状，将其三个角都变成圆角样式，如图3-120所示。

图3-120

07 使用“钢笔工具”绘制出树杈的形状，“描边”大小设置为4pt，颜色色值为#5d9455，如图3-121所示。

图3-121

08 将前面绘制完成的三角形和树杈拼成一棵树，并进行编组。复制一份之后，和前面做好的草丛一起摆放到房子的前面，如图3-122所示。

图3-122

3. 制作水面

01 使用“矩形工具”绘制一个细长的矩形，填充颜色为#bce6fc，并将其角度调成圆角，如图3-123所示。

图3-123

02 将这个矩形复制多个后，调整大小，摆放成图3-124所示的效果。

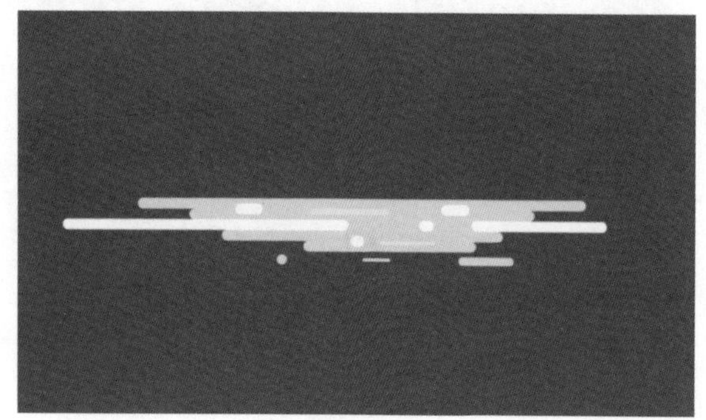

图3-124

03 将绘制完成的“远景”“中景”“近景”摆放到一起，即可得到一幅“江南水乡场景”，如图3-125所示。

图3-125

3.7 本章小结

本章主要介绍了Illustrator的图形绘制相关的功能，此功能在后期制作MG动画的过程中会经常用到。利用基本的图形工具，在Illustrator中可以绘制出许多用户需要的图形。而不同的工具相互配合也可以做出很多意想不到的效果，但这需要用户在平时多多练习和尝试。

另外需要注意的是，在Illustrator中绘制好的图形，在导入After Effects制作动画之前，需要根据最终的动画效果将元素进行分层。

第 4 章

After Effects 在 MG 动画中的应用

Illustrator和Photoshop在MG动画的工作流程中其实都是可以被替代的，但After Effects却无法被替代，因为最后的效果呈现必须依赖After Effects本身的绘制图形能力，只是相对Illustrator和Photoshop来说，After Effects的绘制图形功能要简单很多。

本章介绍MG动画制作必不可少的After Effects的基本使用方法。本章将从基础的概念讲起，再介绍比较常用和实用的功能，最后通过三个案例巩固本章所学的知识点。

4.1 After Effects 软件概述

After Effects简称AE，是Adobe旗下的一款图形视频处理软件，其强大的影视后期特效制作功能，使其成为目前较流行的影视后期合成软件之一。

After Effects与同为Adobe公司出品的Photoshop、Illustrator软件可以兼容使用。因此After Effects也成了MG动画制作领域的主流工具。通常情况下，软件用户在Photoshop或Illustrator完成画面布局和元素绘制后，才会再导入After Effects进行动画制作，After Effects软件页面如图4-1所示。

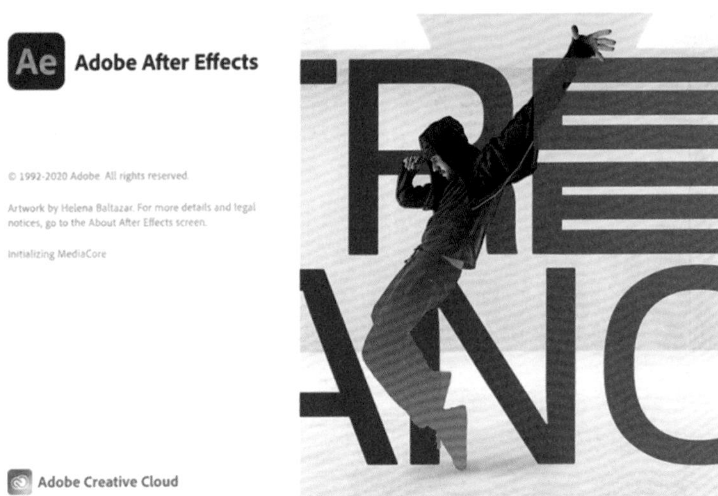

图4-1

4.2 After Effects 的基本操作

After Effects的功能复杂且繁多，初学者不必对After Effects所有功能了如指掌，只需学会MG动画制作中所需的一些功能模块的使用方法即可。

4.2.1 新建项目

打开After Effects软件，会弹出“主页”页面，单击主页左上角的“新建项目”按钮，如图4-2所示，即可完成项目的创建。如果单击右上角的“关闭”按钮，也会默认创建一个新的项目。

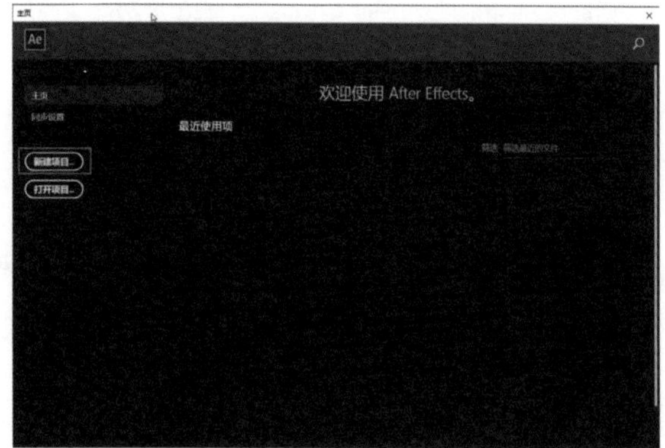

图4-2

4.2.2 新建合成

“合成”可以理解为After Effects里的一张画布，作为填充各种元素的容器，制作动画的第一步就是创建一个合成。

单击项目面板底部的“新建合成”按钮，如图4-3所示，会弹出“合成设置”对话框。

图4-3

在“合成设置”对话框里设置各项参数后，单击右下角的“确定”按钮，即可完成一个合成的创建，如图4-4所示。

在制作MG动画时，需要根据需求方的要求设置对应的尺寸及帧速率。持续时间在完成创建之后是可以修改的，所以一般都会先设置一个比较短的时间，后面根据项目情况再进行调整。

提示：在“项目面板”空白处右击，在弹出的快捷菜单中也可以选择“新建合成”选项新建合成，如图4-5所示。

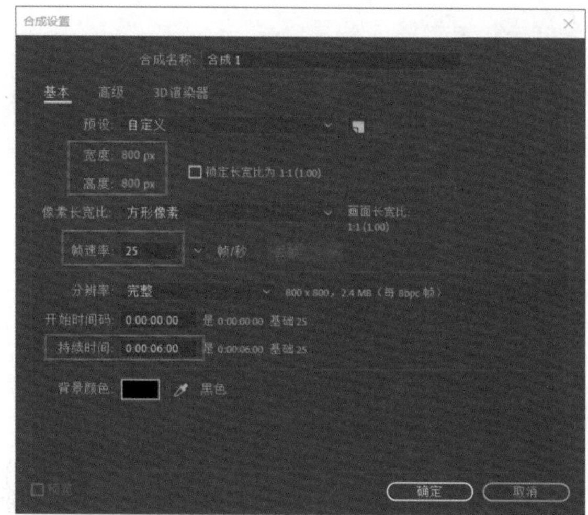

图4-4

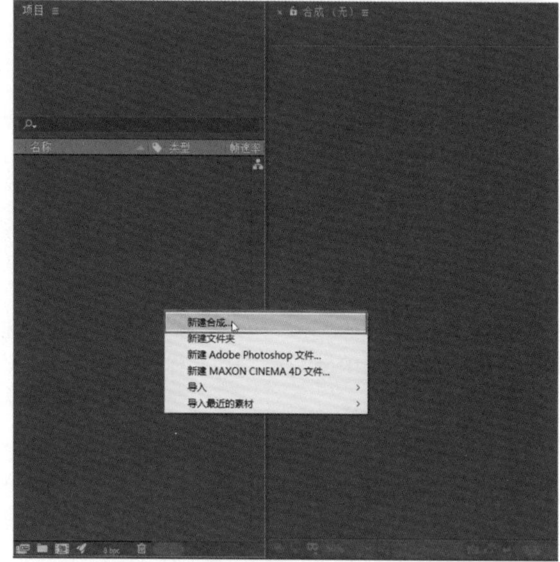

图4-5

4.2.3 导入素材

新建项目和合成后，就可以导入素材进行动画的制作。执行菜单栏“文件”→“导入”命令，可以将文件导入After Effects。也可以在“项目”面板的空白处右击，执行快捷菜单中的“导入”命令，如图4-6所示。

如果只导入单个文件，就选择“文件”选项，如果要一次性导入多个文件，则选择“多个文件”选项。在打开的“导入文件”对话框中选择需要导入的文件，单击右下角的“导入”按钮，即可完成导入，如图4-7所示。

小贴士：在导入Photoshop或包含多个图层的Illustrator文件时，After Effects会弹出导入选项对话框，以方便用户选择相应的导入图层和素材尺寸。

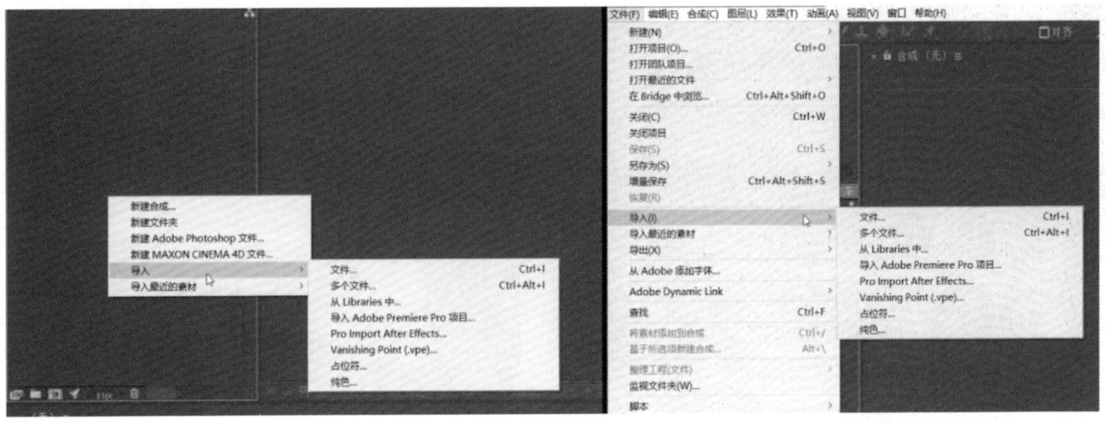

图4-6

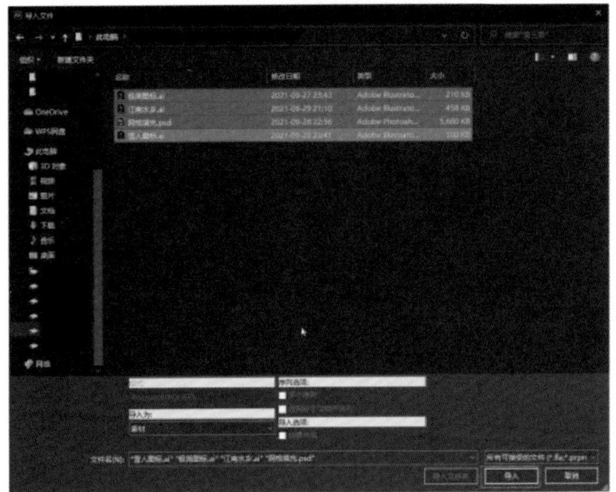

图4-7

如果想要将整个PSD作为一个合成导入，但每个元素图层的大小和元素大小不一致，那就可以在“导入种类”下拉列表框中选择“合成-保持图层大小”选项，如图4-8所示。否则，就选择“合成”选项；如果只是想将PSD整体作为一个素材，那就选择“素材”选项。

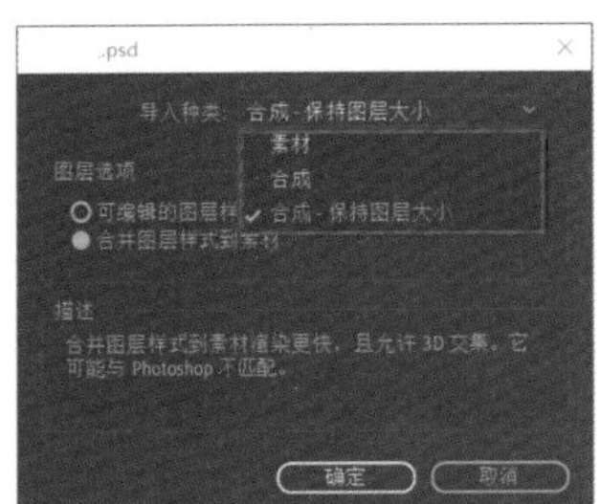

图4-8

由于Photoshop里的图层样式可以在After Effects中“继承”，如果希望在After Effects里继续调整图层样式，可选择“图层选项”中的“可编辑的图层样式”选项；如果不编辑图层样式，就选择“合并图层样式到素材”选项，这样图层样式就会栅格到图层上，如图4-9所示。

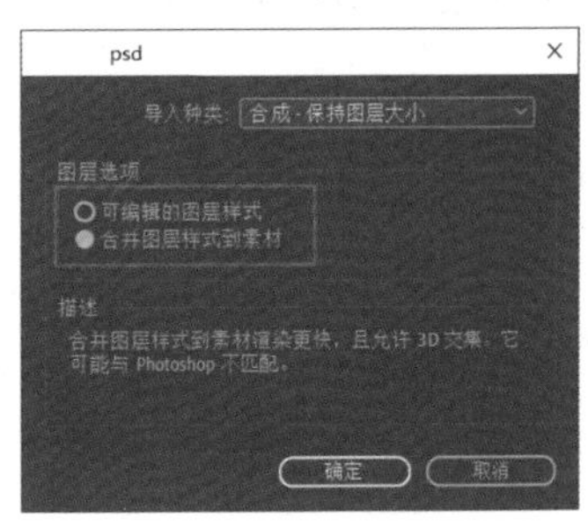

图4-9

4.2.4 实战——将AI文件导入After Effects

下面通过实操将一个AI文件导入到After Effects中来巩固前面所学的知识。

01 打开After Effects，单击“主页”对话框左上角的“新建项目”按钮，新建一个项目，如图4-10所示。

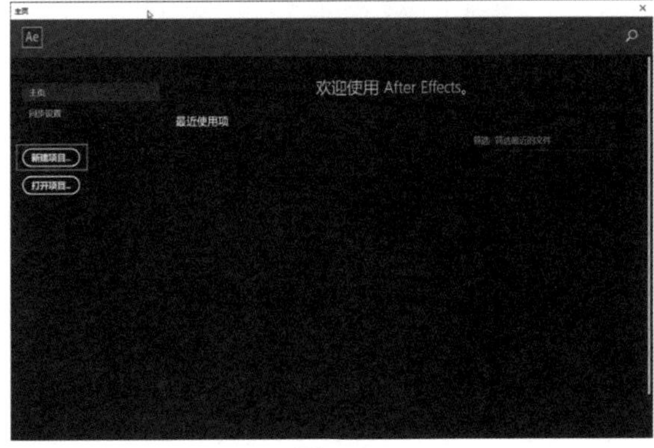

图4-10

02 在“项目”面板空白处右击，在弹出的快捷菜单中执行“导入”→“文件”命令，在弹出的对话框中选中要导入的AI文件，如图4-11所示。

03 在打开的导入选项对话框“导入种类”列表框中选择“合成”选项，在“素材尺寸”列表框中选择“图层大小”选项，如图4-12所示。

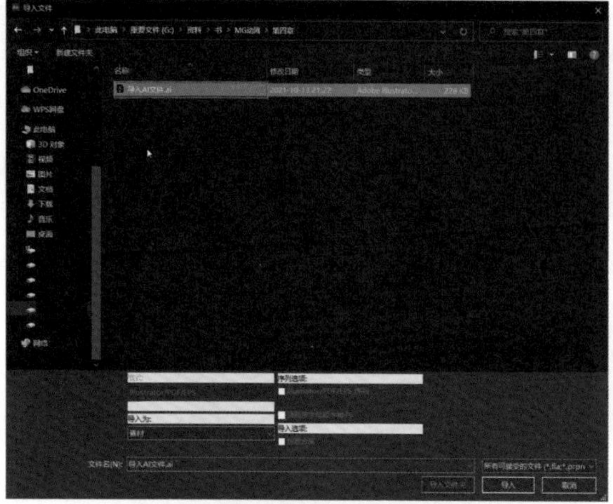

图4-11

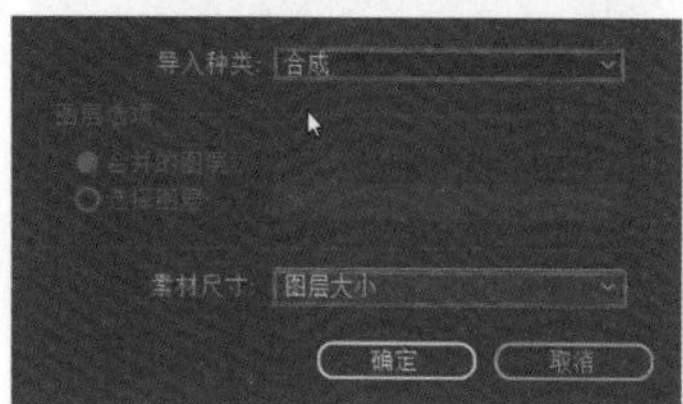

图4-12

04 在“项目”面板里可以看到导入的AI文件，并且此时它已经是一个合成了，如图4-13所示。

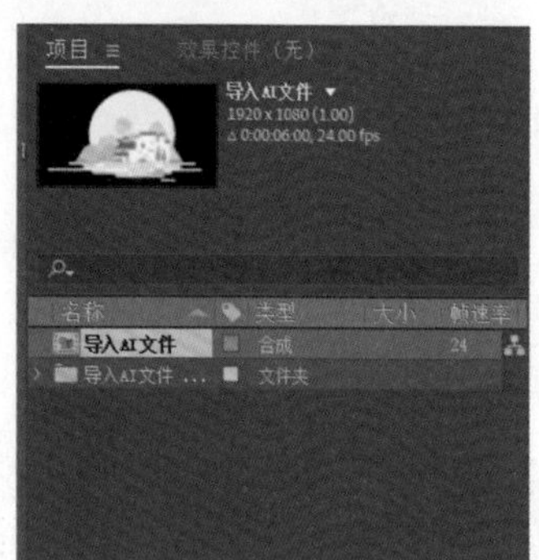

图4-13

4.3 图层的基本操作

After Effects也是一款基于图层的软件，想要掌握这个软件就必须要了解After Effects的图层。After Effects的图层种类繁多，不同的图层作用也不同，图层与图层之间也有互动关系，下面逐一介绍这些内容。

4.3.1 新建图层

创建好一个合成之后，在该合成的“时间轴面板”的空白处右击，在弹出的快捷菜单中选择“新建”选项，可以看到After Effects可以创建的各种类型的图层，如图4-14所示。

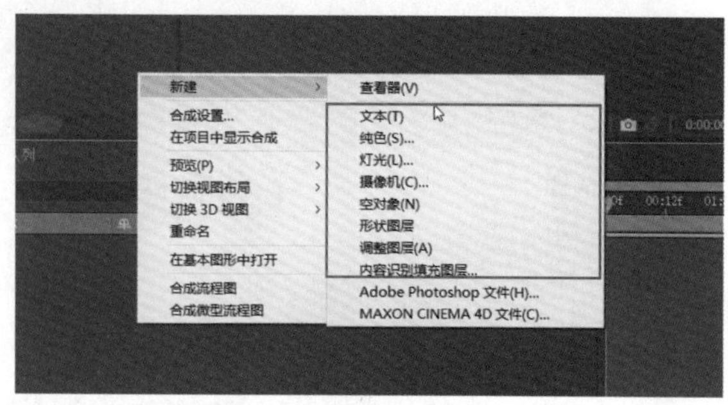

图4-14

4.3.2 图层的混合模式

和Photoshop一样，After Effects的图层与图层之间也是可以发生颜色上的互动的，而不同颜色的图层之间可以通过混合模式叠加出意想不到的效果。

After Effects中的图层混合模式有30多种，如图4-15所示。

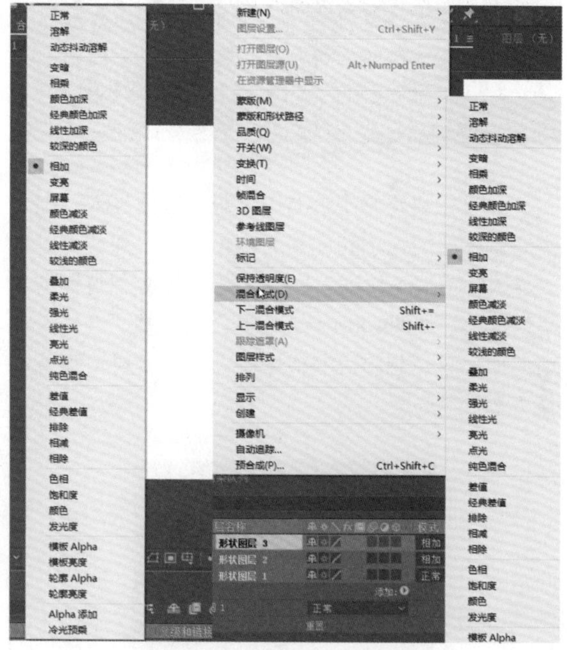

图4-15

下面以“相加”混合模式为例，解释混合模式的原理。

用形状工具在合成中绘制出三个正圆，“填充”的色值分别设置为#0000ff、#ff0000、#00ff00。再将上面两个图层的混合模式都改成“相加”。“相加”模式的原理就是将图层的色值进行相加，得到的结果作为新的颜色的色值，这三个正圆的填充颜色相加之后刚好就是#ffffff，也就是白色的色值，于是就有了图4-16所示的效果。

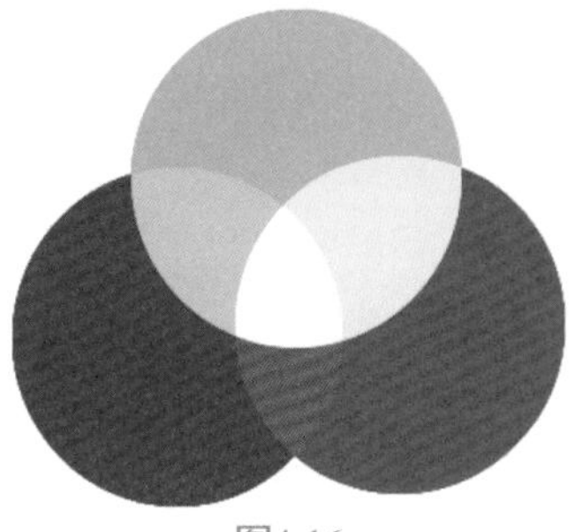

图4-16

4.3.3 常用的图层类型

1. 文本图层

单击工具栏的“横排文字工具”T，将当前工具切换为文字工具，在“合成”面板任意位置单击，即可新建一个文本图层。同时面板中出现可输入光标，这样就可以输入文本，如图4-17所示。

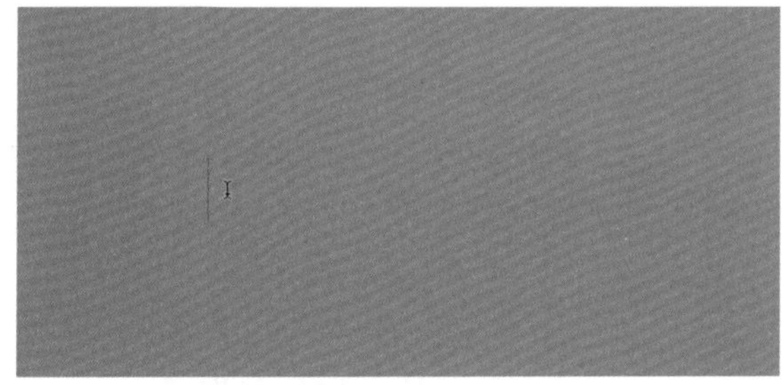

图4-17

如果需要编辑已经输入的文本，在该文本处双击即可，如图4-18所示。

图4-18

2. 纯色图层

在时间轴面板空白处右击，在弹出的快捷菜单中执行“新建”→“纯色”命令，打开“纯色设置”对话框，如图4-19所示，设置相应的参数，单击“确定”按钮即可完成纯色图层的创建。

“纯色设置”对话框的“名称”文本框用于编辑这个纯色图层的名称，“宽度”和“高度”用于重新定义这个纯色图层的尺寸。单击对话框底部的“色块”图标，可以在弹出的色彩面板里将纯色图层改成任意自己想要的颜色，也可以单击“色块”右侧的“拾色器”按钮，吸取画面中已有的颜色作为纯色图层的颜色。

图4-19

提示：纯色图层创建完成后，还可以通过执行菜单栏的“图层”→“纯色设置”命令，重新打开“纯色设置”对话框，继续编辑纯色图层的各项参数。

3. 形状图层

执行“新建”→“形状图层”命令，即可在合成中创建一个形状图层，但这个形状图层没有任何内容，需要使用工具栏的“形状工具”或“钢笔工具”继续创建相应的形状图形。

单击工具栏的“形状工具”，在合成面板的任意位置单击并拖动，即可绘制出一个矩形形状，如图4-20所示。如果在绘制的同时，按住Shift键，则可以绘制出一个正方形，如图4-21所示。

图4-20

图4-21

长按“形状工具”，在弹出的列表中可以选择After Effects提供的多种形状绘制工具，包括矩形工具、圆角矩形工具、椭圆工具、多边形工具和异形工具，如图4-22所示。

对于已经绘制好的形状，也可以单击图层左侧的小箭头，在展开的详细内容里，重新调整各项属性，如图4-23所示。

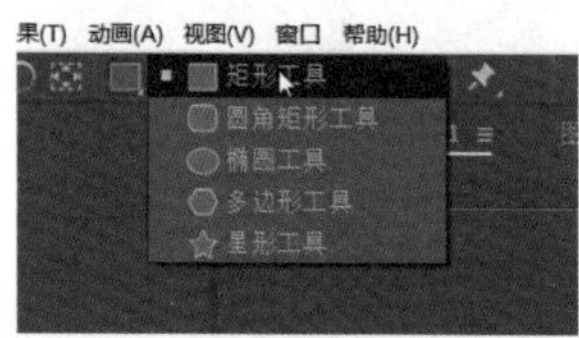

图4-22

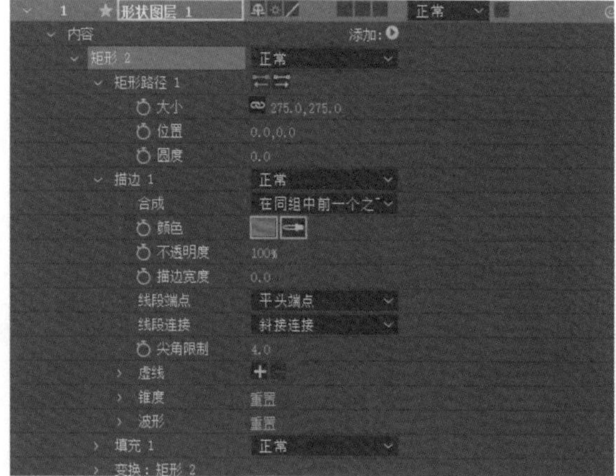

图4-23

4.4 图层的基本动画属性

在After Effects中给图层创建动画，主要是通过修改图层的动画属性的数值来实现的。给动画属性的不同数值打上关键帧，After Effects就会自动给不同关键帧之间创建“补间动画”，进而实现各种动画效果。

4.4.1 锚点

“锚点”可以简单理解成图层的“中心点”，如图4-24所示。在After Effects中，除了摄像机、灯光这两种特殊图层，其他的图层都有“锚点”属性，包括从外部导入的图片、视频等素材。

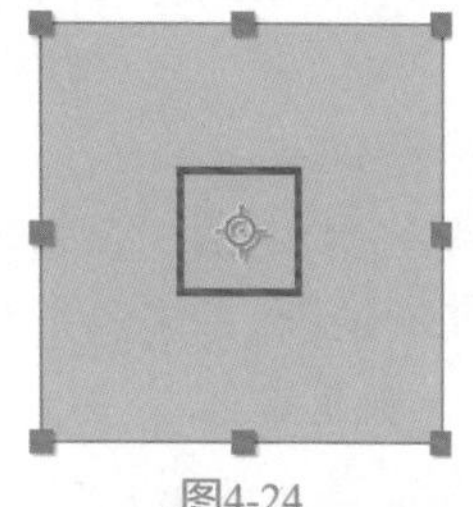

图4-24

图层的“旋转”“位置”“缩放”属性都是以“锚点”这个属性为基准来发生变化的。

单击工具栏的“向后平移（锚点）工具”，可通过拖动的形式改变图层锚点的位置，如图4-25所示。

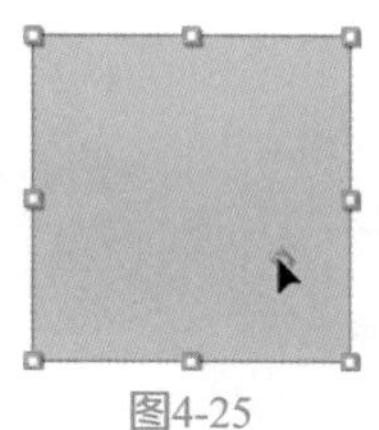

图4-25

提示：按住Ctrl键的同时，双击工具栏的“向后平移（锚点）工具”，可将图层的锚点重置到图层的正中央。

4.4.2 位置

图层的“位置”属性用来控制该图层在合成中的位置坐标，更准确地说，是图层锚点在合成中的位置坐标。选中某个图层，按P键，可以调出该图层的“位置”属性，如图4-26所示。

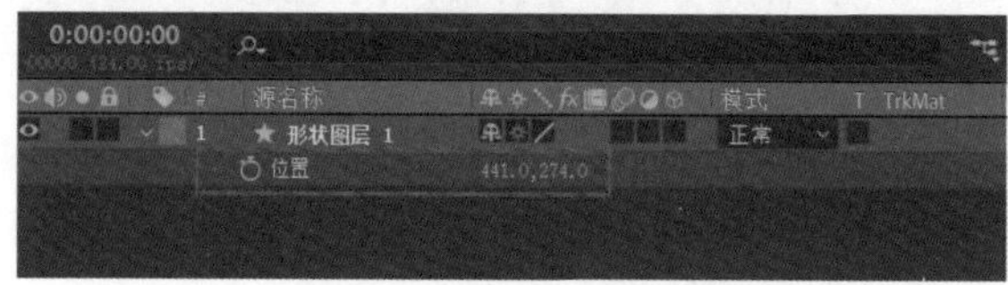

图4-26

可以单击“选取工具”，拖动图层来改变它的位置，也可以单击“位置”右侧的数值框，给该图层输入精确的位置数值，如图4-27所示。

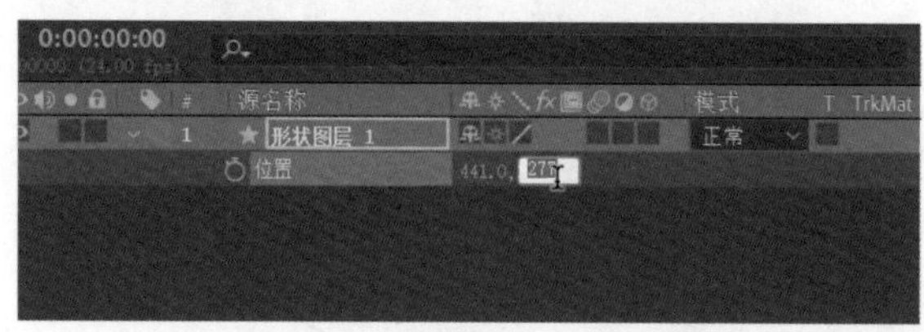

图4-27

小贴士：右击“位置”属性，在弹出的快捷菜单中执行“单独尺寸”命令，可以将“位置”属性拆分为两个独立的属性，分别是“X位置”和“Y位置”，这两个属性可以单独控制图层在X方向和Y方向上的位置变化，如图4-28所示。

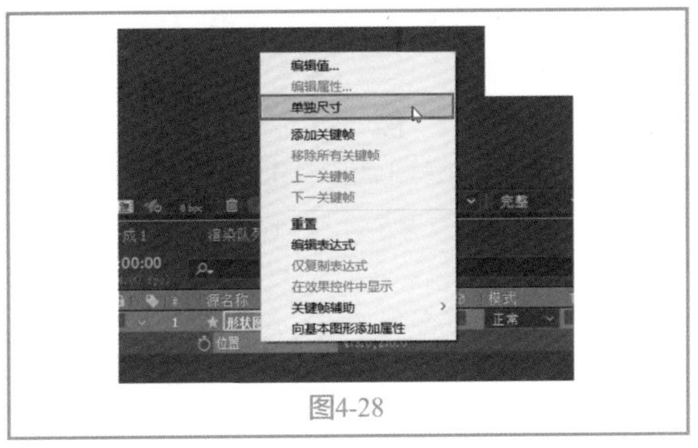

图4-28

4.4.3　缩放

图层的“缩放”属性用来控制图层的放大和缩小，而缩小和放大的中心点即为图层的锚点。选中想要缩放的图层，拖动图层边上的8个小方块，就可以修改图层的大小，如图4-29所示。

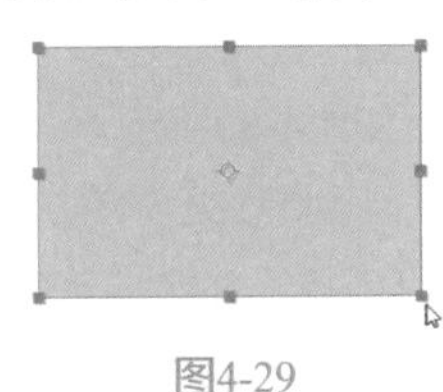

图4-29

如果在拖动小方块的同时按住Shift键，则可以保持原始比例进行缩放。

除此之外，按S键，也可以调出图层的“缩放”属性，通过修改这里的数值也可以调整图层的缩放变化，如图4-30所示。单击数值左侧的“约束比例”按钮，可以取消缩放的比例约束，再次单击可重新约束比例。

图4-30

小贴士：如果将锚点移动到图层外面，此时再去改变缩放的数值，图层看起来就像是一边位移一边缩放。利用这种方式，可以简化某些动画的制作流程，如图4-31所示。

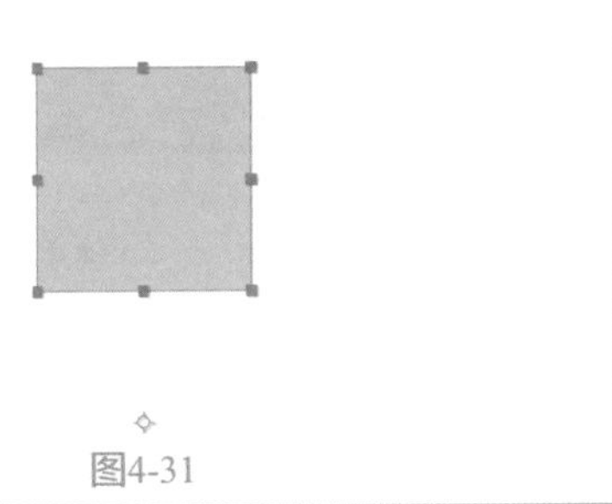

图4-31

4.4.4　旋转

图层的“旋转”属性用来控制图层的旋转角度，旋转中心即为图层的锚点。

选中图层，单击工具栏的“旋转工具”，将光标移动到图层处，按住鼠标左键拖动，即可让图层发生旋转，如图4-32所示。

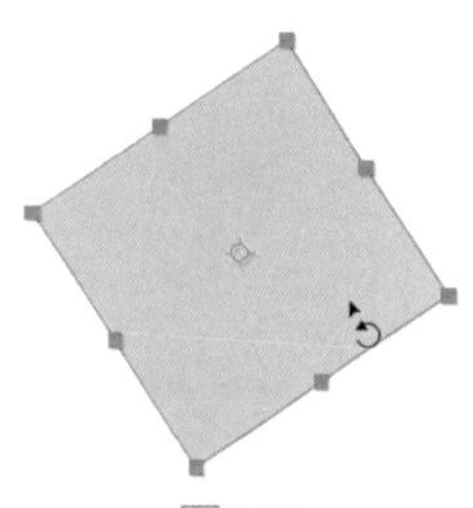

图4-32

选中图层后，按R键，也可以调出图层的“旋转”属性，修改“旋转”属性的数值也可以让图层发生旋转，如图4-33所示。

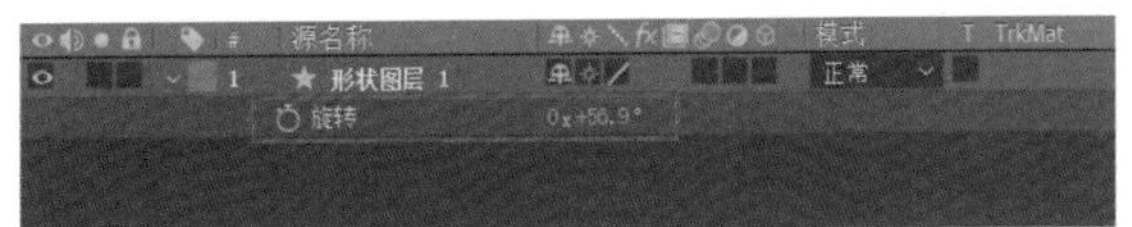

图4-33

4.4.5　不透明度

图层的不透明度用来控制图层的可见性。选中图层，按T键，可以调出图层的“不透明度”属性，通过修改这里的数值可以控制图层的“不透明度”，如图4-34所示。

图4-34

当图层不透明度为100%时，图层完全可见；当图层不透明度为50%时，图层不完全可见；当图层的不透明度为0%时，图层完全不可见。如图4-35所示。

不透明度:100%　**不透明度:50%**　**不透明度:0%**

图4-35

4.4.6 实战——树叶飘动进度条

本实战使用本节讲解的几个图层的基本动画属性，制作一个“树叶飘动进度条”的动画，动画效果如图4-36所示。

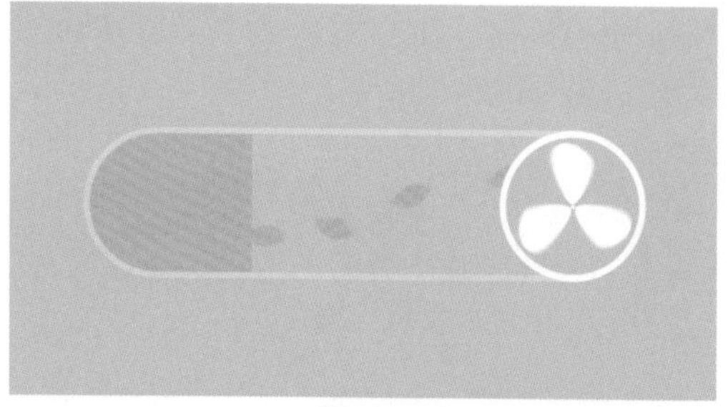

图4-36

01 执行“文件”→“导入”-“文件”命令，将绘制好的加载动画的AI文件导入After Effects。“导入种类”选择“合成”选项，“素材尺寸”选择“图层大小”选项，然后单击“确定”按钮，如图4-37所示。

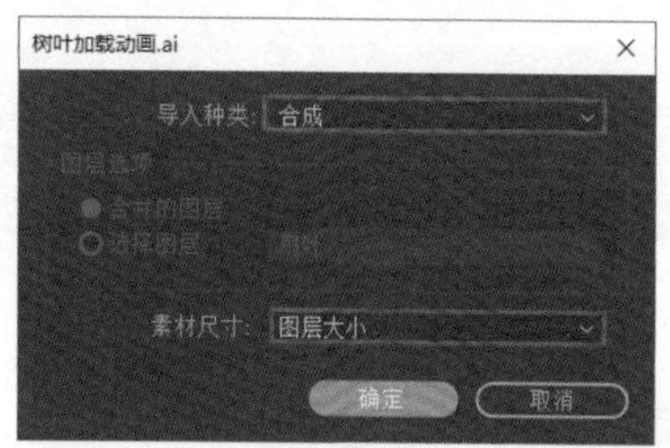

图4-37

02 双击项目面板的“树叶加载动画”合成，选中时间轴面板的“扇叶”图层。将当前工具切换为“向后平移（锚点）工具”，然后将“扇叶”图层的锚点调整到中间的白色圆点处，如图4-38所示。

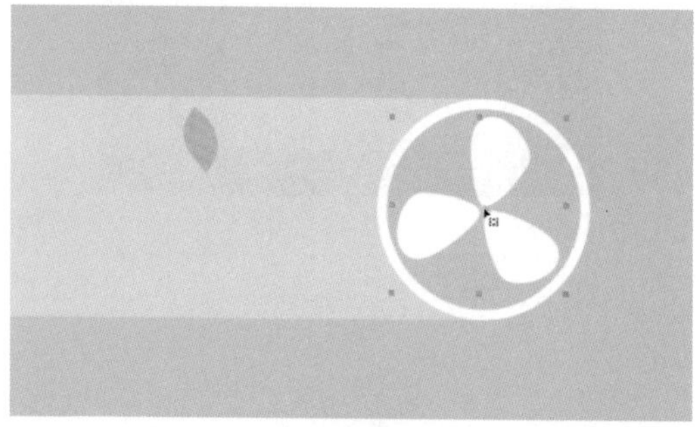

图4-38

03 在选中“扇叶”图层的情况下，按R键，调出“扇叶”的“旋转”属性。将当前时间移动到0秒处，单击“旋转”属性左侧的小秒表，给它的旋转打上一个关键帧，如图4-39所示。

04 将当前时间移动到5秒处，单击“旋转”属性右侧的数值，将其改成-5，此时“旋转”属性就会在5秒处自动添加一个关键帧。这时按空格键预览动画，“扇叶”就会开始旋转，如图4-40所示。

05 将当前工具切换为“矩形工具”，在合成中绘制一个刚好可以覆盖掉“形状”的矩形。“填充”的色值为#88c54c，“描边”大小为0，如图4-41所示。

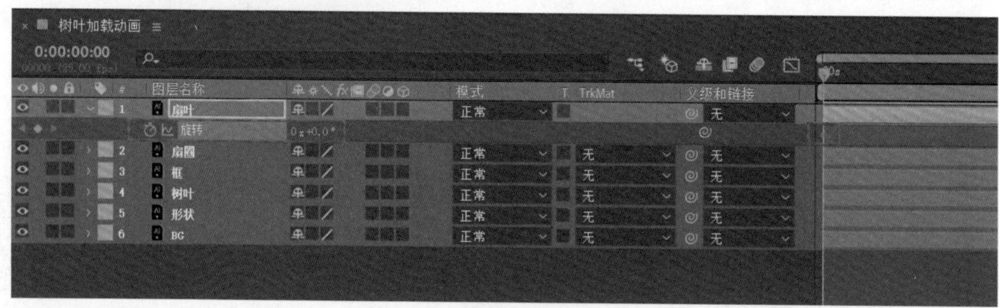

图4-39

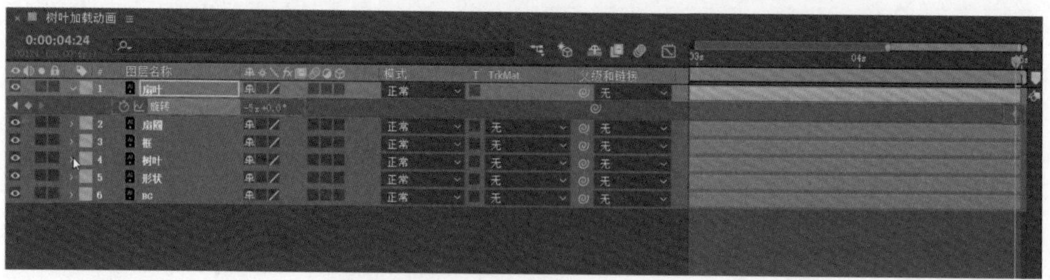

图4-40

06 将当前时间移动到5秒处，选中“形状图层 1”图层，按P键调出其“位置”属性，并单击其左侧的小秒表，给它打上一个关键帧，如图4-42所示。

07 先把当前时间移动到0秒处，再将“形状图层 1”图层移动到“形状”的左侧，“位置”属性就会在0秒处自动加帧，如图4-43所示。

图4-41

08 选中“形状”图层，按快捷键Ctrl+D，将其复制一层，再将“形状图层 1”图层移动到“形状”图层的上面，如图4-44所示，最后设置“形状图层 1”图层的轨道遮罩，将其改成“Alpha 遮罩‘形状 2’”，此时“形状图层 1”超出“形状”的部分就会被裁剪，如图4-45所示。

09 选中“树叶”图层，将其移动到“扇圈”图层下面，再将当前时间移动到0秒处，按P键，调出其“位置”属性，单击左侧的小秒表，给当前状态打上关键帧，如图4-46所示。

10 将当前时间移动到2秒处，再将“树叶”移动到“形状”的左侧，“位置”属性就会自动完成添加关键帧，如图4-47所示。

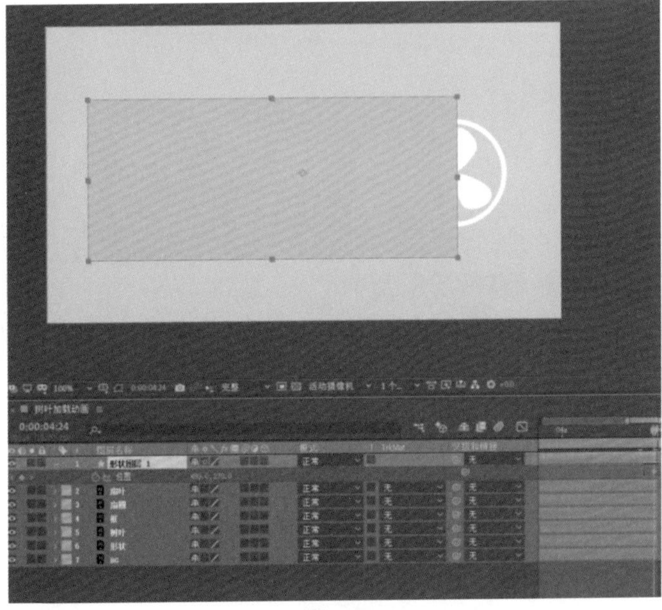

图4-42

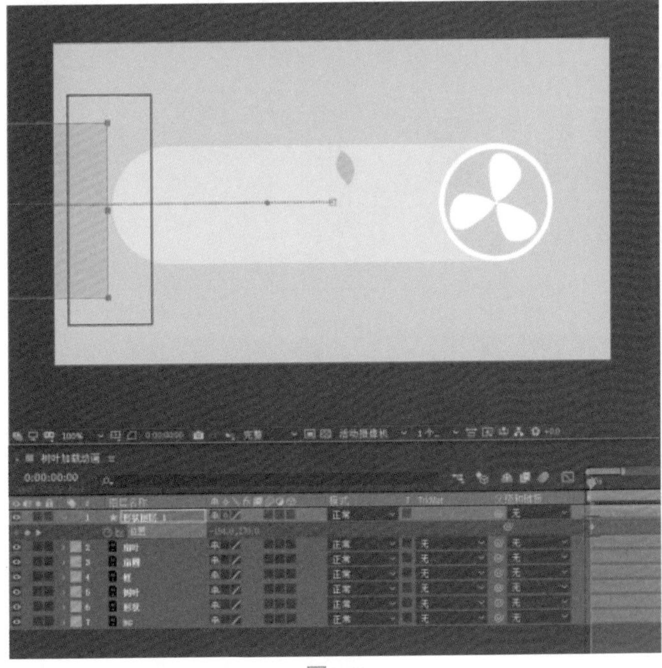

图4-43

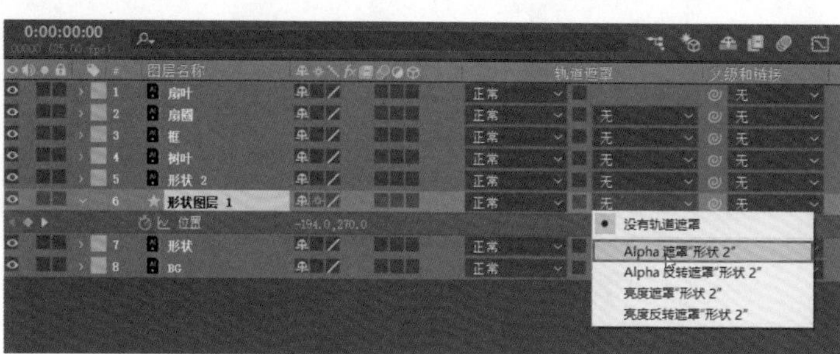

图4-44

图4-45

图4-46

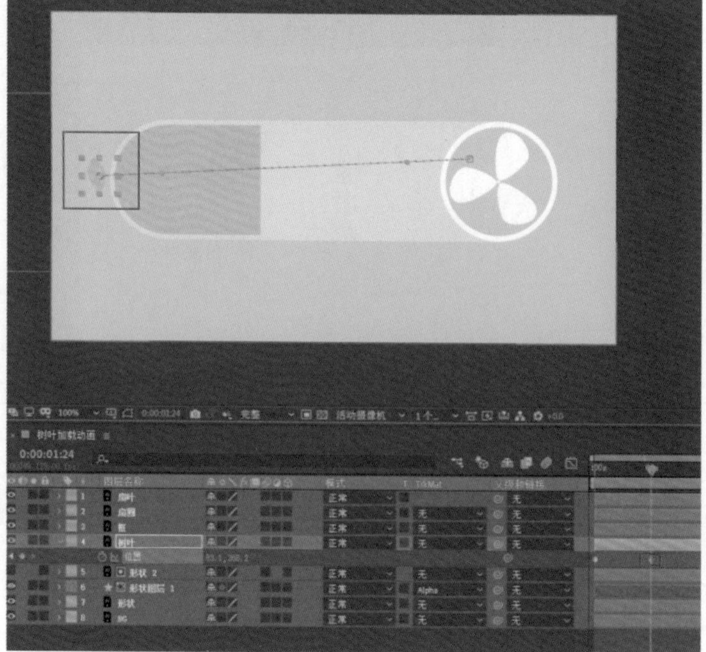

图4-47

11 在选中“树叶”图层的情况下，在菜单栏执行“图层”-“变换”-“自动定向”命令，如图4-48所示。在弹出的“自动定向”对话框中选择“沿路径定向”选项，单击“确定”按钮。这时“叶子”在运动时，角度就会随着位移的变化而变化。

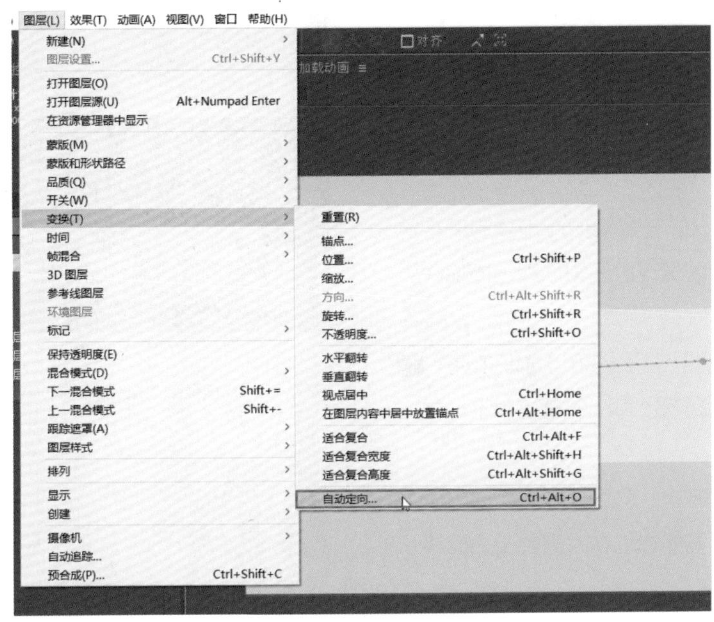

图4-48

12 在选中“树叶”图层的情况下，按P键，调整旋转的角度，让它的一端正好指向路径延伸的方向，如图4-49所示。

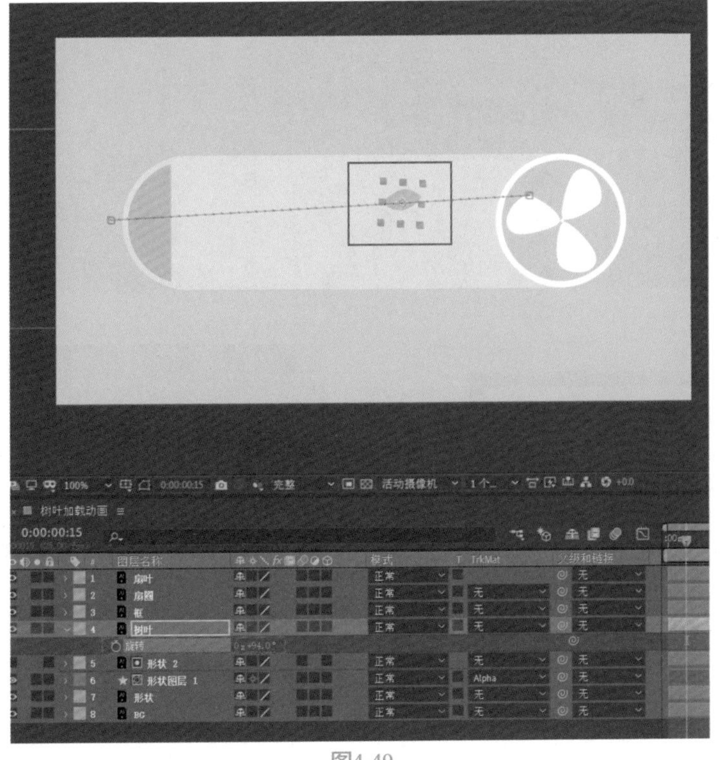

图4-49

13 切换到“选取工具”，调整叶子的飞行轨迹，将它调成一个曲线。这样叶子的飞行轨迹就是一条曲线，显得更加自然，如图4-50所示。

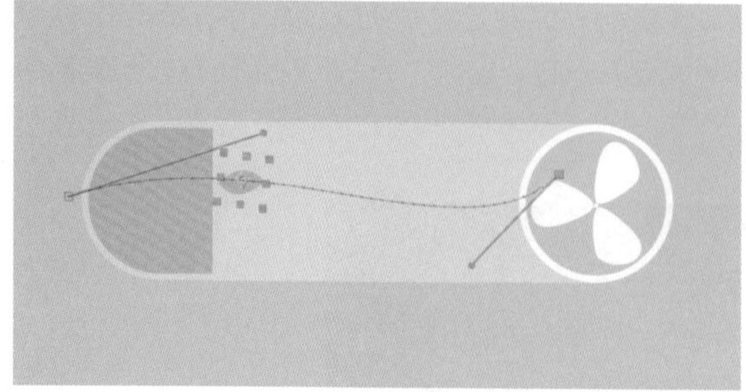

图4-50

14 选中“叶子”图层，按快捷键Ctrl+D复制多个叶子图层，并调整它们的图层在时间轴面板上的偏移，如图4-51所示。

15 依次选中每个“树叶”图层，用“选取工具” 调整它们的运动轨迹，尽量让每个的轨迹都不一样，如图4-52所示。

16 再次选中所有的“树叶”图层，按快捷键Ctrl+D将它们复制一份，然后调整它们在时间轴上的偏移，如图4-53所示。

17 将所有“树叶”图层选中，按快捷键Ctrl+Shift+C将它们打成一个“预合成”，如图4-54所示。

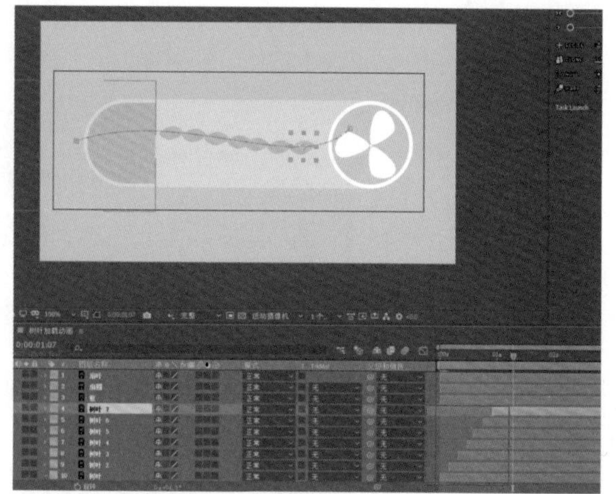

图4-51

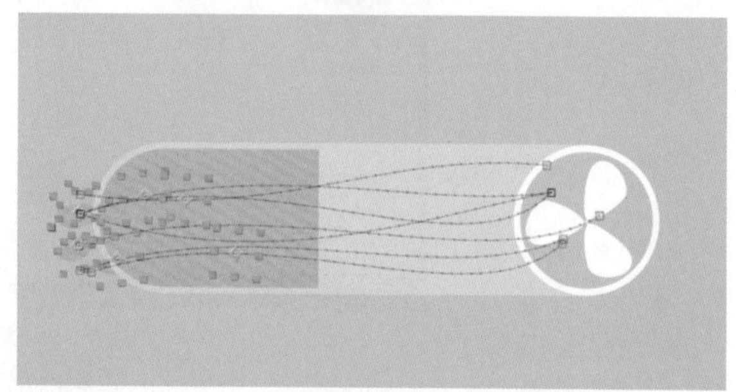

图4-52

图4-53

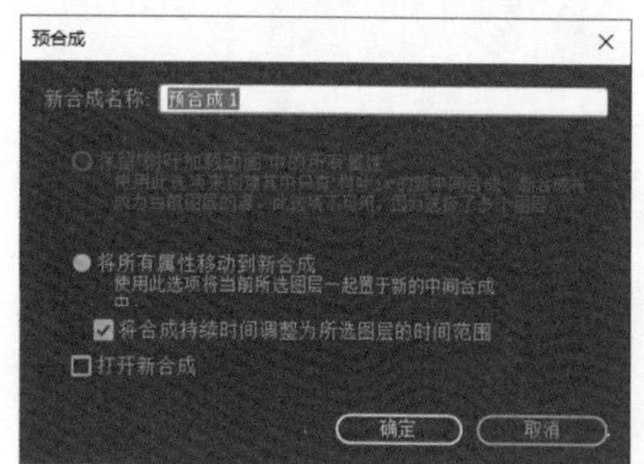

图4-54

18 选中“形状 2”图层，按快捷键Ctrl+D，将它复制一份，并将复制的这一份移动到“预合成 1”图层的上方，如图4-55所示。最后将“预合成 1”图层的轨道遮罩改成“Alpha 遮罩‘形状 3’”，如图4-56所示。这样超出“形状 2”的树叶就会被裁切掉。

图4-55

图4-56

19 整个加载动画就完成了。树叶的数量和运动轨迹，读者可以根据自己的喜好进行更细致的调整。

4.5 蒙版与遮罩

在制作动画时，经常需要对现有的元素做一些特定的裁剪，或者抠除不需要的部分只保留需要的部分，这时就需要用到蒙版和遮罩。

4.5.1　创建蒙版的工具

在After Effects中，能用来创建形状的工具都可以用来创建蒙版，如“形状工具”和“钢笔工具”。

这里以纯色图层为例，将当前工具切换到“形状工具”，在该纯色图层上绘制一个矩形，即给这个图层创建了一个矩形蒙版，如图4-57所示。

图4-57

在选中纯色图层的情况下，使用“钢笔工具”在该图层绘制出任意一个形状，也会给这个纯色图层创建一个这个形状的蒙版，如图4-58所示。

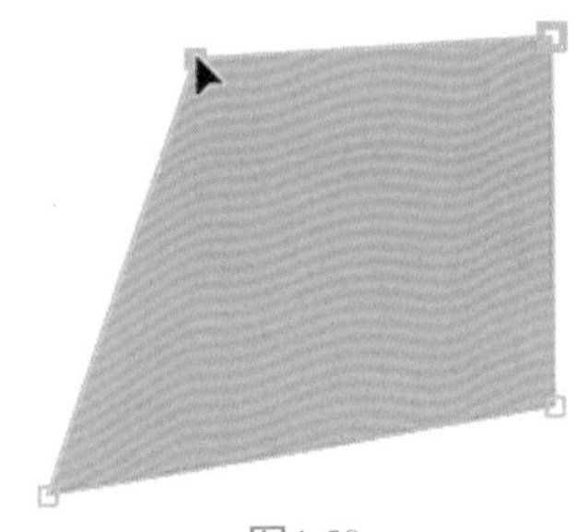

图4-58

不管使用哪种工具创建的蒙版，都可以通过使用“选取工具”选中锚点再修改锚点位置的方式来修改蒙版，如图4-59所示。

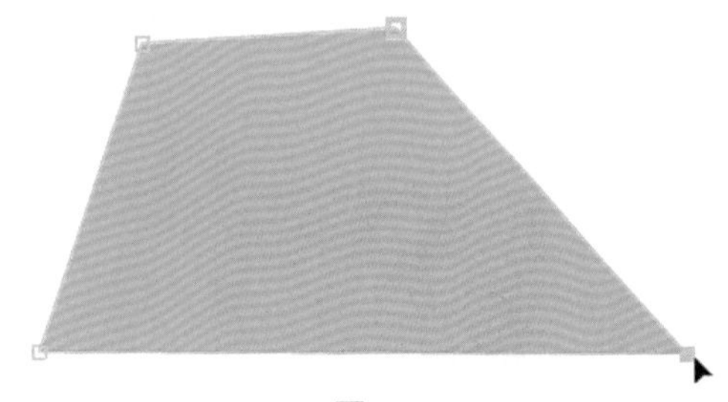

图4-59

同一个图层也可以创建多个蒙版，创建完成一个蒙版之后，使用“钢笔工具”或“形状工具”继续创建即可，如图4-60所示。

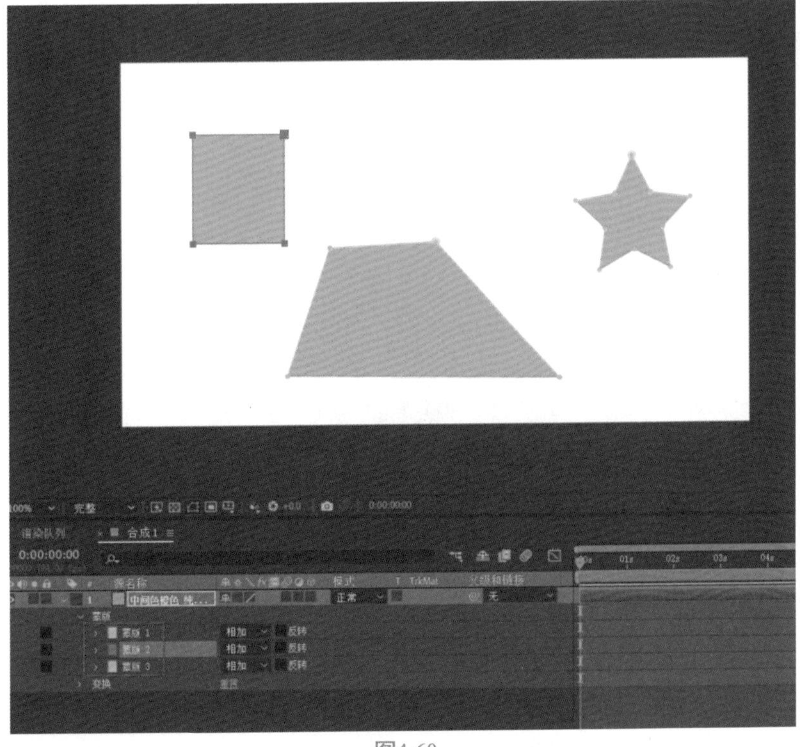

图4-60

4.5.2 蒙版属性的修改

如果一个图层创建了蒙版，在选中这个图层之后，按M键即可显示该图层的蒙版属性。除了蒙版名称下面的4个可以打关键帧的属性，蒙版还有“布尔”和“反转”属性，如图4-61所示。

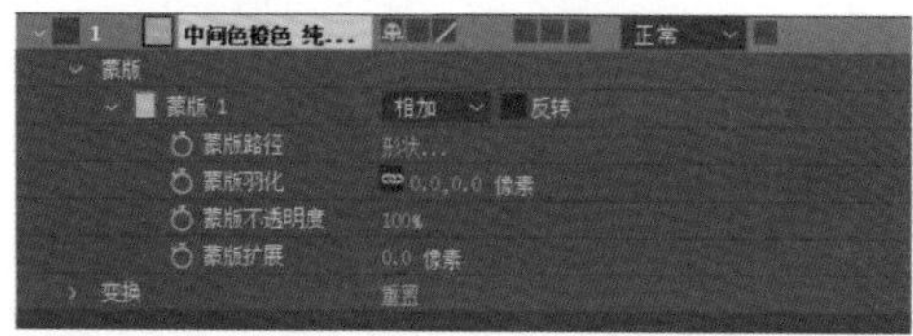

图4-61

1. 蒙版路径

蒙版路径即蒙版的形状，除了使用“钢笔工具”修改蒙版的形状，单击“蒙版路径”右侧的“形状”，可以在“蒙版形状”对话框中重新定义蒙版的形状，如图4-62所示。

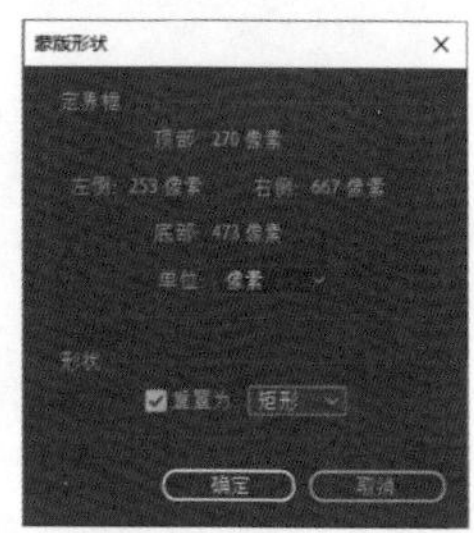

图4-62

2. 蒙版羽化

按住鼠标左键拖动“蒙版羽化”后面的数值，可以修改蒙版的羽化数值。单击数值左侧的“取消约束比例”按钮，可以单独给蒙版的水平或者垂直方向添加羽化效果，如图4-63所示。

图4-63

> 小贴士：查看“蒙版羽化”属性，可以依次按M、F键。

3. 蒙版不透明度

当图层只有一个蒙版时，蒙版的不透明度和图层的不透明度效果一致；当图层有多个蒙版时，就可以通过单独控制某个蒙版的“蒙版不透明度”来控制对应蒙版区域的不透明度，这样可以实现控制某个图层局部不透明度的效果，如图4-64所示。

4. 蒙版扩展

调整“蒙版扩展”的数值可以扩大或缩小蒙版的范围，如图4-65所示。

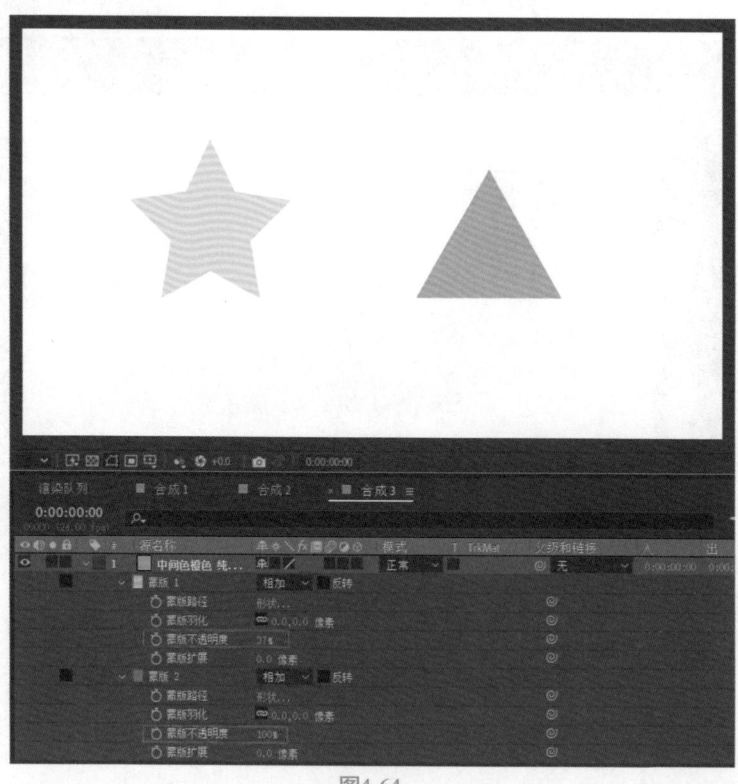

图4-64

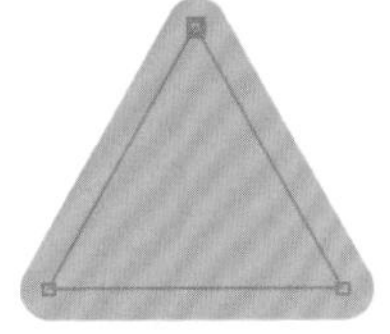

图4-65

5. 反转

“反转”属性被勾选之后，可以用来将蒙版形状内外的效果进行反转，如图4-66所示。

图4-66

6. 布尔

蒙版本身也是路径，所以蒙版与蒙版之间也可以做布尔运算，如图4-67所示。当修改蒙版名称后面的布尔类型时，也能得到各种布尔计算后的结果，如图4-68所示。

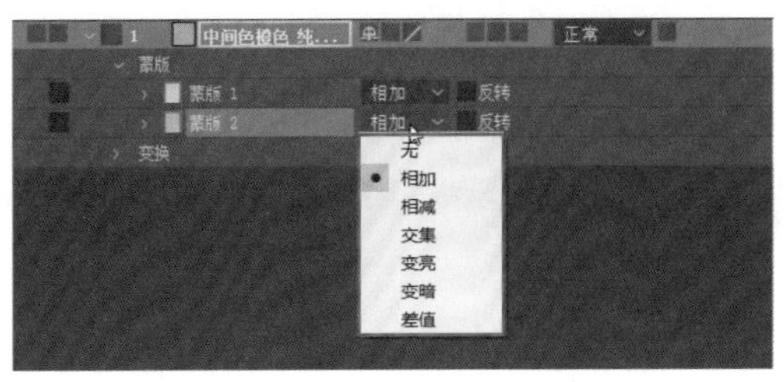

图4-67

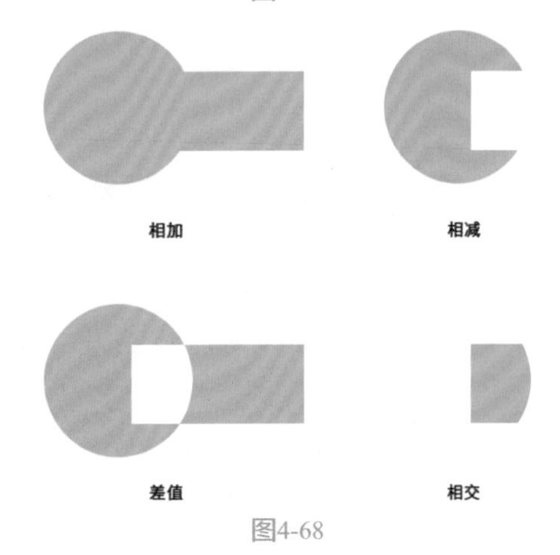

图4-68

> 小贴士：如果将“布尔类型”改成“无”，这个蒙版即为失效状态，如图4-69所示。

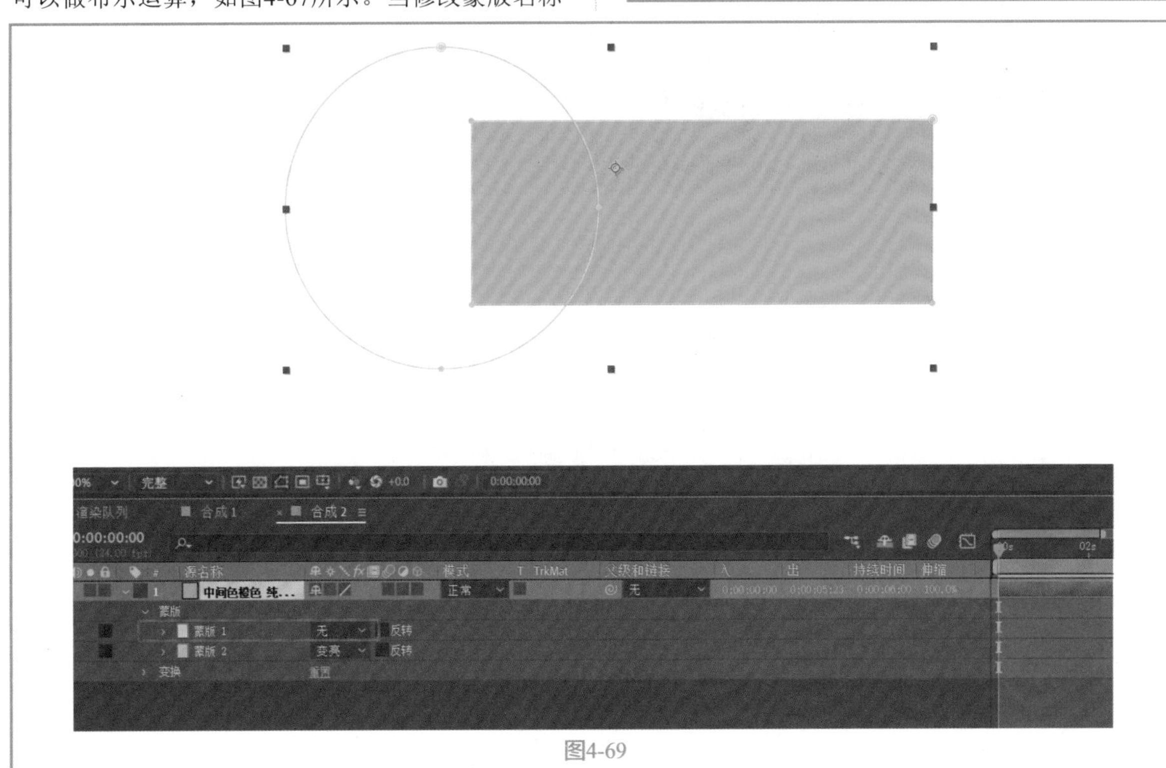

图4-69

4.6 关键帧与表达式

在After Effects中，几乎所有动画的实现都要依赖关键帧和表达式。关键帧通过记录状态的方式实现动画，表达式通过代码改变属性数值的方式实现动画。所以想要使用After Effects制作动画，就一定要了解关键帧和表达式。

4.6.1 添加关键帧

在After Effects中，只要属性左侧有小秒表图标，那么这个属性就可以用来打关键帧。

如果这个属性已经创建了一个关键帧，再在其他时间点修改该属性的数值时就会自动创建关键帧，如图4-70所示。

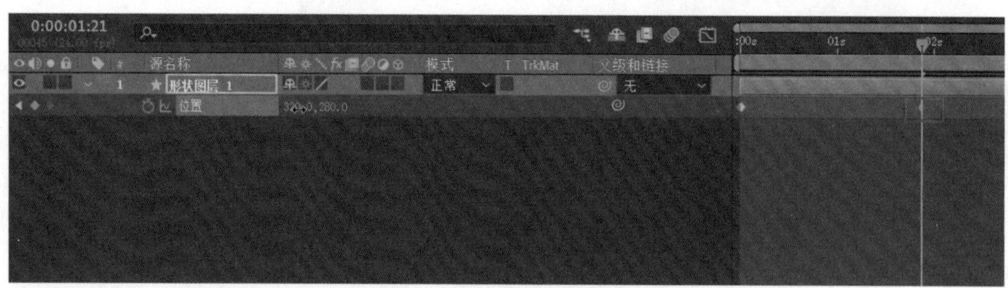

图4-70

对于已经创建了关键帧的属性，单击属性左侧的小秒表图标，即可删除该属性的所有关键帧，属性的状态则会保留删除时刻的状态，如图4-71所示。

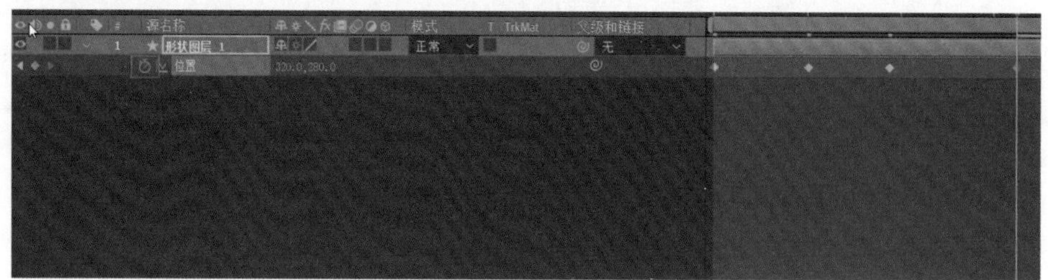

图4-71

4.6.2 查看关键帧

想要查看已经创建了关键帧的动画，只需要选中该图层，按U键即可显示该图层创建的所有关键帧，如图4-72所示。

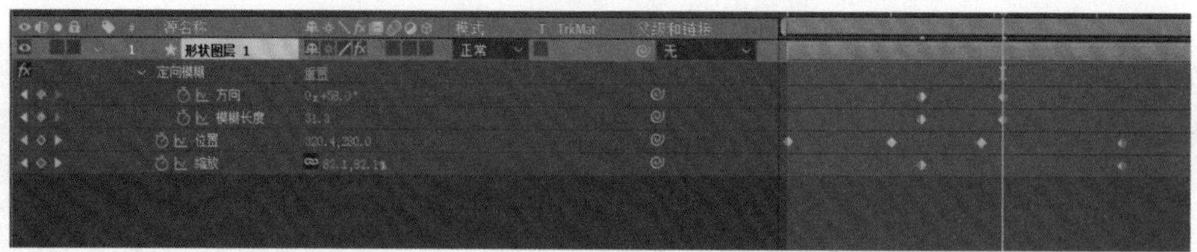

图4-72

4.6.3 编辑关键帧

想要改变已经创建好的关键帧数值，只需要将当前时间移动到这个关键帧上，再去调整属性的数值，这个关键帧的数值就会随之发生变化，如图4-73所示。

图4-73

也可以双击想要编辑的关键帧，在弹出的对话框中修改该关键帧的各项数值，如图4-74所示。

对于已经做好的动画，想要改变它整体动画的时长时，可以将所有的关键帧都选中，按住Alt键拖动两头的关键帧，可以延长或缩短动画的时长，如图4-75所示。

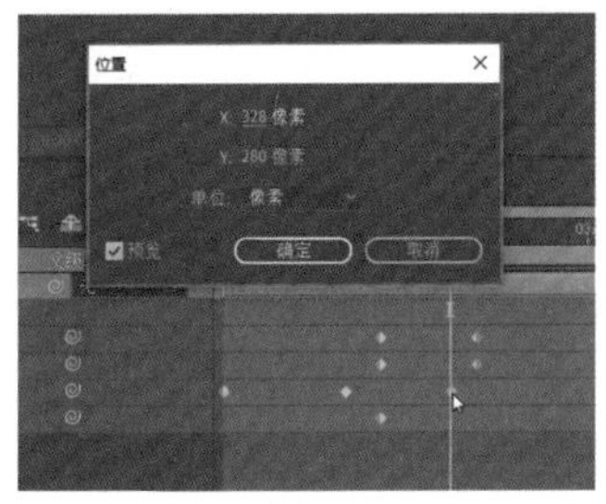

图4-74

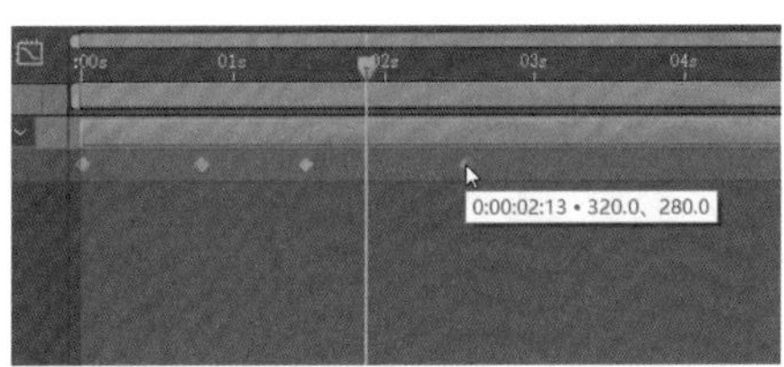

图4-75

4.6.4　关键帧类型

After Effects中的关键帧一共有4种类型，不同的关键帧类型主要用来控制属性数值的变化过程，每种类型都有自己的使用场景，如图4-76所示。

图4-76

1. 线性关键帧

线性关键帧是最常见的关键帧类型，两个线性关键帧之间的速度变化是非常均匀的。打开速度变化图表，可以看到两个线性关键帧之间的速度是一个恒定的速度，如图4-77所示。

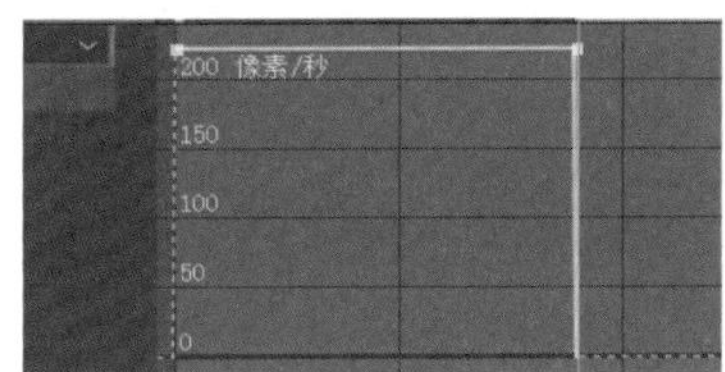

图4-77

2. 缓动关键帧

选中某个线性关键帧，按F9键，可以将它转换为缓动关键帧。创建缓动关键帧之后，两个关键帧之间的数值变化就不再均匀。如图4-78所示，可以清晰地看到该属性的变化速度从0开始逐渐加速，加速到峰值之后又逐渐减速为0的过程。

选中某个端点之后，可以看到该端点的控制手柄。通过拉动控制手柄也可以自定义速度变化的过程，如图4-79所示。

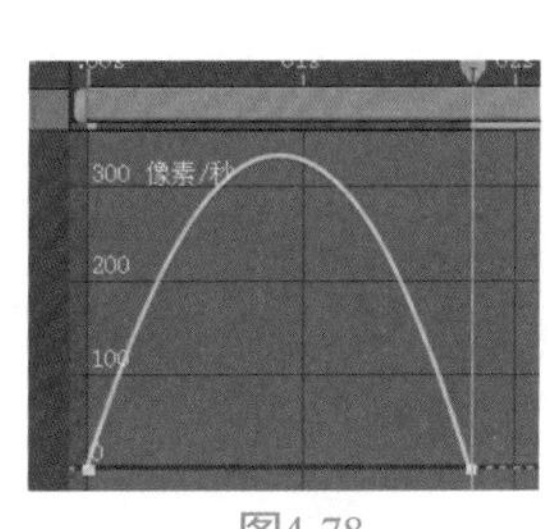

图4-78　图4-79

3. 平滑关键帧

按住Ctrl键单击关键帧，当关键帧的外观变成一个圆形时，它就变成了平滑关键帧。

平滑关键帧一般用在多个关键帧之间的关键帧上，对于开始和结尾的关键帧没有效果。将中间的关键帧转换为平滑关键帧之后，通过速度曲线图表，可以清晰地看到速度变化的过程变得平滑了，如图4-80所示。

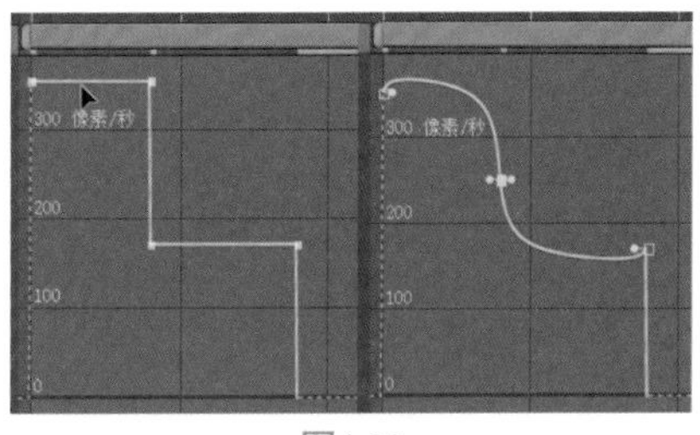

图4-80

4. **定格关键帧**

选中关键帧右击，在弹出的快捷菜单中选择“切换定格关键帧”选项，可将选中的关键帧转换为定格关键帧。

定格关键帧的作用是，将它到下一个关键帧之间的补间动画删除。在速度图表上表现出来的就是速度为0的变换，如图4-81所示。

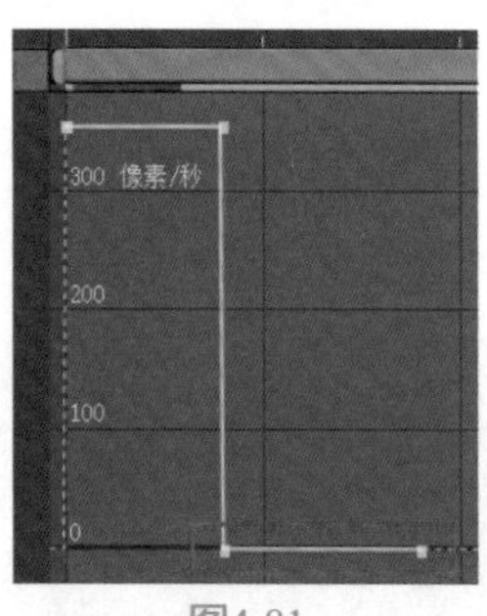

图4-81

4.6.5 图表编辑器

想要制作出细腻自然的动画，调节动画的速度变化过程是绕不开的。但仅靠修改关键帧的类型又远远不够，这时就需要用到After Effects的图表编辑器功能。

选中关键帧之后，再单击时间轴面板上的“图表编辑器”按钮，就可以看到关键帧之间的速度变化情况，如图4-82所示。

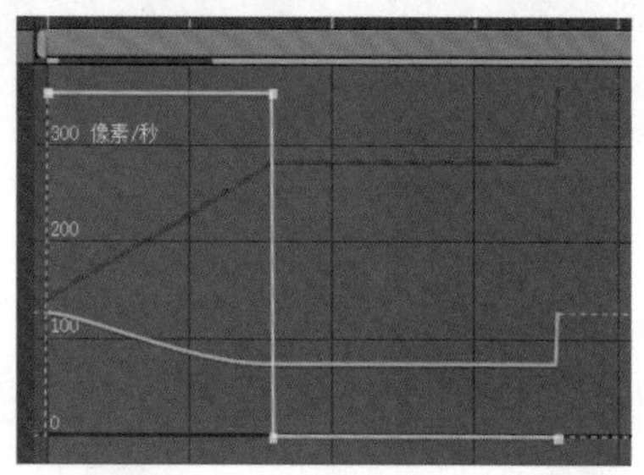

图4-82

单击面板下方的“选择图表类型和选项”按钮，可以切换图表类型。如果想要查看“速度变化曲线”，就选择“编辑速度图表”选项；如果想要查看“值变化曲线”，就选择“编辑值图表”选项，如图4-83所示。

值得注意的是，“编辑值图表”除了能删除某个关键帧之外，并不能随意修改曲线。所以想要精确控制动画的变化速度，还需要将图表切换为“编辑速度图表”，再用控制手柄去修改速度变化的过程，如图4-84所示。

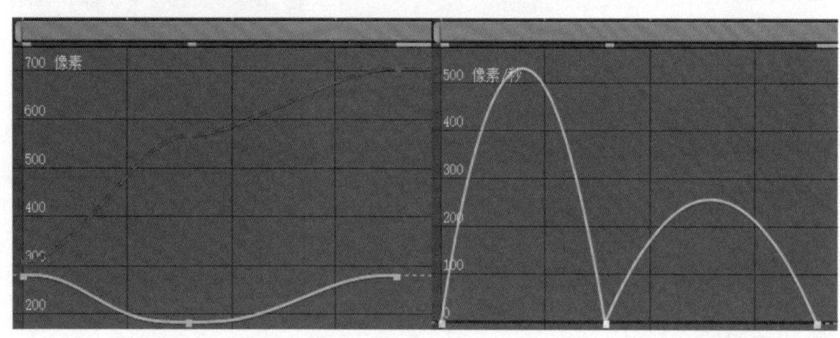

图4-83

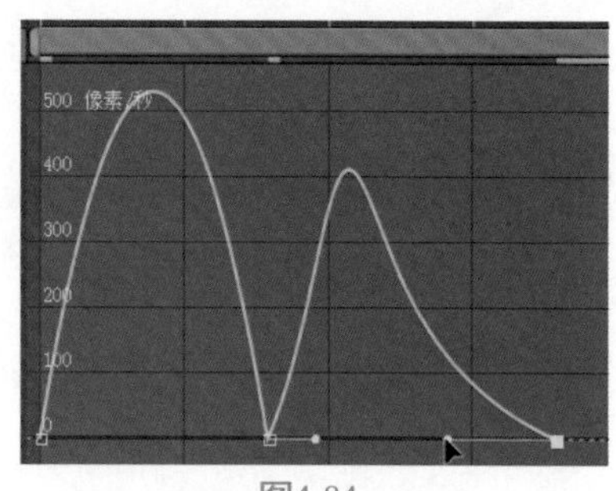

图4-84

4.6.6 几个常用的表达式

表达式用得熟练能大大提升工作效率，在After Effects中，只要打上关键帧的属性都可以添加表达式。按住Alt键的同时，单击属性左侧的小秒表，就会弹出表达式的输入框，再在输入框里输入表达式即可。

下面介绍几个常用的能提升工作效率的表达式。

1. time

当需要让一个元素随着时间的进行不断旋转时，可以不去打关键帧，而是给它的“旋转”属性添加一个time表达式。

如图4-85所示，选中这个多边形，按R键调出它的“旋转”属性，再按Alt键单击“旋转”属性左侧的小秒表，就可以在图层下方的输入框里输入表达式。

输入“time*100”，这样“旋转”属性的数值就会被“time*100”这个表达式控制。于是随着时间的进行，这个多边形就会一直旋转。

2. wiggle

想要让一个元素的某个属性不断摇晃，就可以给这个属性添加wiggle表达式。wiggle表达式通常的写法是wiggle(x,y)。x代表1秒内晃动的次数，y代表晃动幅度的范围。

给一个元素的“位置”属性添加wiggle表达式之后，它就会随着时间的进行，在位置上不断随机晃动；同理，如果给它的“旋转”属性添加wiggle表达式，它就会在角度上不断随机晃动，如图4-86所示。

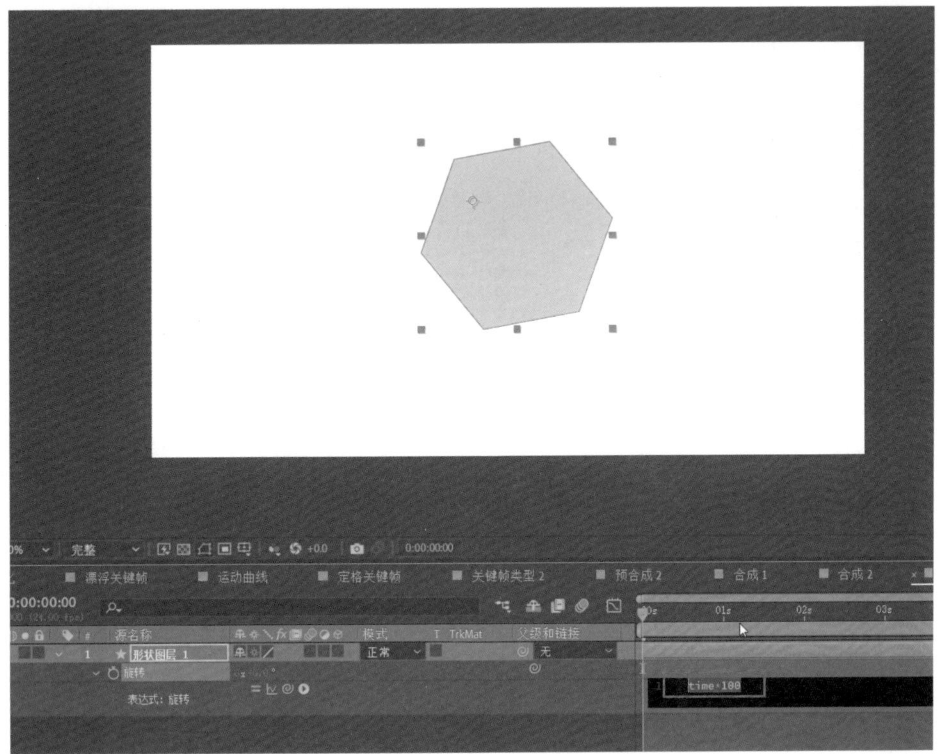

图4-85

图4-86

3. loop

想要让制作好的动画不断循环，就可以借助loop表达式。

假设想让一个六边形的位置动画一直重复循环到整个动画结束，那就可以给“位置”属性添加loopOut()表达式。这样六边形的位移动画就会在播放结束之后回到第一帧继续播放，直到合成的末尾，如图4-87所示。

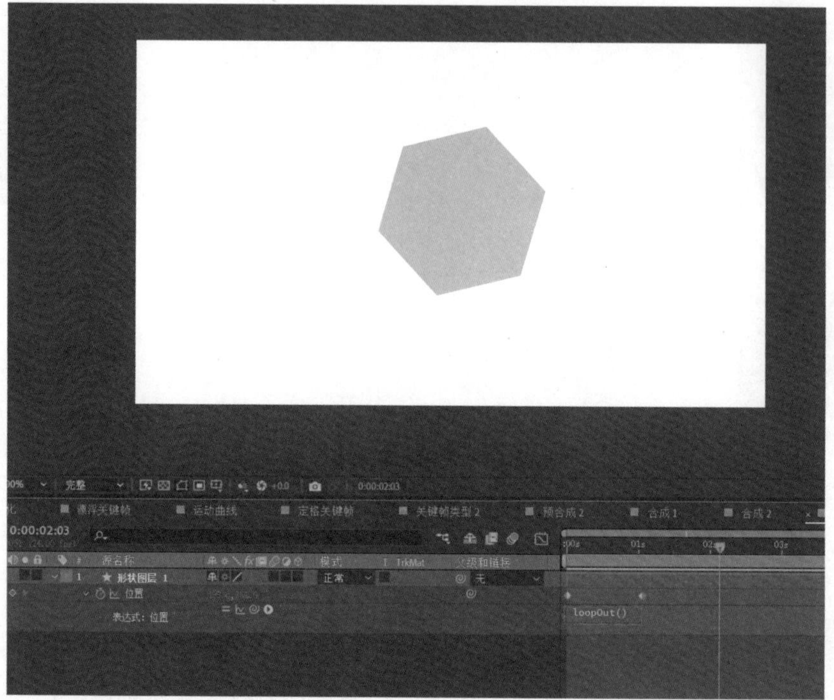

图4-87

4.6.7 实战——飞舞的雪花动画

下面利用前面学的知识来制作一个漫天雪花飞舞的动画，效果如图4-88所示。

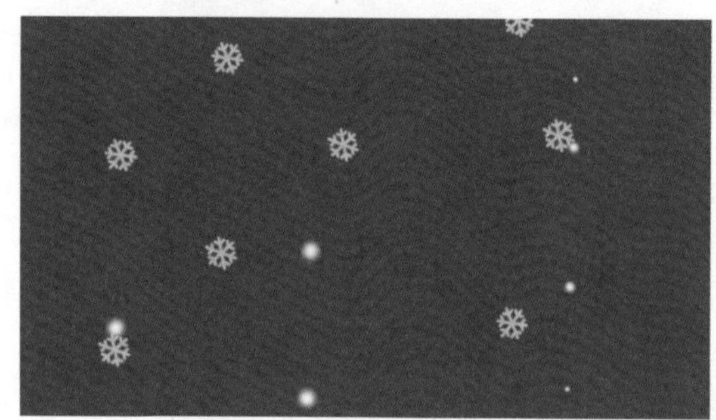

图4-88

01 单击项目面板下方的“新建合成”按钮，创建一个“宽度”为960px、“高度”为540px、“帧速率”为24帧/秒、“持续时间”为10秒、“背景颜色”为#555555的合成，如图4-89所示。

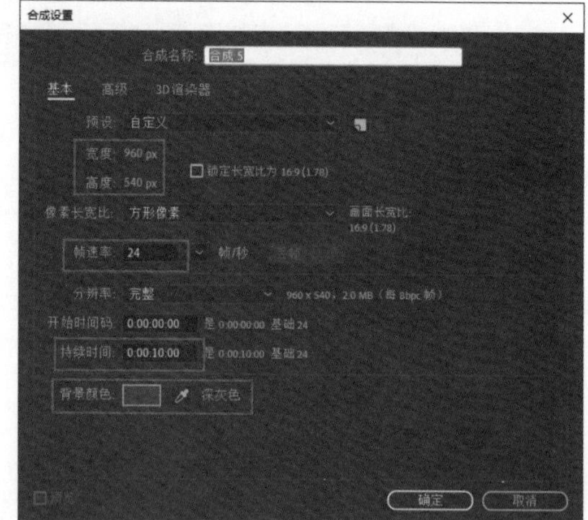

图4-89

02 在“项目”面板的空白处右击，执行“导入”-“文件”命令，将“雪花.png”文件导入项目，并将它拖到时间轴面板上，如图4-90所示。

图4-90

03 选中“雪花.png”，按S键调出它的“旋转”属性，将缩放数值调整为35%；再将当前工具切换到“钢笔工具”，“抠”出图片上的任意一片雪花；最后切换到“向后平移（锚点）工具”，将图层的锚点移动到这片雪花的中心位置，如图4-91所示。

图4-91

04 把时间线移动到0秒处，再将雪花移到合成最上方刚好超出合成的位置。按P键调出“位置”属性，单击“位置”左侧的小秒表，给雪花的当前位置打上关键帧。最后，把时间线移动到4秒处，将雪花垂直移动到合成的最下方刚好超出合成的位置，“位置”属性会自动打上关键帧，如图4-92所示。

05 按住Alt键，单击“位置”左侧的小秒表，在表达式输入框里输入表达式loopOut()，这样飘落动画在播放完成之后就会继续从头开始播放，如图4-93所示。

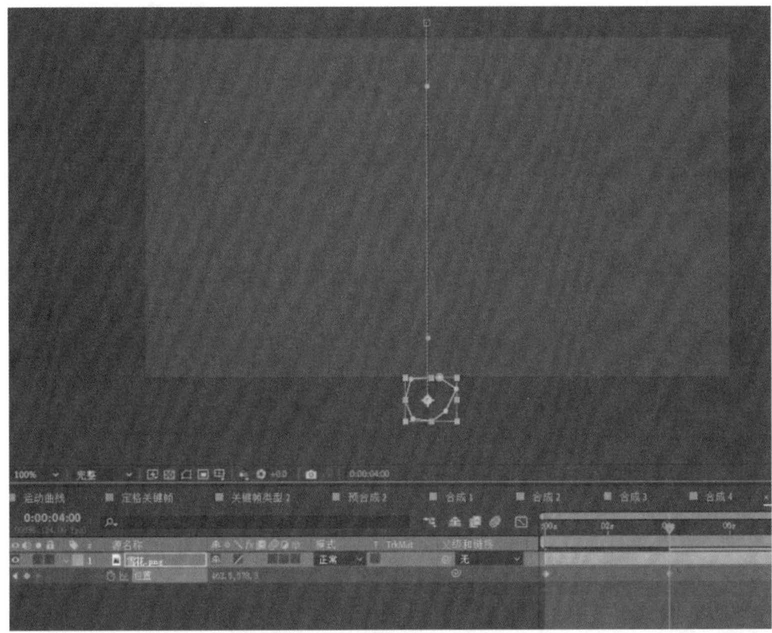

图4-92

图4-93

06 选中雪花图层，按R键，调出“旋转”属性，按住Alt键的同时，单击“旋转”属性左侧的小秒表，在表达式输入框里输入time*100。这样雪花就会随着时间的推移不断旋转，如图4-94所示。

图4-94

07 在“时间轴”面板空白处右击，执行“新建”-“纯色”命令，在“纯色设置”对话框中将颜色设置为纯白色，如图4-95所示。

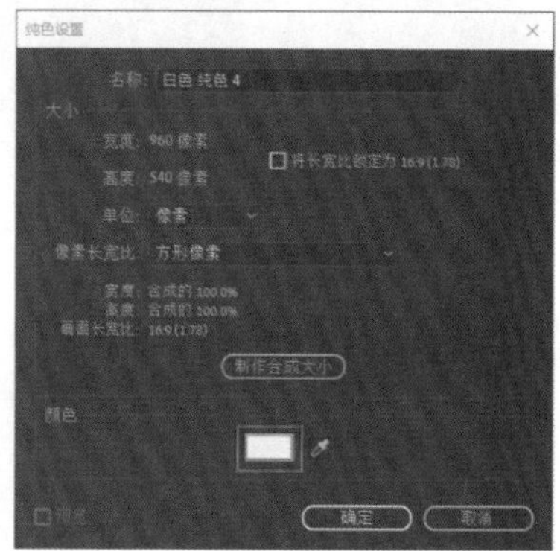

图4-95

08 切换到“椭圆工具”，按住Shift键，在纯色图层的中央绘制一个正圆形的蒙版，再依次按M、F键，调出蒙版的羽化属性，将羽化数值调为15px，这样就得到了另外一种形态的雪花，如图4-96所示。

图4-96

09 选中“雪花.png”，按P键调出“位置”属性。框选所有关键帧，按快捷键Ctrl+C全部复制，再将时间线移动到0秒处，选中“白色 纯色 4”图层，按快捷键Ctrl+V将做好的位置动画粘贴给“白色 纯色 4”图层，如图4-97所示。

10 将时间线移动到“白色 纯色 4”图层的某个“位置”关键帧上，再框选所有“位置”关键帧，按方向键整体位移“白色 纯色 4”图层，如图4-98所示。

11 用同样的方法，将这两种雪花复制多个，并调整它们的关键帧之间的距离，让它们看起来错落有致，如图4-99所示。

12 选中所有图层，按快捷键Ctrl+Shift+C，将它们转换成预合成，再选中这个预合成，按快捷键Ctrl+D复制一份，并将两个预合成错开，如图4-100所示。这样一个雪花飞舞的动画就完成了。

图4-97

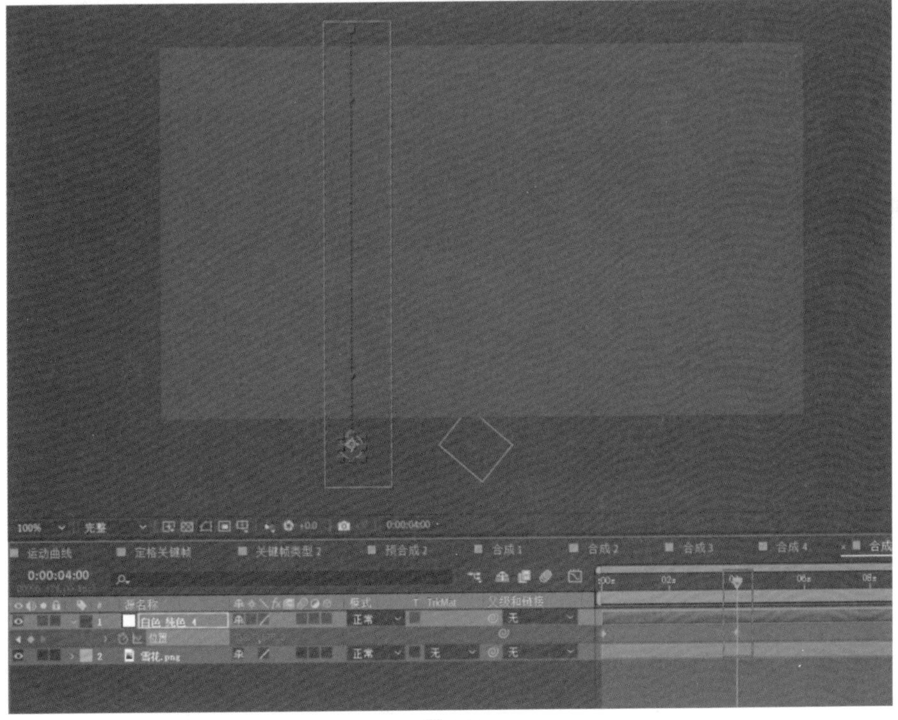

图4-98

图4-99

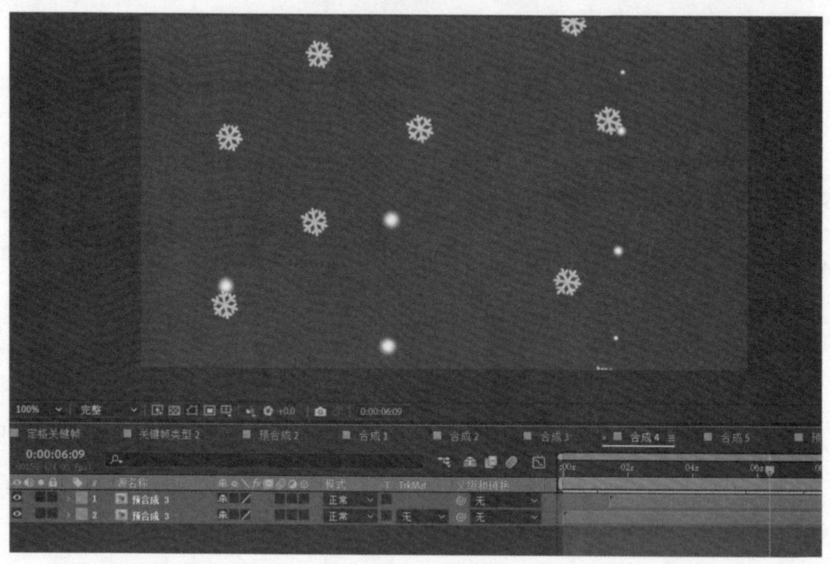

图4-100

4.7 综合案例——变形弹跳

下面结合本章所学的知识来完成一个综合案例。这个案例不仅要用到图层基本动画属性，也会涉及路径相关知识。最后如果想要做得自然细腻，还要对关键帧和曲线做适当的调整。

01 单击“项目”面板下方的“新建合成”按钮，设置合成参数如图4-101所示。

02 在“时间轴”面板空白处右击，执行“新建”→“纯色”命令，尺寸和合成大小一致，颜色设置为#F33F56，如图4-102所示。

03 按快捷键Ctrl+R，调出After Effects的标尺。将光标放到标尺处按住并拖动，拖出两条参考线，如图4-103所示。

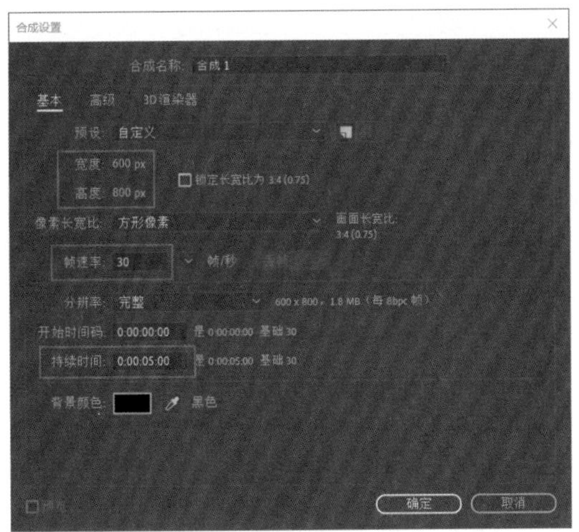

图4-101

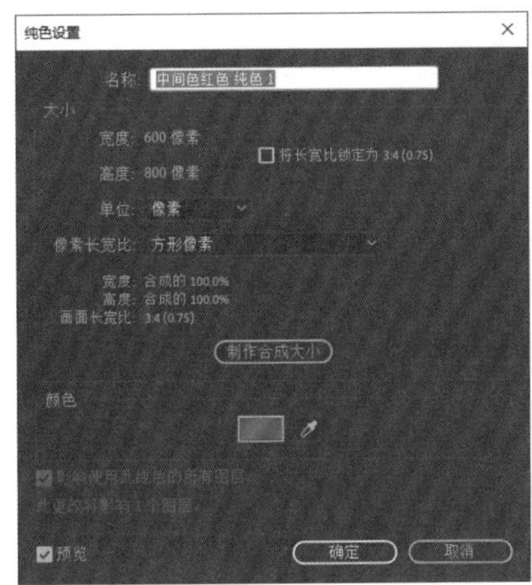

图4-102

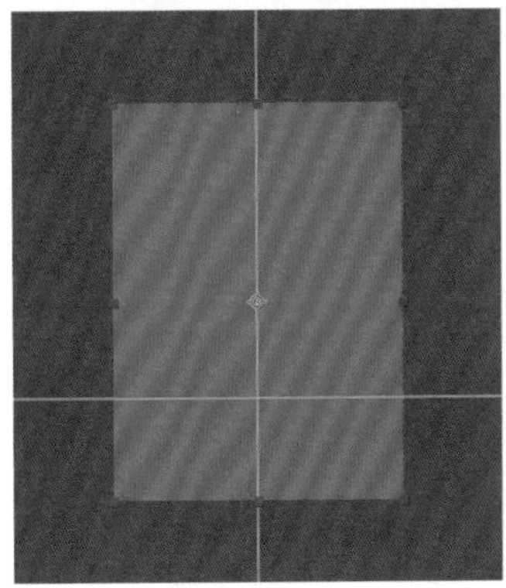

图4-103

04 分别使用“椭圆工具”、“矩形工具”和“多边形工具”在合成中绘制出一个正圆、一个正方形、一个三角形，如图4-104所示。

05 单击图层最左侧的眼睛图标，将三角形和正方形先隐藏。选中圆形，按P键调出其“位置”属性，将时间线移动到0秒处，单击“位置”左侧的小秒表图标，在0秒处给圆形的位置打上一个关键帧，如图4-105所示。

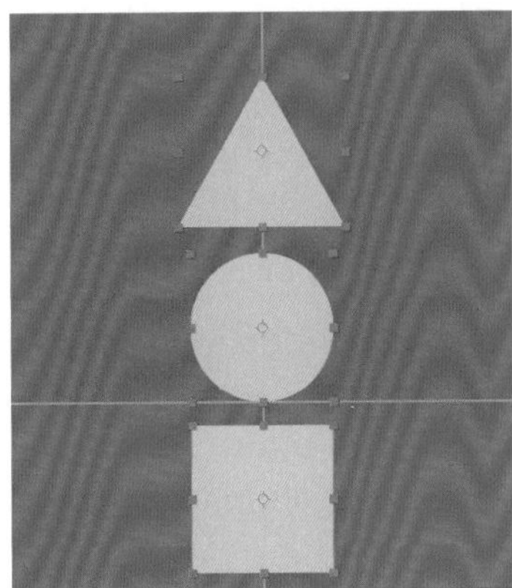

图4-104

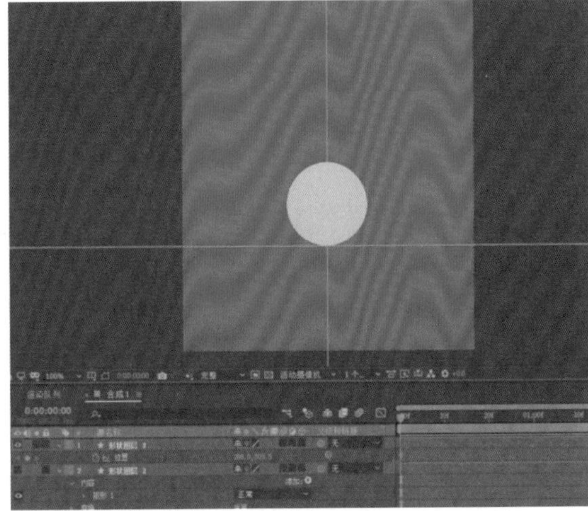

图4-105

06 将时间线移动到15帧处，将圆形上移约300px；再将时间线移动到30帧处（也就是1秒处），将0秒处的位置关键帧按快捷键Ctrl+C、Ctrl+V复制粘贴过来，如图4-106所示。

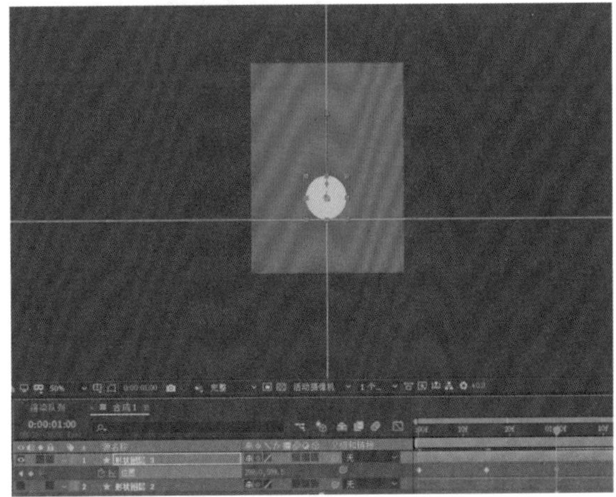

图4-106

07 选中“位置”属性中间的关键帧，按F9键将其转换为缓动关键帧。再单击“编辑速度图表”按钮，将它的运动曲线改成图4-107所示的样式。

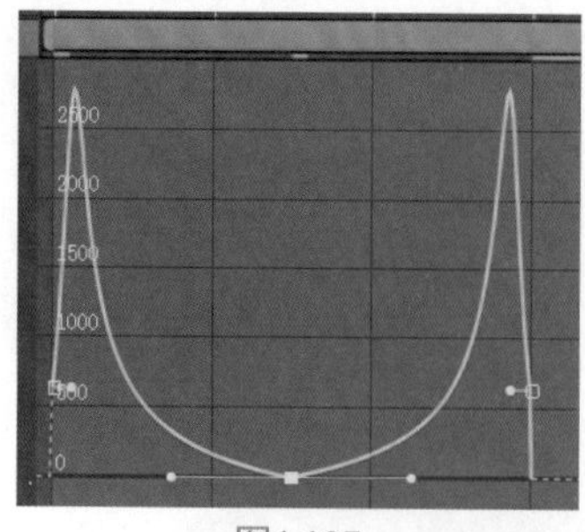

图4-107

08 按住Alt键单击“位置”左侧的小秒表图标，在表达式输入框里输入“loopOut()”，这样这个弹跳动画就会一直重复下去，如图4-108所示。

09 单击圆形图层左侧的小箭头，一步步展开之后找到“椭圆路径 1”图层，然后右击，在弹出的快捷菜单中选择“转换为贝塞尔曲线路径”选项，将它转换为一个“普通路径”。对其他两个形状图层也执行相同的操作，如图4-109所示。

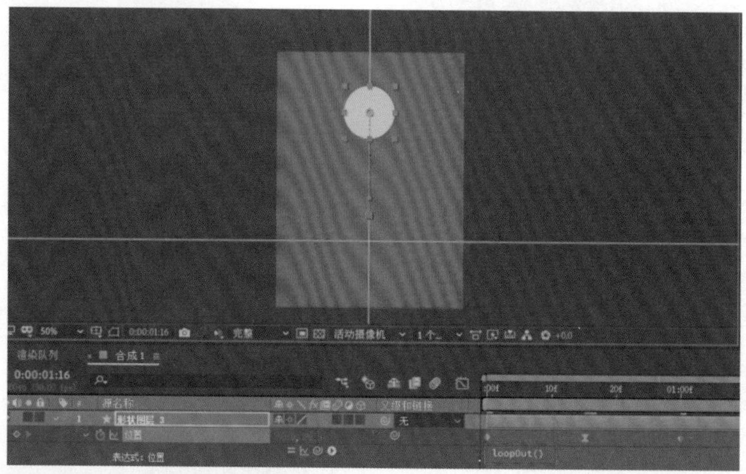
图4-108

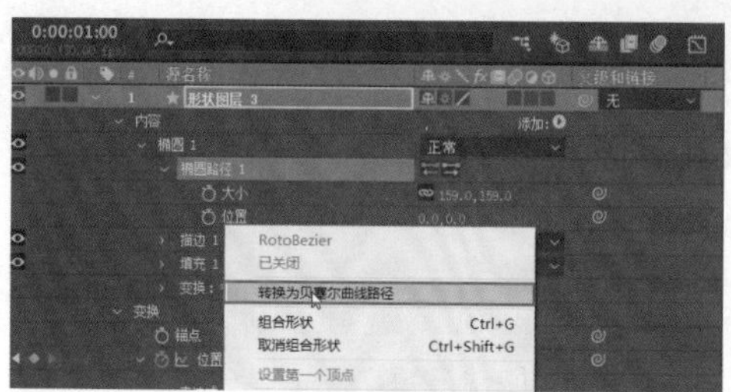

图4-109

10 将时间线移动到28帧处，单击“路径 1”图层下面“路径”左侧的小秒表，给这个属性打上一个关键帧，如图4-110所示。

11 选择正方形的“路径”，按快捷键Ctrl+C，再将时间线移动到30帧处，选中圆形的“路径”，如图4-111所示，按快捷键Ctrl+V，将正方形的路径粘贴过来，如图4-112所示。

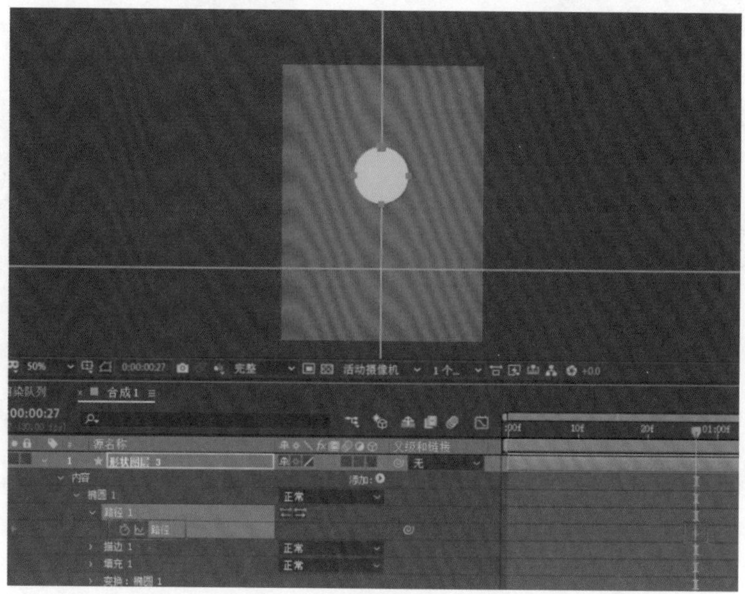
图4-110

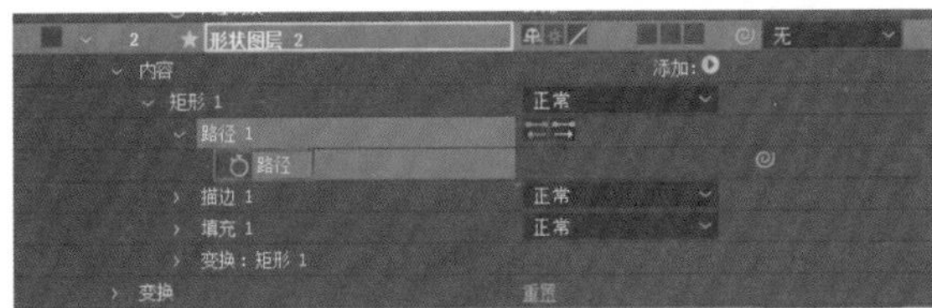
图4-111

⑫ 调整正方形路径的位置，让它正好和参考线对齐。这时按空格键预览动画，就会看到圆形在接触地面时，突然变成了一个正方形的动画效果，如图4-113所示。

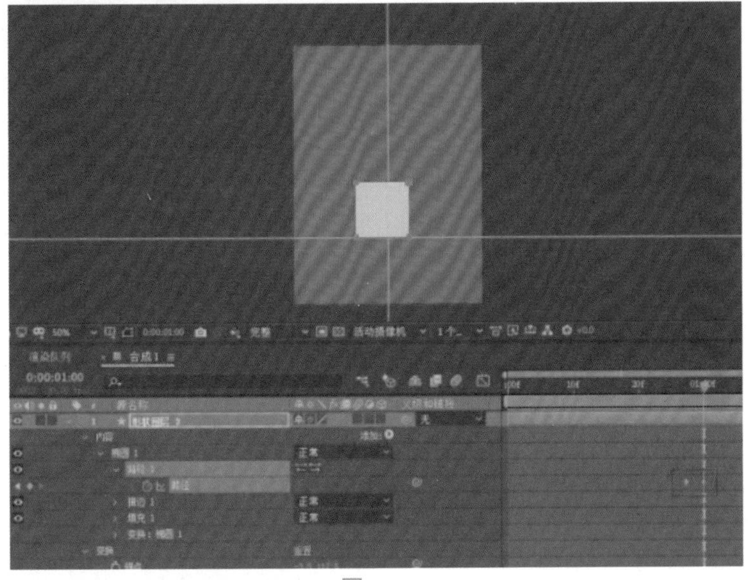
图4-112

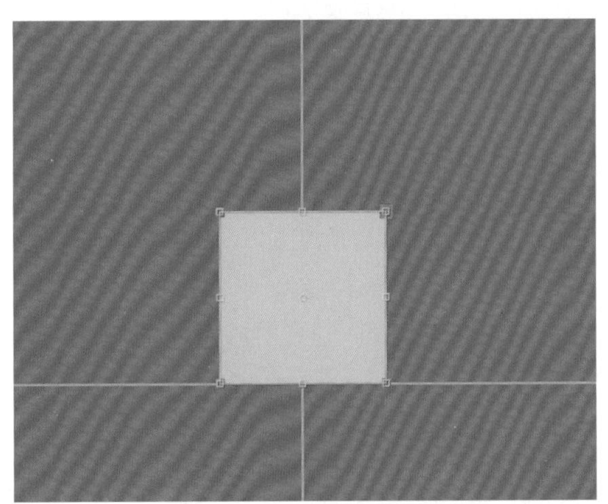
图4-113

⑬ 将时间线移动到58帧处，单击“路径”左侧的“添加关键帧”按钮◆，给当前路径的状态打上关键帧，如图4-114所示。

⑭ 使用同样的方法，在60帧处，将三角形的路径粘贴到这里，于是又实现了正方形变三角形的动画，如图4-115所示。

⑮ 使用同样的方法，分别在88帧和90帧处制作出三角形变回圆形的动画，最后再在3秒处按N键，将合成预览范围缩短至3秒。一个弹跳的变形动画就完成了，如图4-116所示。

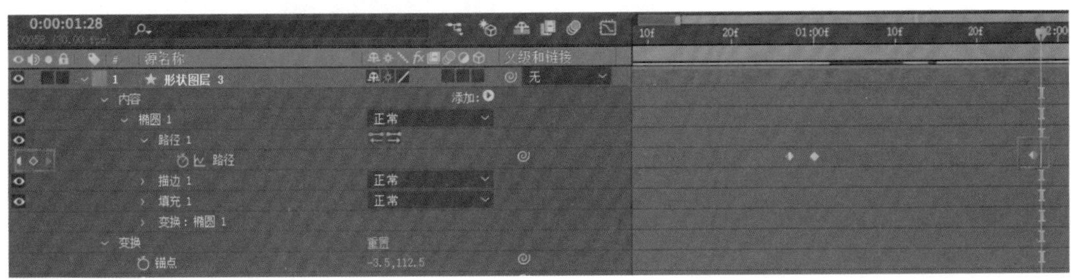
图4-114

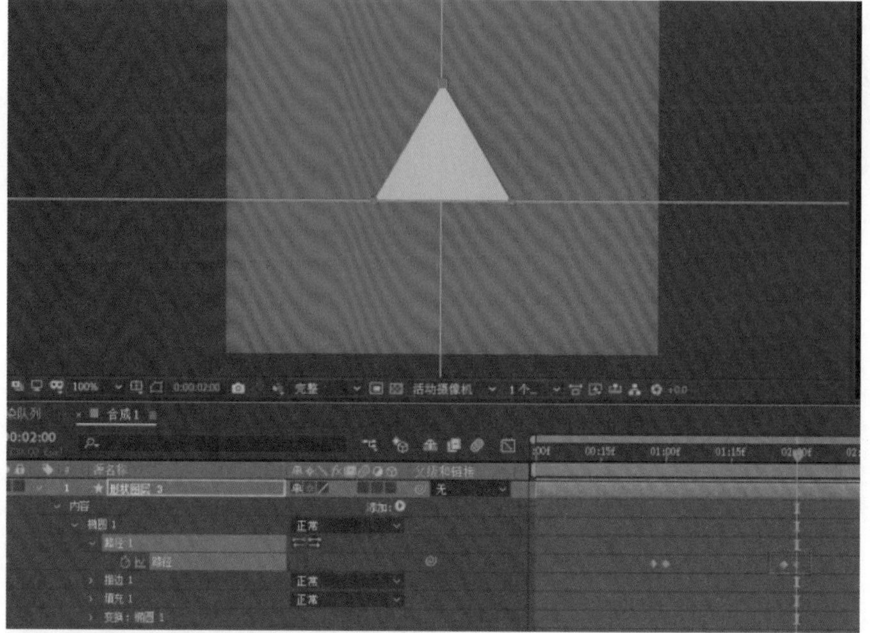

图4-115

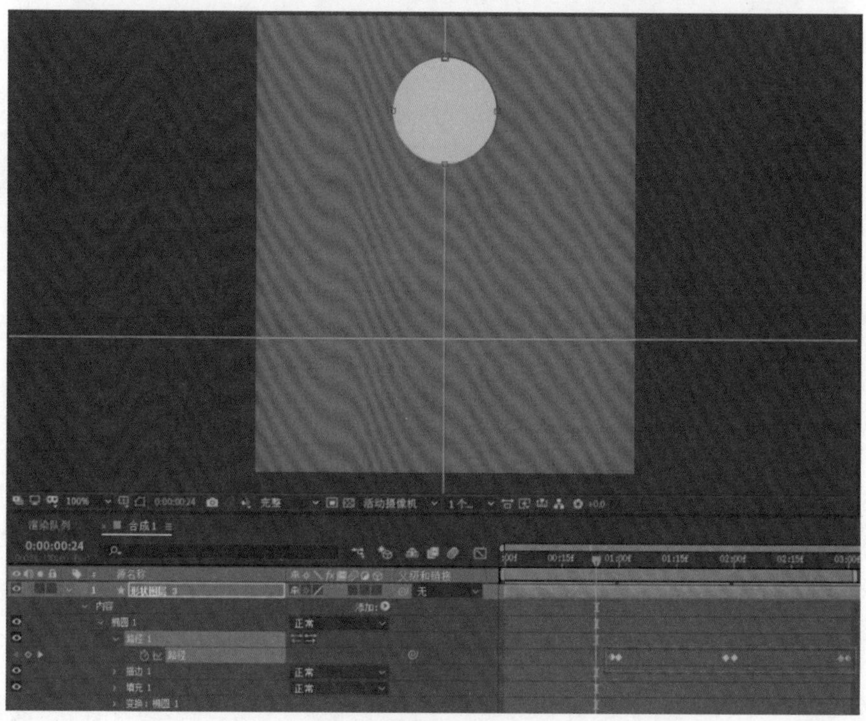

图4-116

4.8 本章小结

本章主要对After Effects中用来实现图形动画的相关功能做了一些详细的介绍。想要实现好一个动画，不仅要知道有哪些动画效果，更要理解运动曲线的工作原理，这样做出来的动画才细腻自然。

第 5 章

Photoshop 在 MG 动画中的应用

Photoshop在MG动画制作流程中，一方面可以用来处理用到的图片素材，另一方面也可以用来绘制一些比较复杂的图形元素。如果想要增加MG动画的视觉表现力，Photoshop是必不可少的工具。

本章重点讲解Photoshop在MG动画制作流程中的常用功能，最后再结合几个实用案例，综合练习所学的相关知识。

5.1 Photoshop 软件概述

Adobe Photoshop简称PS，是由美国Adobe公司推出的一款久负盛名的集图像扫描、编辑修改、图像制作、广告创意及图像输入与输出于一体的图形图像处理软件，被誉为“图像处理大师”，软件启动界面如图5-1所示。

图5-1

MG动画其实可以简单地理解为“让静态的图像动起来”，由于Photoshop和After Effects一样都是基于“层”的设计逻辑，所以Photoshop在MG动画领域也有着广泛的应用。

5.2 Photoshop 工具组

工具在Photoshop里非常重要，几乎所有的操作都离不开工具，下面重点介绍几个Photoshop里高频使用的工具。

5.2.1 选区工具组

“选区”即图层中某一块被选择的区域，是Photoshop里非常重要的一个概念，又被称为“图层的图层”。在使用Photoshop时，常常需要对图层的某片区域进行操作，于是创建“选区”就变得格外重要。

在Photoshop中创建选区的方式多种多样，下面重点介绍工具栏里几个经常用来创建选区的工具，即“选区工具组”。

1. 矩形选框工具

选择工具栏中“矩形选框工具”⬚，按住鼠标左键在画布上拖动即可绘制矩形选区。如果在绘制的同时按住Shift键，则可以绘制出一个正方形选区，如图5-2所示。

图5-2

2. 椭圆选框工具

在工具栏“矩形选框工具”⬚处长按，在弹出的工具组列表里选择“椭圆选框工具”◌，此时再在画布上拖动，会绘制出椭圆形的选区。如果在绘制的同时按住Shift键，则会绘制出一个正圆选区，如图5-3所示。

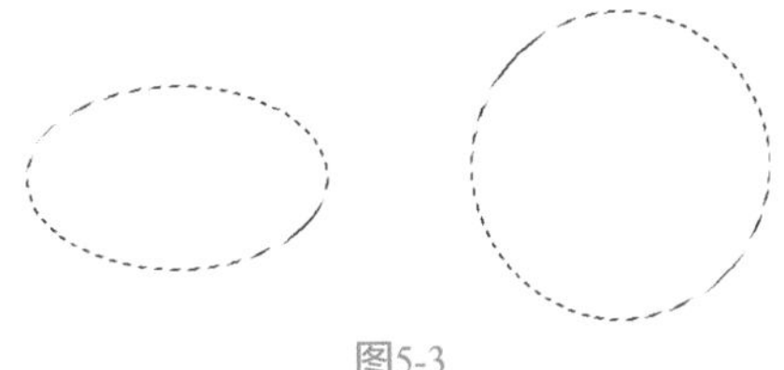

图5-3

3. **单行选框工具**

选择“单行选框工具”，在画布任意位置单击，可以绘制出一条1px高的线形选区，如图5-4所示。

图5-4

4. **单列选框工具**

选择“单列选框工具”，在画布任意位置单击，可以绘制出一条1px宽的线形选区，如图5-5所示。

图5-5

5. **套索工具**

选择“套索工具”，在画布上可绘制出任意形状的选区。松开鼠标左键的瞬间，选区的结束点会和选区的起始点自动闭合，也可以将光标移动到起始点位置让其闭合，如图5-6所示。

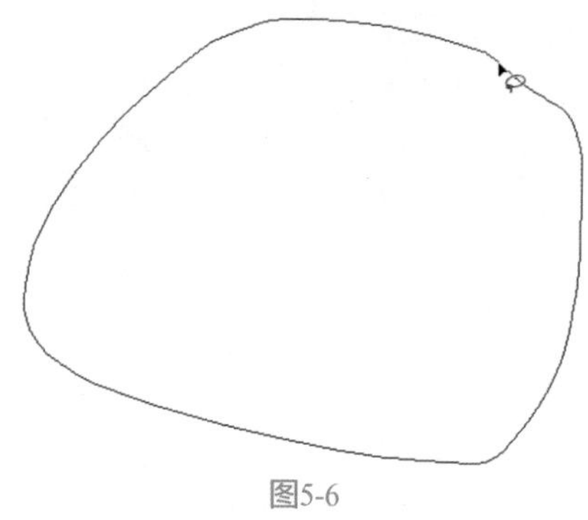

图5-6

6. **多边形套索工具**

选择“多边形套索”工具，在画布上依次单击可以创建出一个多边形选区，如图5-7所示。

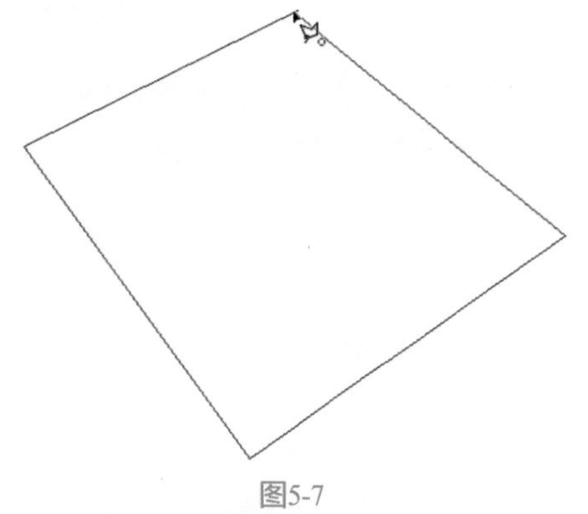

图5-7

7. **选区的布尔运算**

在Photoshop中，两个选区之间也可以进行布尔运算。当画布中已经存在一个选区时，在工具栏单击“添加到选区”按钮，再在画布中绘制新选区时，可以将两个选区“合并”，如图5-8所示。

图5-8

单击工具栏“从选区减去”按钮，再在已有的选区上绘制新选区，原选区会减去新绘制的选区，如图5-9所示。

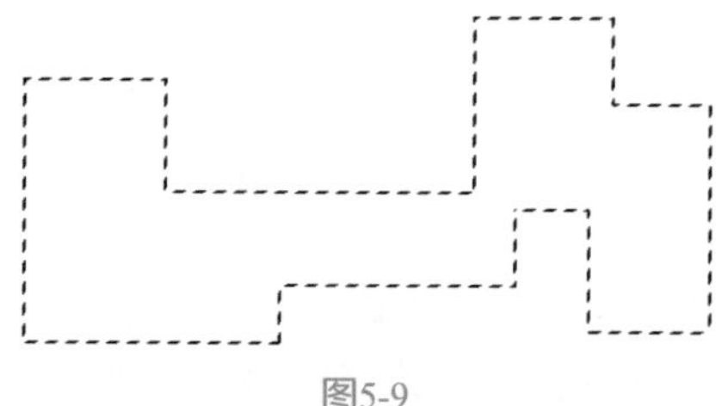

图5-9

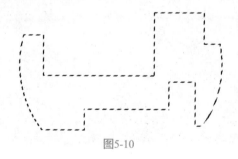

单击工具栏“与选区交叉”按钮，再在已有的选区上绘制新选区，会只保留新选区和原选区的交集，如图5-10所示。

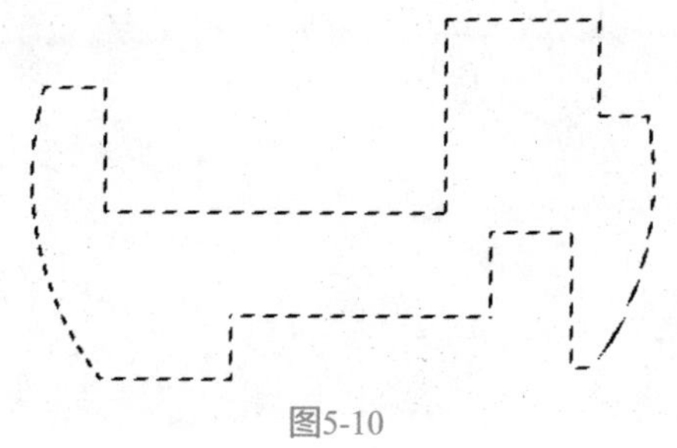

图5-10

5.2.2 形状工具组

在Photoshop里绘制各种图形，除了使用前面介绍的选区工具，也会用到形状工具组。形状工具组绘制出来的图形是矢量图形，可以随意放大和缩小而不失真。

由于不同的形状之间也可以进行布尔运算，钢笔工具也可以绘制出任意形状，所以理论上，Photoshop的形状工具组可以绘制出任何需要的图形。

1. **矩形形状**

选择工具栏的“矩形形状工具”，在画布任意位置按住鼠标左键不放并拖动，即可绘制出一个矩形，如果在绘制的同时按住Shift键，则会绘制出一个正方形，如图5-11所示。

图5-11

选中某个形状图层之后，可以在“属性”面板查看和修改它的各项属性，如图5-12所示。

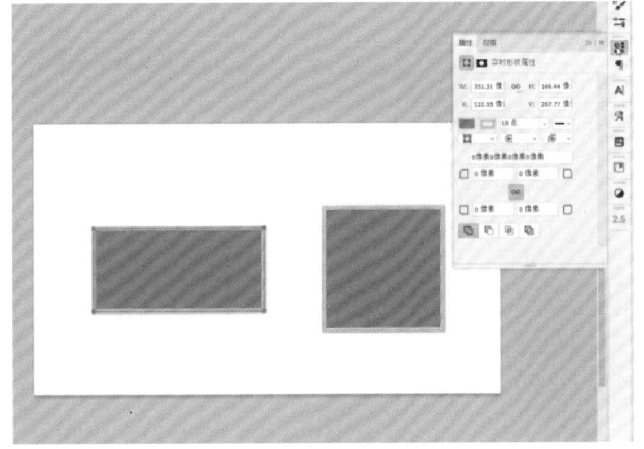

图5-12

这里重点说一下如何修改形状的填充和描边属性。单击“填色”按钮，在展开的面板里可以设置形状的填充类型、填充颜色等，如图5-13所示。单击“描边”按钮，在展开的面板里可以设置描边的填充类型、填充颜色等，如图5-14所示。

图5-13

图5-14

2. 圆角矩形形状

长按“矩形形状工具”按钮，在弹出的形状工具组列表中选择“圆角矩形工具”，按住鼠标左键在画布上拖动即可绘制出一个圆角矩形。如果在绘制的同时按住Shift键，则绘制出来的圆角矩形四边相等，如图5-15所示。

图5-15

3. 椭圆工具

选择“椭圆工具”，在画布上拖动会绘制出一个椭圆形状，如果在绘制的同时按住Shift键，则会绘制出一个正圆，如图5-16所示。

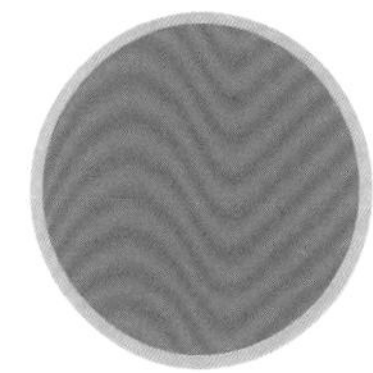

图5-16

4. 多边形工具

选择“多边形工具”，在画布上拖动可以绘制各种多边形，如图5-17所示。如果需要绘制自定义边数的多边形，则可以先在 “选项”栏里进行设置，然后再绘制即可。

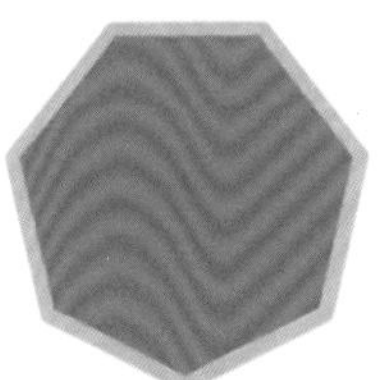

图5-17

单击工具“选项”栏“设置其他形状和路径选项”按钮，在“路径选项”面板中勾选“星形”复选框，如图5-18所示，可以绘制出星形形状，如图5-19所示。

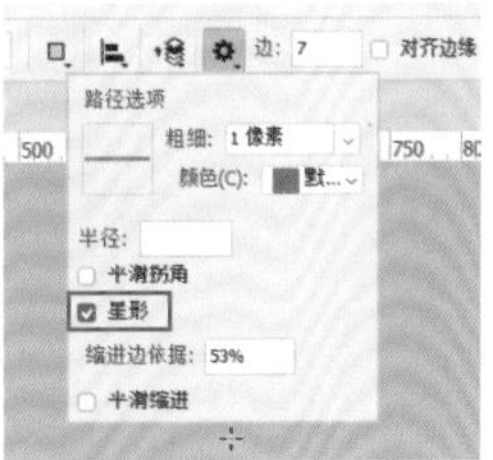

图5-18

图5-19

5. 钢笔工具

单击工具栏的“钢笔工具”，在画布任意位置处单击，即可创建出一个“锚点”，移动光标后再次单击，则会创建出一个新的“锚点”。当新创建的“锚点”和第一个“锚点”重合时，则完成了形状的绘制，如图5-20所示。

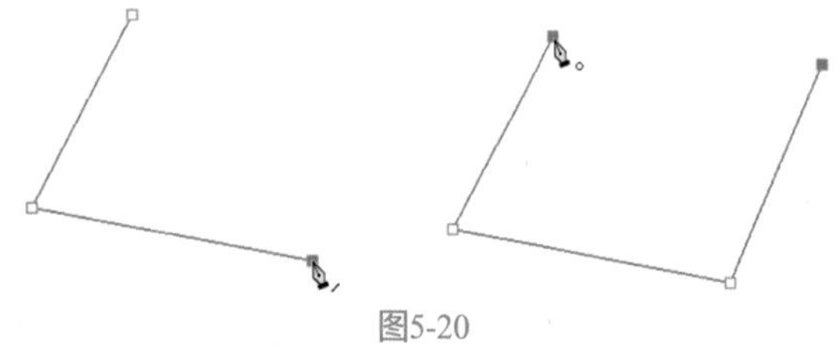

图5-20

绘制完成后，单击工具“选项”栏的“形状”按钮，如图5-21所示，还可以将绘制好的路径转换为形状，如图5-22所示。

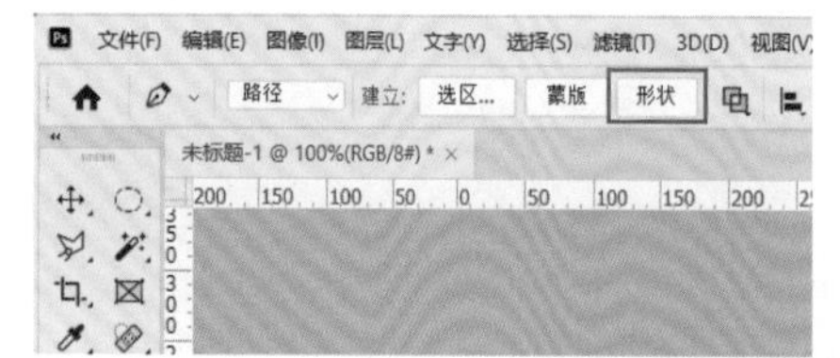

图5-21

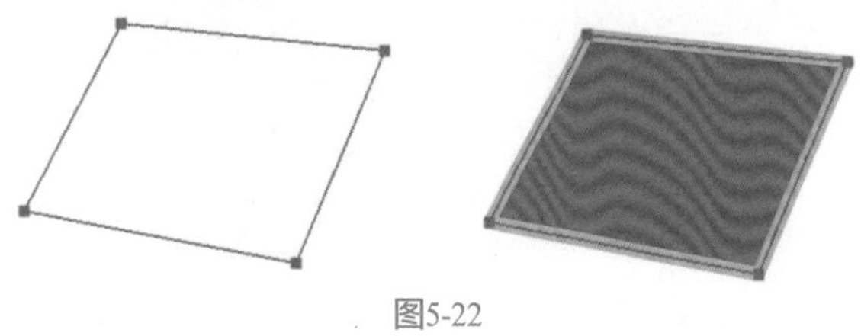

图5-22

6. 形状的布尔

和选区一样，多个形状也可以进行“布尔运算”。当画布中已经存在一个形状时，选中这个形状，再在“选项”栏单击“路径操作”按钮，可以在弹出的下拉列表里选择所需的布尔运算方式，如图5-23所示。

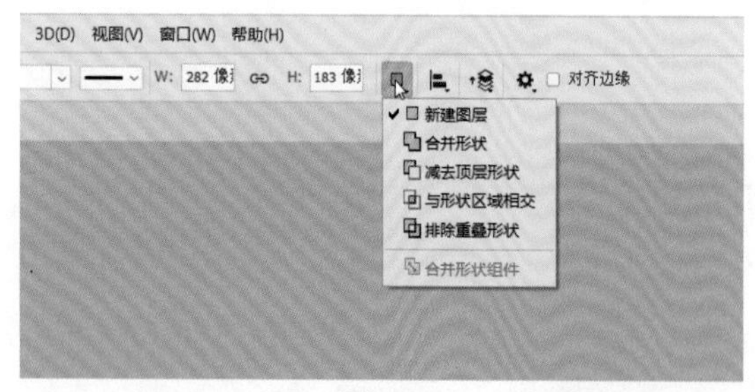

图5-23

选择“新建图层”选项，再去绘制新的形状时，两个形状不产生布尔关系，而是会创建一个新的形状图层，如图5-24所示。

图5-24

选择“合并形状”选项，再去绘制新的形状时，两个形状会合并成一个形状，共用一套形状的样式，如图5-25所示。

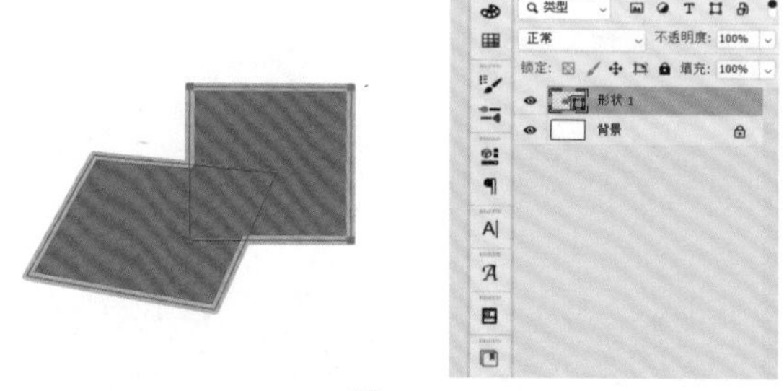

图5-25

选择“减去顶层形状”选项，再去绘制新的形状时，原形状会裁去新形状的部分，如图5-26所示。

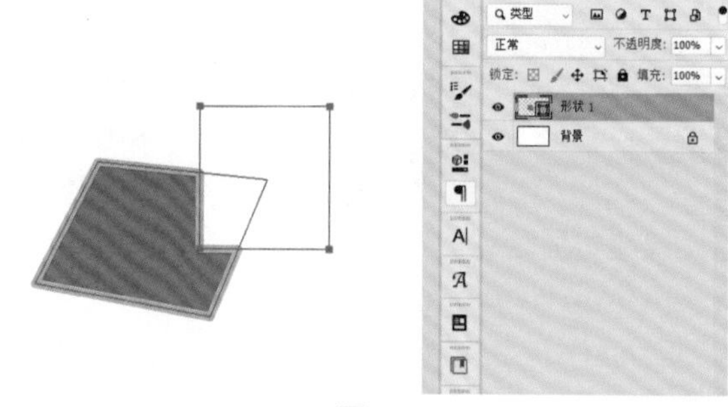

图5-26

选择“与形状区域相交”选项，再去绘制新的形状时，原形状会保留二者相交的部分，如图5-27所示。

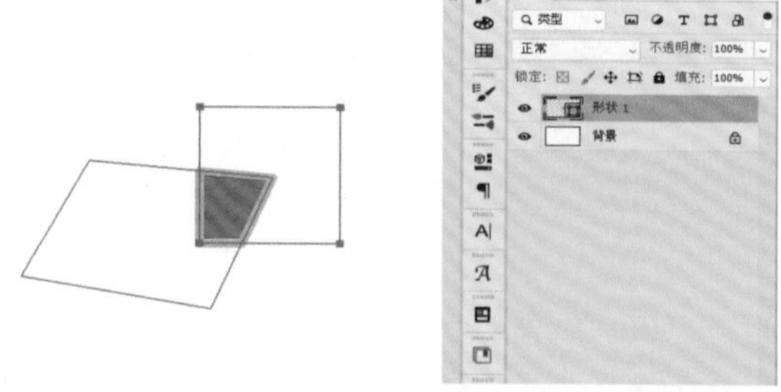

图5-27

选择“排除重叠形状”选项，再去绘制新的形状时，会排除两个形状相交的部分，如图5-28所示。

图5-28

5.2.3 实战——使用形状工具绘制机器人图标

本实战使用本节所学的形状绘制的相关知识，绘制一个机器人图标，完成效果如图5-29所示。

图5-29

01 新建一个“宽度”为960px、“高度”为540px、“颜色模式”为“RGB颜色”的文档，如图5-30所示。

02 选择“圆角矩形工具”，在画布上绘制一个“宽度”为200px、“高度”为130px、“填充”类型为“纯色”、颜色为#49bcfb，描边类型为“纯色”、颜色为#000000、“描边宽度”为10点、“圆角”大小为30px的圆角矩形，如图5-31所示。

图5-30

图5-31

03 将当前工具切换为“椭圆工具”，单击工具“选项”栏“路径操作”按钮，选择“合并形状”选项。然后按住Shift键，绘制出一个“宽度”和“高度”都是200px的正圆，并将它移动到图5-32所示的位置。

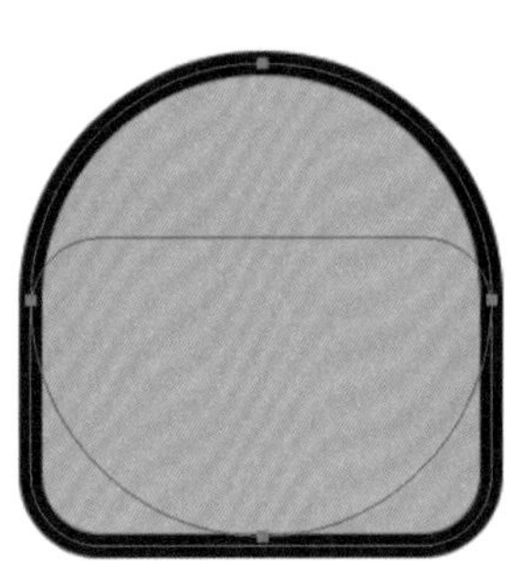

图5-32

04 选择“椭圆工具”，单击工具“选项”栏“路径操作”按钮，将其切换为“新建图层”。在已有图层上方绘制一个“宽度”为80px、“高度”为80px的正圆，“填充”类型为“纯色”，色值为#ffffff，“描边类型”为“纯色”，颜色色值为#000000，“描边宽度”为10点，如图5-33所示。

图5-33

05 单击工具“选项”栏“路径操作”按钮，将其切换为“减去顶层形状”，在上一步骤绘制的圆形下方绘制出一个“宽度”为98px、“高度”为148px的椭圆，如图5-34所示。

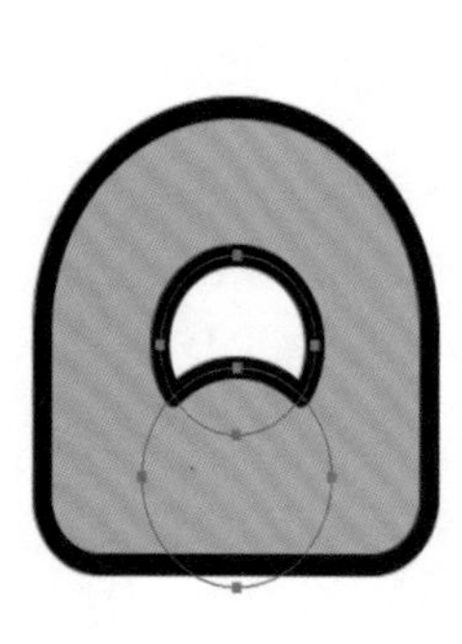

图5-34

06 选择“椭圆工具”，切换为“新建图层”，在已有图层上方绘制一个“宽度”为25px，“高度”为25px的正圆，“填充”为白色#000000，“描边类型”改成“无”，如图5-35所示。

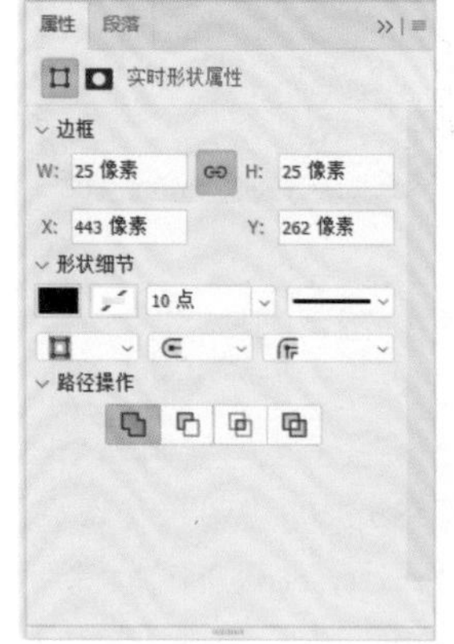

图5-35

07 利用上一步骤的方法，在眼睛下方绘制一个一样大小的圆作为“嘴巴”，如图5-36所示。

图5-36

08 继续选择“圆角矩形工具”，在“身体”两侧绘制两个“宽度”为30px、“高度”为70px的圆角矩形。“填充”类型为“纯色”，色值为#FFFFFF，“描边类型”为“纯色”，颜色为#000000，“描边宽度”为10点；并将圆角设置为0像素、15像素、15像素和0像素，如图5-37所示。

图5-37

09 将当前工具切换为“钢笔工具”，在“右耳”上面绘制一个路径，“描边类型”为“纯色”，颜色为#000000，“描边宽度”为10点，如图5-38所示。

10 选中这个路径图层，按快捷键Ctrl+J复制，再按快捷键Ctrl+T，右击并执行快捷菜单中的“水平翻转”命令，如图5-39所示。

11 最后将复制的路径摆放到另一边的耳朵上即可，如图5-40所示。机器人图标绘制完成。

图5-38

图5-39

图5-40

5.3 综合案例——绘制相机图标

本案例将综合使用Photoshop的形状工具和图层样式功能，制作一个晶莹剔透的相机图标，如图5-41所示。

图5-41

01 新建一个“宽度”为960px、“高度”为540px、“颜色模式”为“RGB颜色”的文档，如图5-42所示。

02 选择“圆角矩形工具” ，绘制一个“宽度”为250px、“高度”为180px、“圆角”大小都为30px的圆角矩形，并将其“填充”改成“纯色”，色值为#fcfcfc，如图5-43所示。

03 继续选择“圆角矩形工具”，绘制一个“宽度”为90px、“高度”为50px、“圆角”大小都为10px的圆角矩形，“填充”依然设置为“纯色”，色值为#fcfcfc，如图5-44所示。

04 选中第二个圆角矩形图层，按快捷键Ctrl+T执行自由变换，按住快捷键Ctrl+Alt+Shift的同时，拖曳变形框右下角，将其改拉成一个“梯形”，如图5-45所示。

图5-42

图5-43

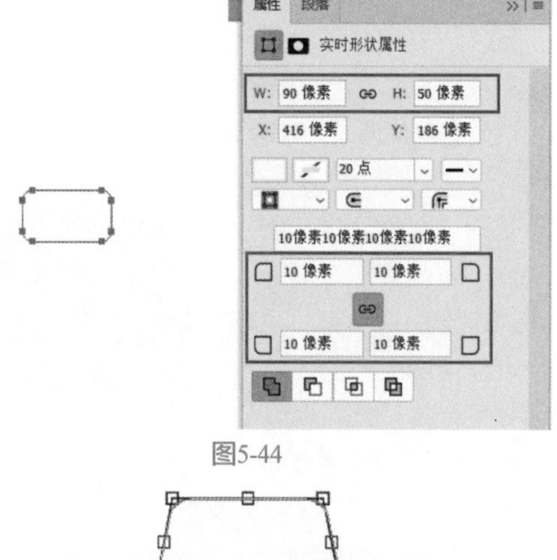
图5-44

图5-45

05 按Ctrl键，依次选中两个矩形，再按快捷键Ctrl+E将两个形状合并，如图5-46所示。

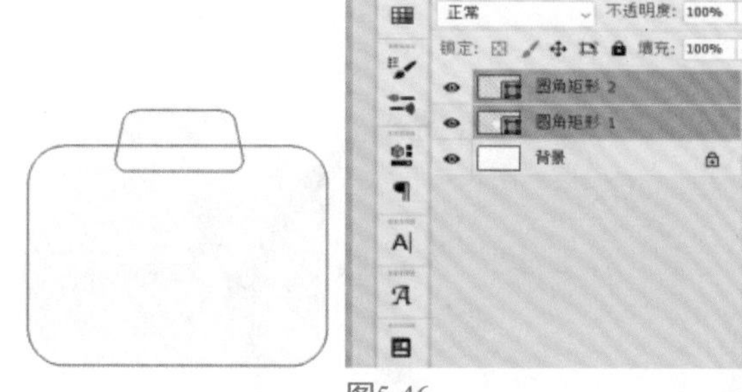
图5-46

06 选择“圆角矩形工具”，绘制一个“宽度”为250px、“高度”为100px的矩形放在图5-47所示的位置。

图5-47

07 使用“椭圆工具”绘制一个“宽度”为150px、“高度”为150px的正圆，放在已有形状的中间，如图5-48所示。

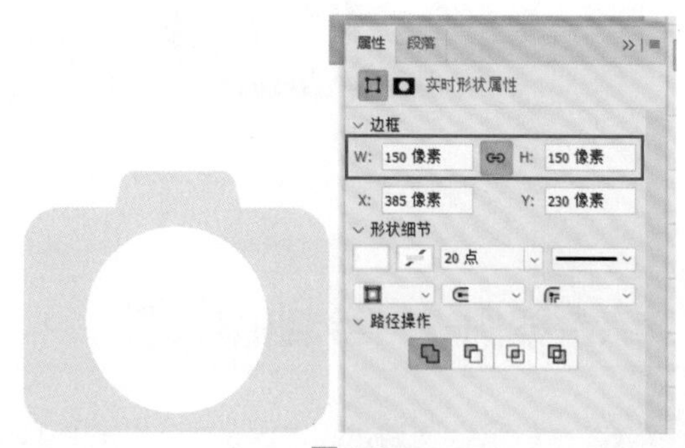
图5-48

08 使用“圆角矩形工具”▢，绘制一个“宽度”为20px、“高度”为55px、“圆角”大小为10px的圆角矩形，如图5-49所示。

图5-49

09 按快捷键Ctrl+J，将这个圆角矩形复制两个，调整位置并旋转适当的角度，如图5-50所示。

图5-50

10 选中相机身体的形状图层，按快捷键Ctrl+J将其复制一层。将工具切换到“钢笔工具”，单击工具“选项”栏的“填充”按钮，将其填充样式改为“渐变”，并设置渐变的样式为“线性”，两个颜色分别为#ffd3af、#f67f7f，如图5-51所示。

11 打开“属性”面板，将这个形状的“羽化”调整为30px，如图5-52所示。

12 双击中间的矩形图层，在弹出的“图层样式”面板中勾选“渐变叠加”复选框，为其添加一个“线性渐变”，渐变色值分别为#fac77c、ff8ab1，如图5-53所示。

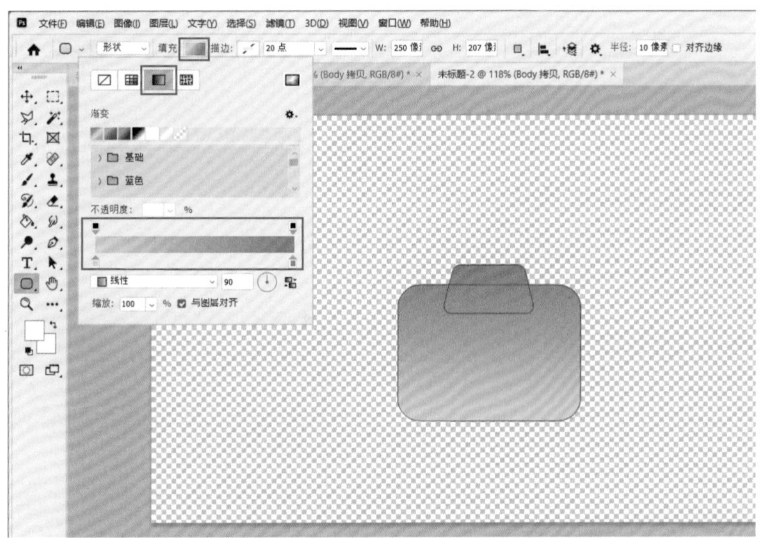

图5-51

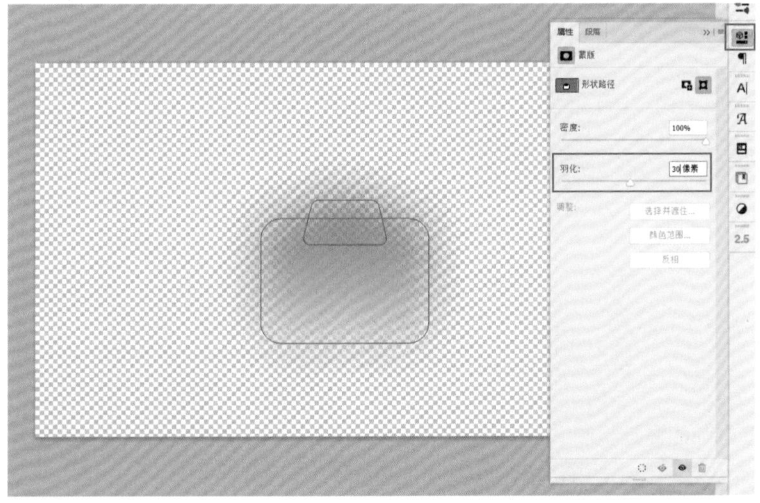

图5-52

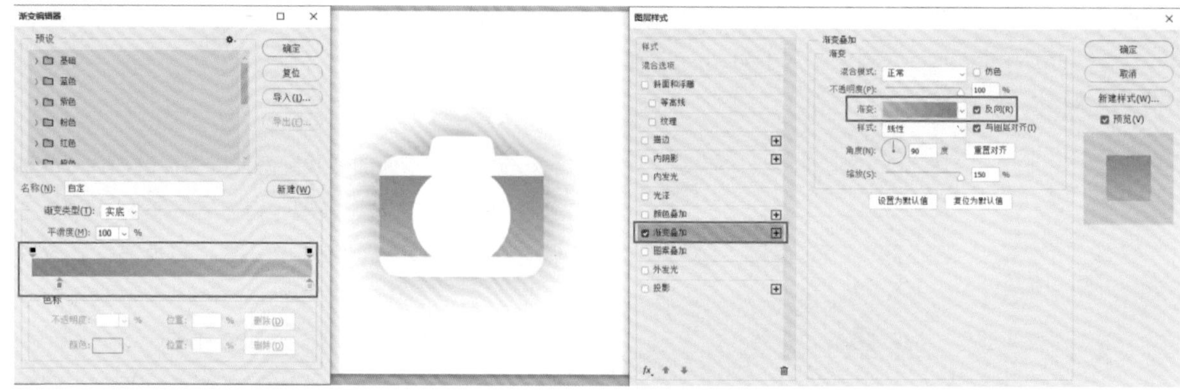

图5-53

13 选中前面绘制好的正圆，使用快捷键Ctrl+J将其复制一份，将复制后圆形的宽和高都改成110px，并在“属性”面板将其“填充”修改为“渐变”，渐变的色值分别为#63a3ff、#7d88d7，如图5-54所示。

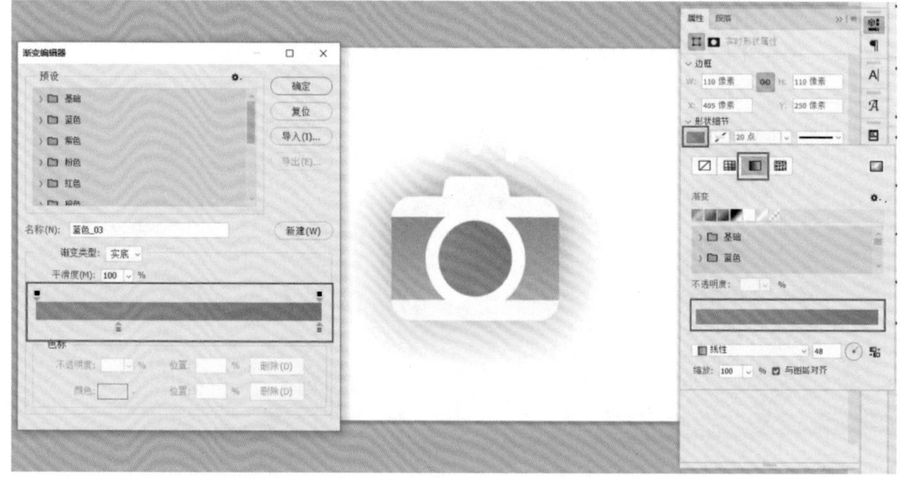

图5-54

14 按快捷键Ctrl+J，将复制后的圆形复制一份，向右下方移动到图5-55所示的位置，再将其渐变色值改为#95cbfe、#92a7fc。

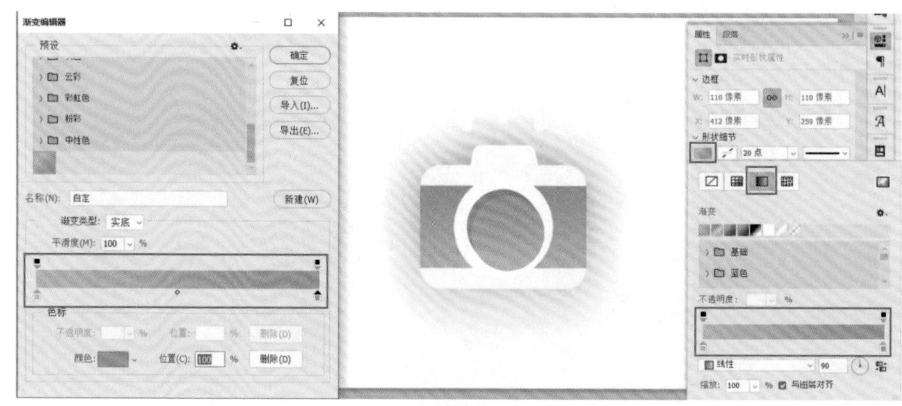

图5-55

15 将光标放在图层面板这两个圆形图层的中间位置，按住Alt键，当光标发生变化时单击，即可制作出一个剪贴蒙版，如图5-56所示。

16 按快捷键Ctrl+J将之前的椭圆复制一份，并将“宽度”和“高度”都改成86px，然后将“填充”设置为无，“描边”改成“纯色”，色值为#ffffff，粗细为6点，如图5-57所示。

17 使用“钢笔工具” ，在图5-58所示位置添加3个“锚点”。

图5-56

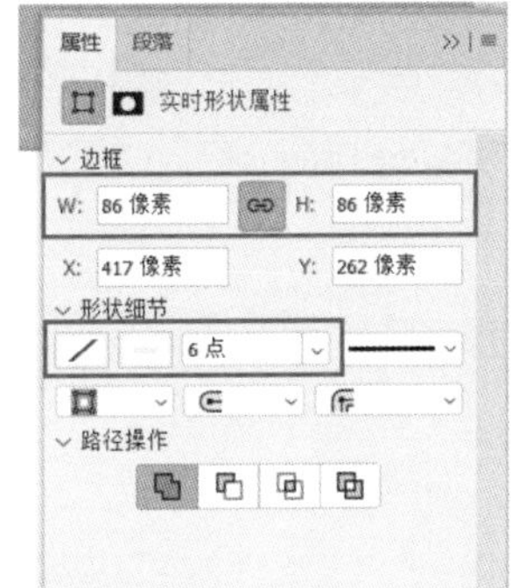

图5-57

⑱ 按住Ctrl键，将“钢笔工具”临时切换为“直接选择工具”，将整个路径多余的部分删掉，只保留图5-59所示的部分。

⑲ 通过图层面板上方的“不透明度”属性，将其不透明度改成70%，如图5-60所示。

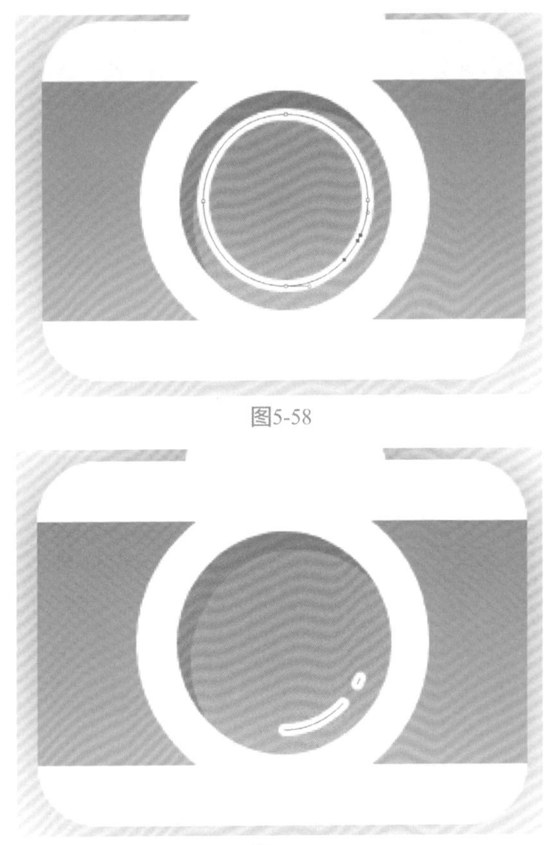

图5-58

图5-59

图5-60

20 通过图层样式，依次给相机上方添加“渐变”效果，渐变色值从左到右分别是#00eced、#13d08c、#fbbb86、#fe82a3、#ffb9e3、#df7dff。这样一个相机图标就完成了，如图5-61所示。

图5-61

5.4 本章小结

本章主要介绍了另外一款在制作MG动画时必须要用到的工具——Photoshop。由于其出色的图像处理功能，在制作MG动画的过程中，经常会用它来协助After Effects处理或制作图片素材。

在本书的实战部分，侧重于讲解Photoshop如何和After Effects配合使用来制作MG动画。

实战篇

第 6 章 点线风格 MG 动画

本章制作一个点线风格MG动画，这种风格案例的图形绘制部分比较简单，因此所有工作都可以在After Effects里完成。制作该风格案例时，除了在制作每个分镜时要注意元素的速度变化，不同分镜在衔接时也要留意动势的衔接。

6.1 动画分析

相比起其他风格的动画，点线风格动画由于画面通常由点、线这样简单的图形组成，所以Photoshop或Illustrator等绘图软件能够起到的作用很小，大部分的图形绘制工作都在After Effects中直接完成。

本实例所创建的动画一共由3部分组成。

第一幕：时间为0～6秒，圆点出现，分裂后旋转，直至再合并，最后元素汇聚到一个圆点，将圆点压缩至消失，如图6-1所示。

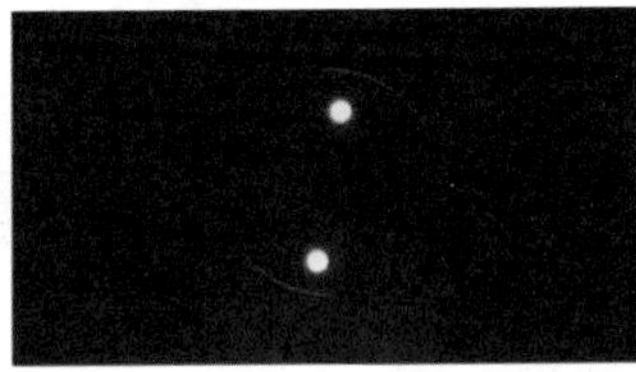

图6-1

第二幕：时间为6～10秒，圆点炸出一个八边形，八边形凝聚又旋转，形成一个“太极”的抽象图形，如图6-2所示。

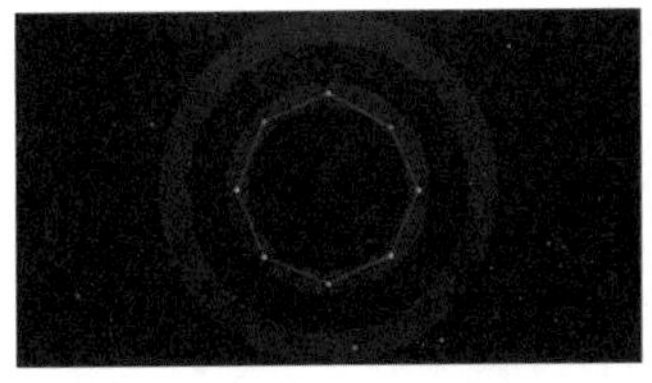
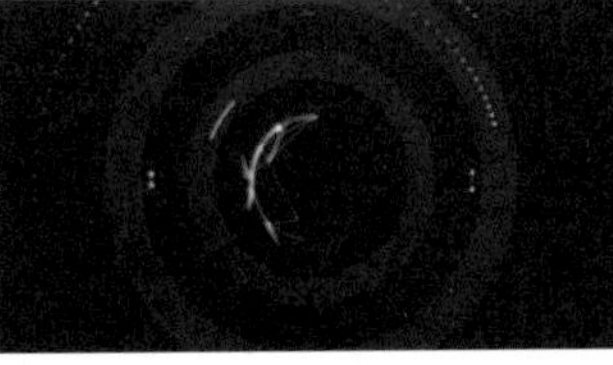
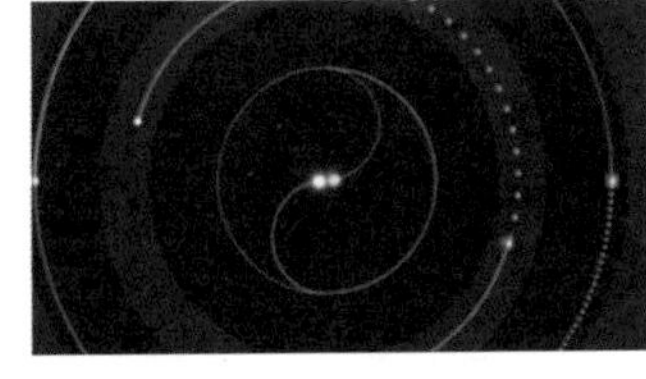

图6-2

第三幕：10～14秒，完整的“太极”图形从中间展开，太极两个字也从中间移动到两侧，中间的图形缓缓转动，如图6-3 所示。

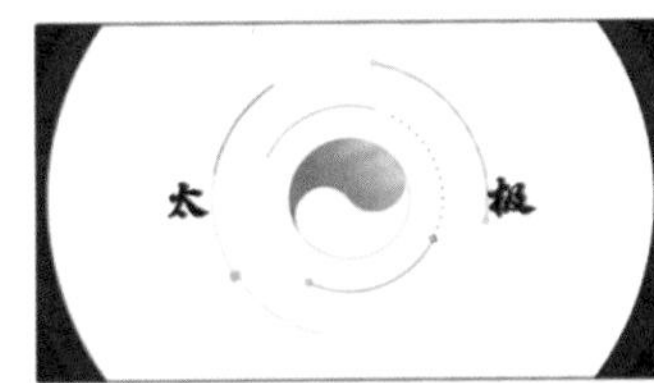

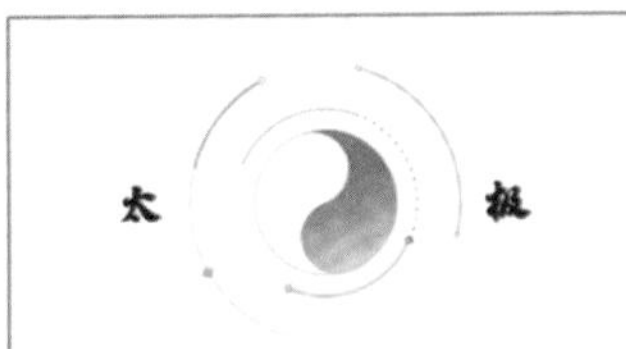

图6-3

完成每一幕的动画之后，再将它们组合到一起，就形成了一个完整的动画。但在组合的过程中，需要调整动画的时长和速度，让动画的衔接看起来更加“浑然天成”。

6.2 创建第一幕：开始动画

第一幕开始动画的工作，除了第一幕的动画本身，还需要确定合成的尺寸、帧率等基本设置。

6.2.1 创建合成

01 启动After Effects软件，执行“合成”-“新建合成”命令，在弹出的合成菜单里，将合成的“宽度”设置为1920px、“高度”设置为1080px、“帧速率”设置为25帧/秒、“持续时间”设置为7s、“合成名称”设置为“Part1”，最后单击“确定”按钮完成合成的创建，如图6-4所示。

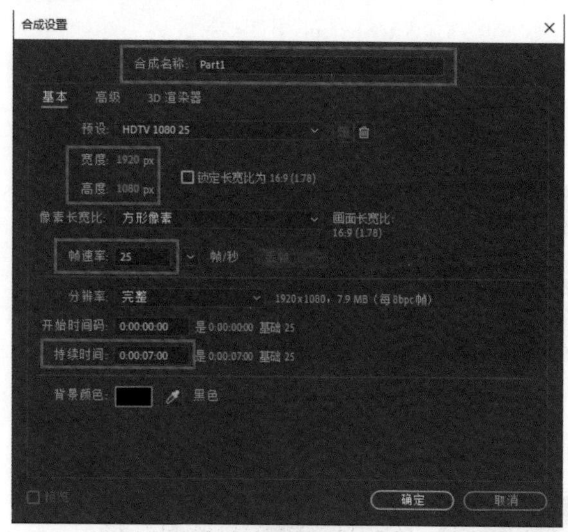

图6-4

02 在“时间轴”面板的空白处右击，在弹出的快捷菜单中执行“新建”→“纯色”命令，如图6-5所示，新建一个纯色图层。在打开的“纯色设置”对话框中设置“颜色”为#000000，如图6-6所示，单击“确定”按钮关闭对话框。

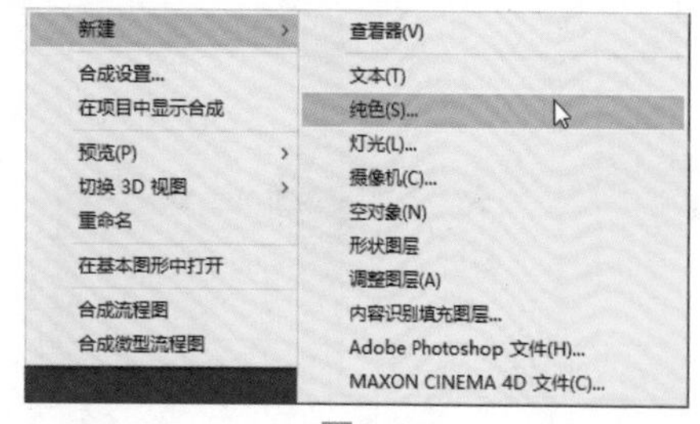

图6-5

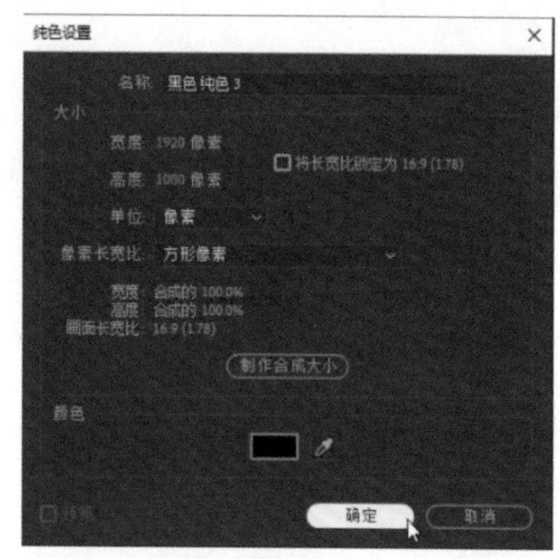

图6-6

6.2.2 创建背景

01 再次新建一个纯色图层，将“颜色”的色值设置为#1d2091，单击“确定”按钮。

02 在上一步创建的纯色图层上，使用“椭圆工具”绘制出一个椭圆形的蒙版，如图6-7所示。按F键调出“蒙版羽化”属性，将其调整为650像素；再按T键调出“不透明度”属性，将其设置为44%，这样背景就做完了，如图6-8所示。

图6-7 图6-8

03 选中这两个纯色图层，按快捷键Ctrl+Shift+C，将它们转换为“预合成”，单击“确定”按钮，如图6-9所示。

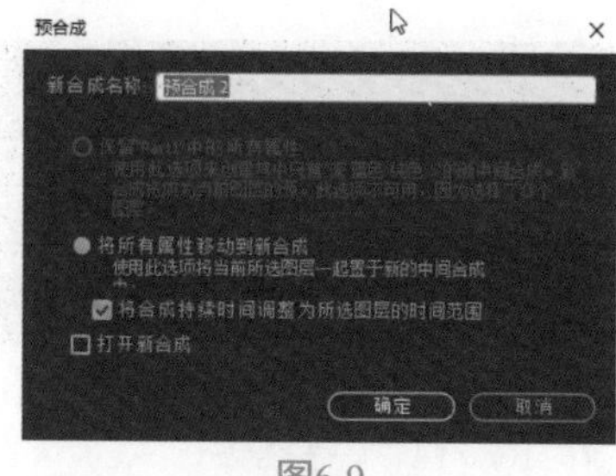

图6-9

6.2.3 制作圆点动画

01 选择“椭圆工具”，按住Shift键，在画面上绘制出一个正圆。单击左侧小箭头，展开“椭圆路径 1”图层的详细信息，将“大小”设置为（100,100），如图6-10所示。

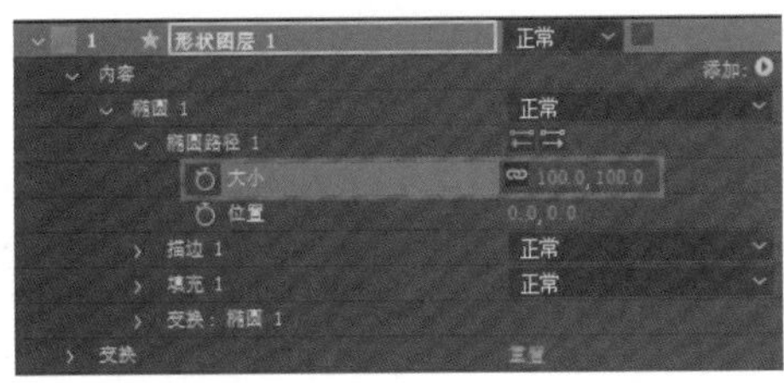
图6-10

02 选中上一步绘制好的正圆，单击“对齐”面板的“水平居中对齐”和“垂直居中对齐”按钮，让正圆处于画面的正中央，如图6-11所示。

图6-11

提示：如果在After Effects工作区里找不到该面板，可以单击菜单栏的“窗口”菜单，在下拉菜单里找到“对齐”面板并单击，确保其被勾选。

03 选中这个正圆图层，按快捷键Ctrl+D将其复制一份。然后将工具切换到“椭圆工具”，在工具栏右侧的“填充”里，分别将两个正圆的“填充”的颜色设置为#ff6565和#66b9ff，如图6-12所示。

图6-12

04 分别选中两个不同颜色的圆，按方向键将它们分别向上、向下各移动4次，如图6-13所示。

图6-13

05 在时间轴面板的空白处右击，在弹出的快捷菜单中执行“新建”→“空对象”命令，创建一个空对象。再将两个正圆的父级对象绑定到该空对象上，如图6-14所示。

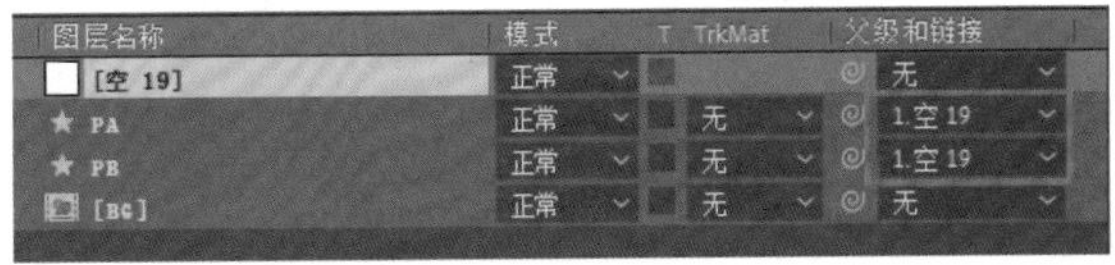
图6-14

06 选择“PA”图层，按S键调出其“缩放”属性。按住Alt键的同时，单击“缩放”属性的小秒表，然后在表达式输入框里输入表达式：

```
s = [];
ps = parent.transform.scale.value;
for (i = 0; i < ps.length; i++){
s[i] = value[i]*100/ps[i];
}
s
```

07 用同样的方法，将“PB”图层的“缩放”属性也写入该表达式，此时只需要调整“空 19”图层的缩放属性就可以改变两个圆点的间距，如图6-15所示，大大提升用户的工作效率。

图6-15

08 将当前时间移动到0.5秒处，选中“空 19”图层，将其“缩放”属性调整为（0.1%,0.1%），并打上关键帧，此时两个圆点就重合到了一起，如图6-16所示。再将“PA”图层的“混合模式”修改为“相加”，此时重叠起来的点的颜色就变成了白色，如图6-17所示。

09 将当前时间移动到1秒处，将“空 19”图层的“缩放”属性调整为（126%，126%），并打上关键帧；再将当前时间移动到1.3秒处，单击“缩放”属性左侧的“在当前时间添加或移除关键帧”按钮，再添加一个关键帧；最后将时间移动到1.8秒处，将“缩放”属性调整为（0.1%，0.1%），如图6-18所示。

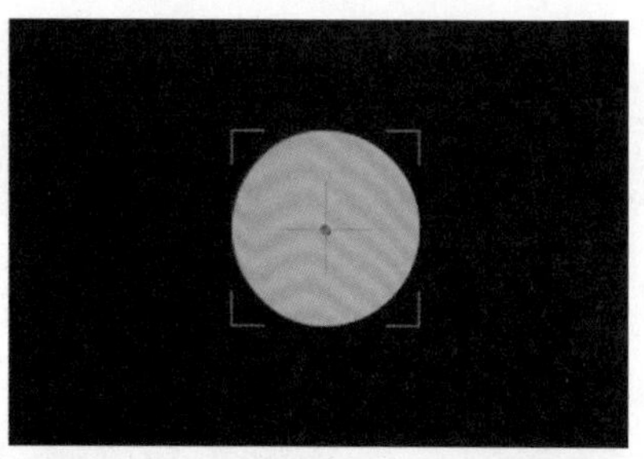
图6-16

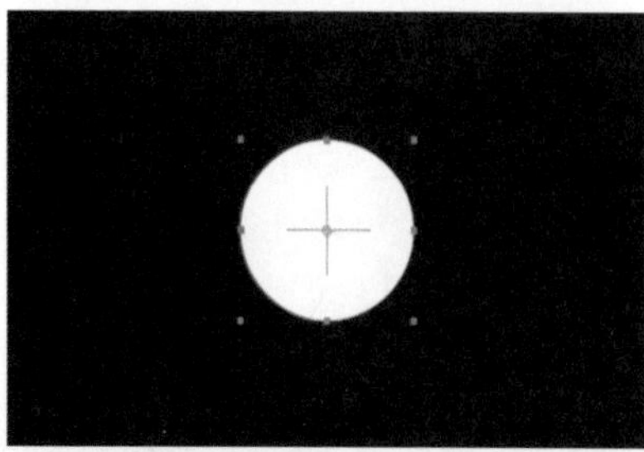
图6-17

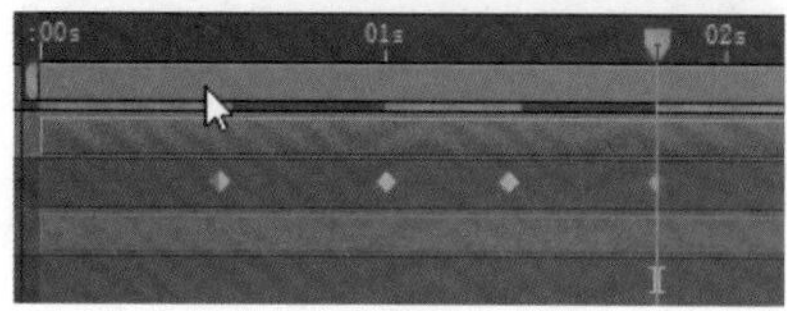
图6-18

10 将当前时间移动到0.8秒处，将“空 19”图层的“旋转”属性打上一个关键帧；再将当前时间移动到1.5s秒，将“旋转”属性的数值修改为180°，如图6-19所示。这样就实现了两个圆点分开到旋转，再到合并的效果。

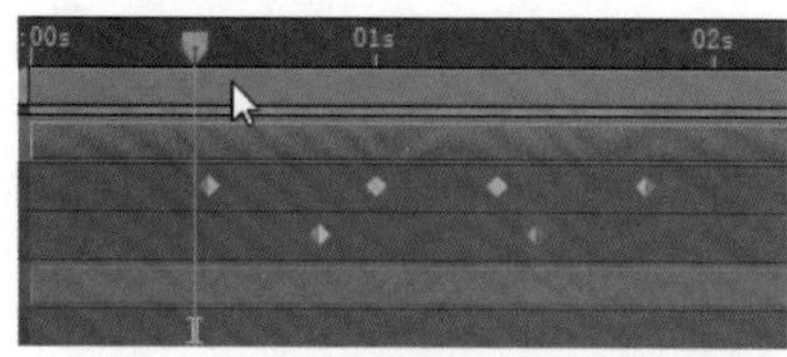
图6-19

11 将“空 19”图层的缩放关键帧都选中，按F9键，将它们都转换为“缓动关键帧”，如图6-20所示；再单击“图表编辑器”按钮，将缩放的曲线调整为图6-21所示的样式。

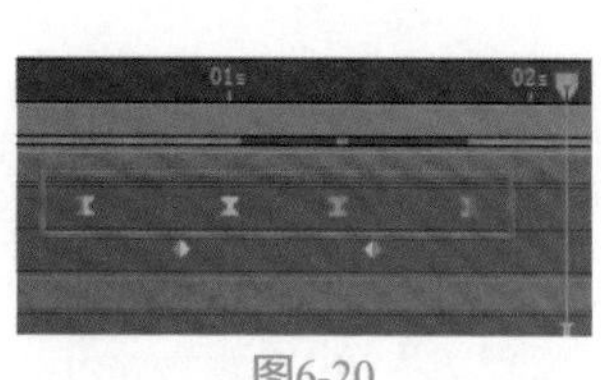
图6-20

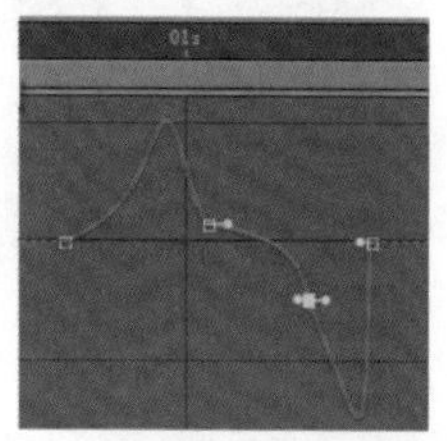
图6-21

12 选中“空 19”图层旋转的关键帧，按F9键将其转换为“缓动关键帧”，如图6-22所示；再使用“图表编辑器”将其速度曲线调整为图6-23所示的样式。

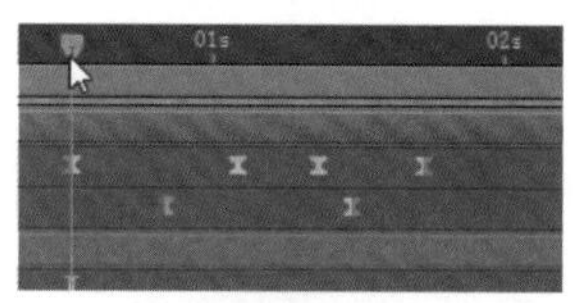
图6-22

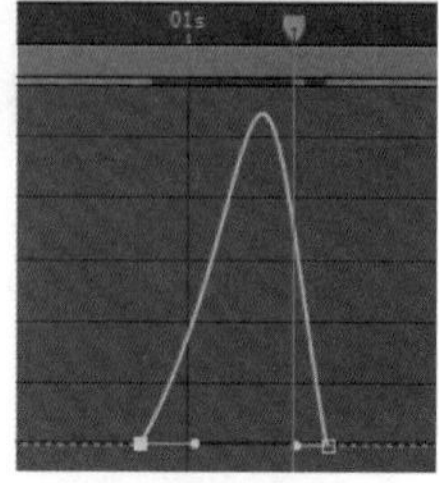
图6-23

13 选择“PA”“PB”两个图层，按快捷键Ctrl+Shift+C，将它们转换为“预合成”，并命名为“原点”，如图6-24所示。

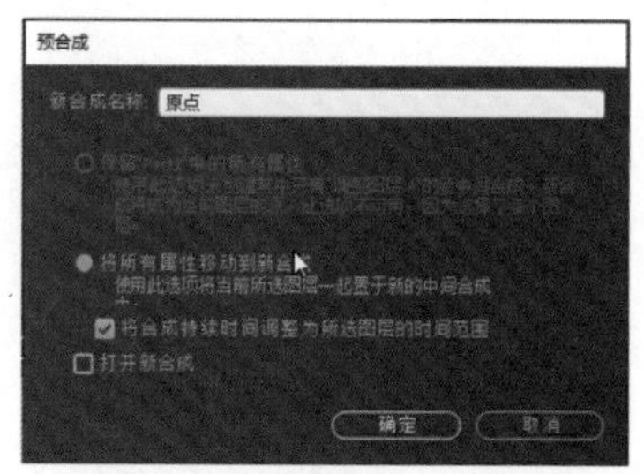

图6-24

14 进入“原点”预合成，在时间轴面板空白处右击，在弹出的快捷菜单中执行“新建”→“调整图层”命令，如图6-25所示；然后在“效果和预设”面板中搜索“模糊”，将“高斯模糊”效果添加到“调整图层 4”图层上。

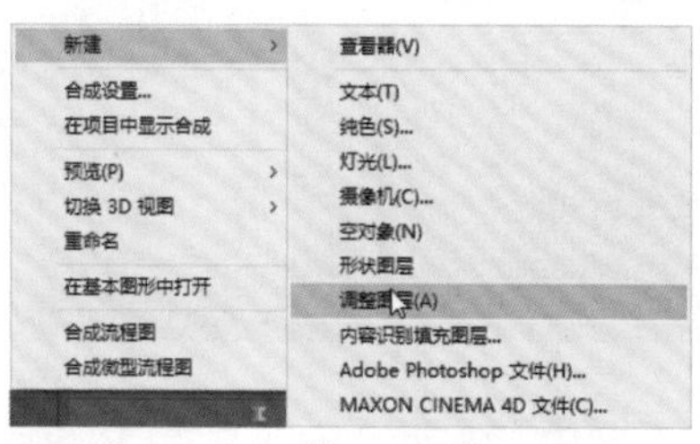

图6-25

15 在“效果和预设”面板中找到“简单阻塞工具”，并添加到“调整图层 4”图层上，并将“高斯模糊”的“模糊度”调整为28.1，将“简单阻塞工具”的“阻塞遮罩”调整为19.9，如图6-26所示。此时可以看到“融球”效果，如图6-27所示。

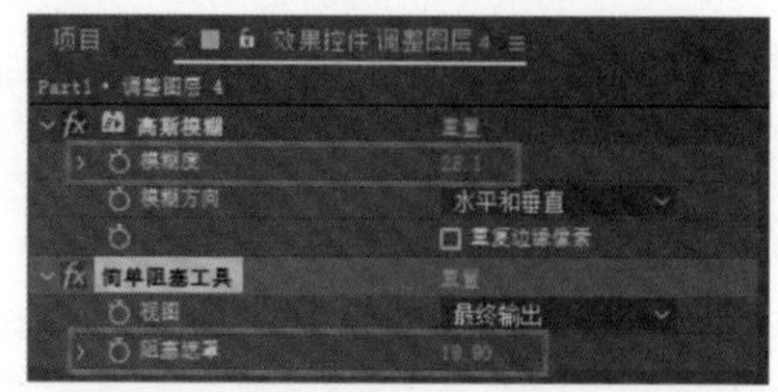

图6-26

图6-27

6.2.4　制作冲击波

01 回到“P1”合成，使用“椭圆工具”，按住Shift键，在合成中绘制出一个正圆；将其“填充”设置为“无”，“描边”设置为白色，大小任意，如图6-28所示。

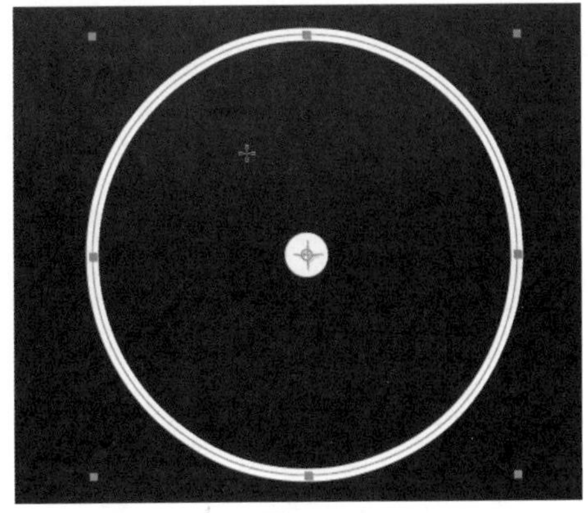

图6-28

02 将当前时间移动到1.8秒处，将这个正圆的“大小”设置为（0,0），并打上关键帧；再将当前时间移动到2.1秒处，将“大小”设置为（1396,1396）。如图6-29所示。

图6-29

03 将当前时间移动到1.85秒处，将正圆的“描边宽度”设置为66，并打上关键帧。再将当前时间移动到2.05秒处，将“描边宽度”设置为0，也打上关键帧。

04 将“大小”和“描边宽度”这两个属性的关键帧速度都通过“图表编辑器”调整为图6-30所示的样式；最后再调整一下两个属性关键帧的偏移，如图6-31所示。

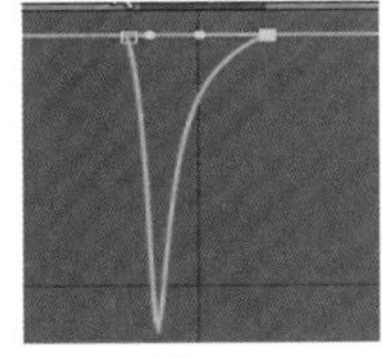

图6-30

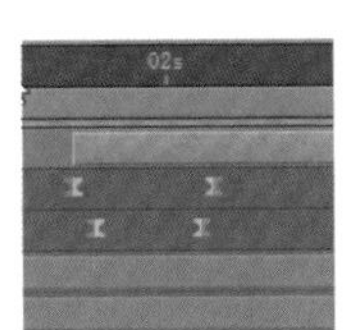

图6-31

05 如果想要将这个“冲击波”效果做出融入画面的感觉，也可以选择将“形状图层 1”图层的混合模式改成“柔光”，或者适当降低不透明度。

06 将当前时间移动到42帧处，选中“原点”这个合成，将它的“缩放”属性打上关键帧，再将当前时间移动到43帧处，将其“缩放”属性修改为（140%,140%），最后将当前时间移动到48帧处，再把“缩放”属性改成（100%,100%），并将最后一个关键帧转换为“缓动关键帧”，这样就实现了一个“膨胀”的效果，如图6-32所示。

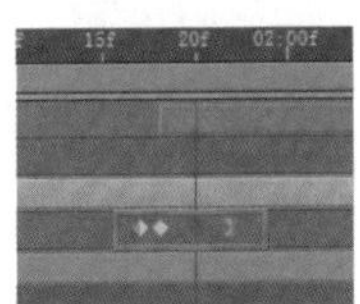

图6-32

6.2.5　制作速度线

01 返回到“P1”合成，新建一个“纯色”图层，尺寸和合成大小一致，颜色任意。使用“椭圆工具”，按住Shift键，在“纯色”图层中央绘制一个正圆，并将圆的锚点对齐到合成的正中央，如图6-33所示。

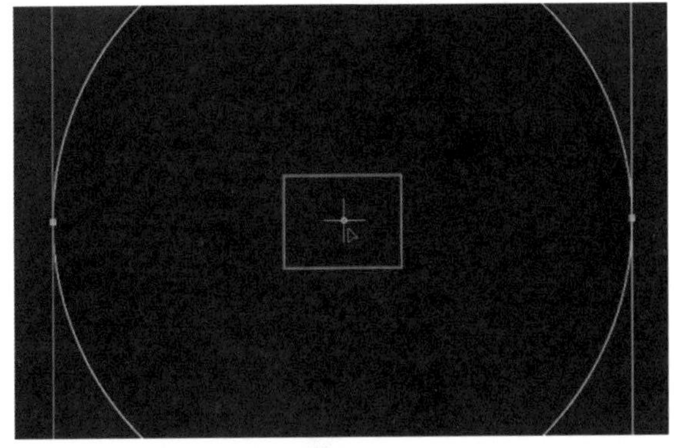

图6-33

02 在“效果和预设”面板搜索“Saber”，双击“Saber”，将其添加到刚刚创建的纯色图层上。找到“Saber”的“渲染设置”下的“合成设置”，将其设置为“透明”，如图6-34所示。

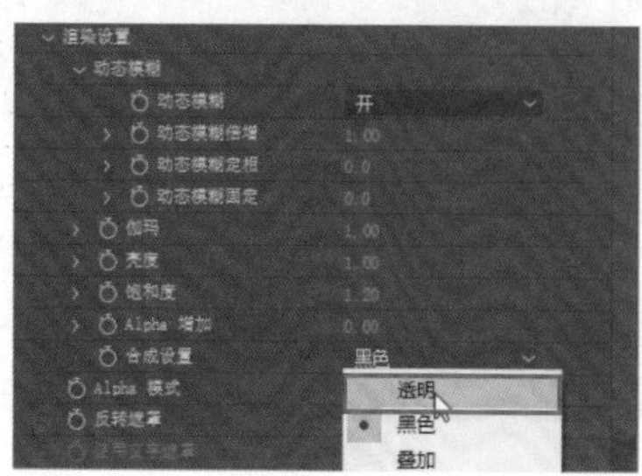

图6-34

03 继续调整“Saber”属性的参数，将“结束大小”调整为0%，将“开始圆滑度”调整为2，如图6-35所示，将“辉光强度”改成0%，将“主体大小”改成3.00。

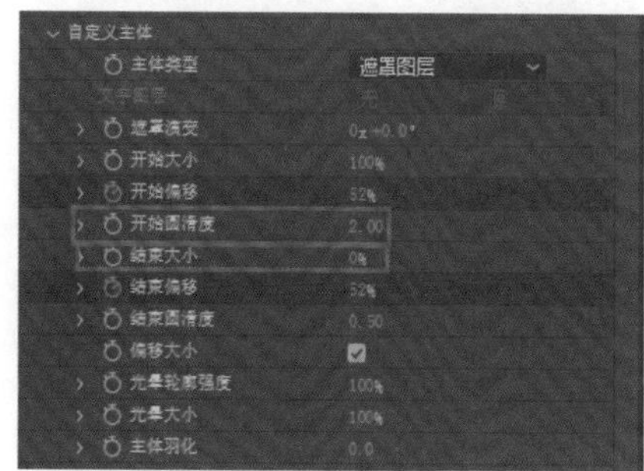

图6-35

04 将当前时间移动到31帧处，将“Saber”的“开始偏移”设置为0%，并打上关键帧；再将当前时间移动到39帧处，将“开始偏移”设置为52%；将当前时间移动到37帧处，将“结束偏移”设置为100%；最后将当前时间移动到42帧处，将“结束偏移”设置为52%，实现“速度线”从出现到消失的效果。如图6-36所示。

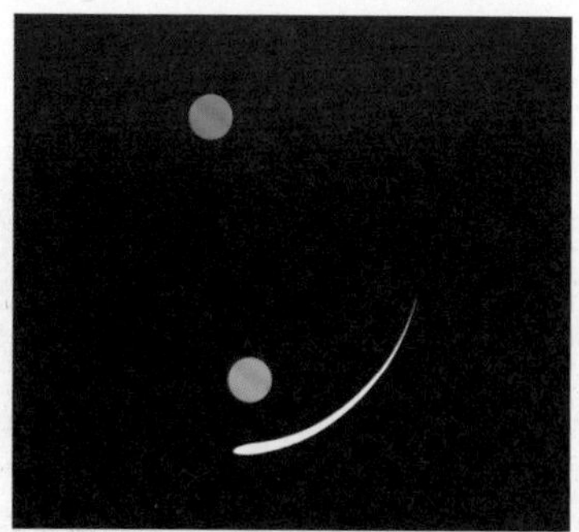

图6-36

05 将做好的速度线按快捷键Ctrl+D复制一份，将复制的速度线的图层旋转180°，这样就得到了两条中心对称的速度线，如图6-37所示。

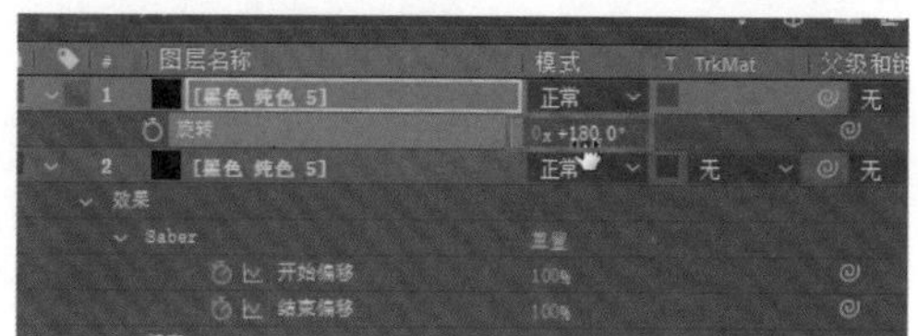

图6-37

06 再使用“效果和预设”面板里的“填充”效果，将两个速度线的颜色分别调整为和圆点一致的红色和蓝色，如图6-38所示。

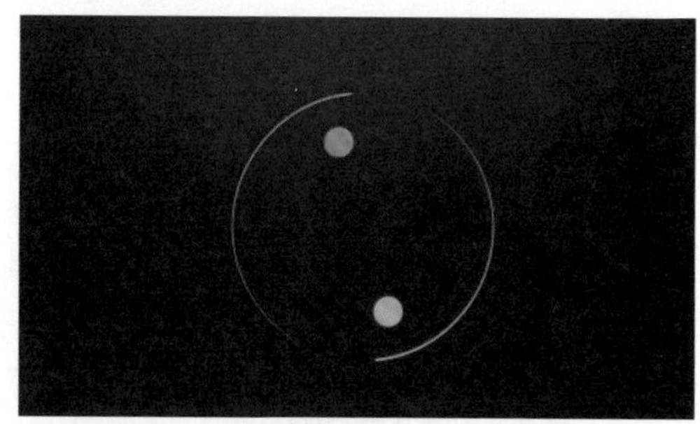

图6-38

6.2.6 制作粒子汇集

01 使用“钢笔工具”绘制出一条“描边”粗细为3像素的水平路径，如图6-39所示。

图6-39

02 选中该图层，单击图层左侧小箭头，展开“路径”属性。将当前时间移动到47帧处，给“路径”打上关键帧；再将当前时间移动到42帧处，将路径右侧的锚点左移至画面外；最后将当前时间移动到51帧处，再将路径的两个锚点都移动到原点附近。如图6-40所示。

图6-40

03 选中刚刚打好的3个关键帧，单击“编辑速度图表”按钮，将曲线调整成图6-41所示的样式。

04 按快捷键Ctrl+D，将这个路径图层复制8个，再使用“旋转”属性，通过调整不同的角度，将全部路径调整成放射状，如图6-42所示。

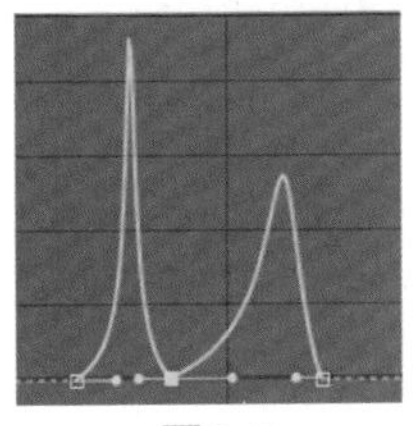
图6-41

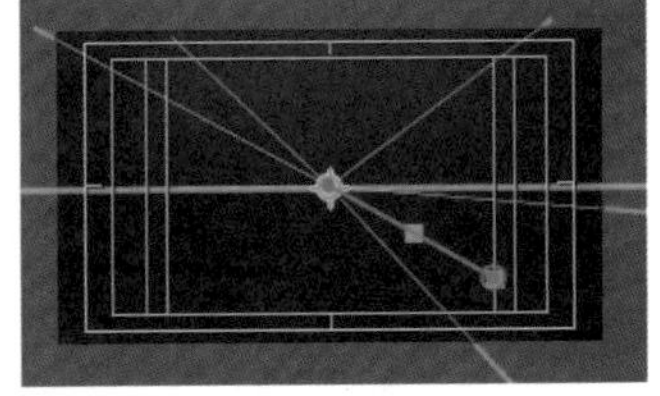
图6-42

05 依次调整每个图层的位置和关键帧，将每个路径动画都错开，如图6-43所示。

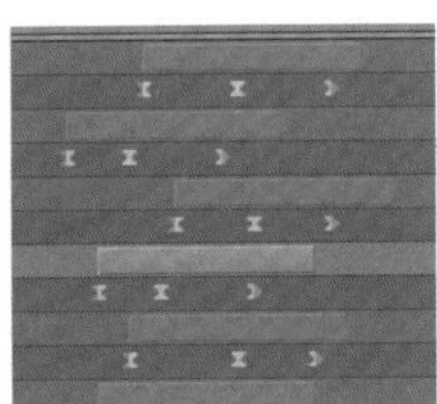
图6-43

06 选中所有的路径图层，按快捷键Ctrl+Shift+C给它们编组，并命名为“汇聚”。

07 再使用“椭圆工具”，在合成中央绘制一个正圆，大小比“圆点”稍大即可，如图6-44所示。

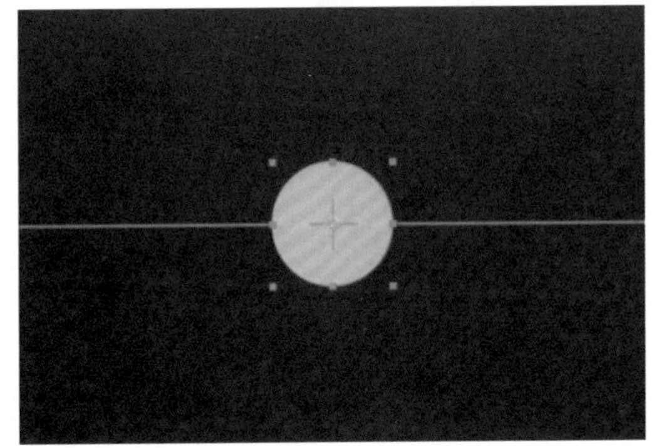
图6-44

08 选择“汇聚”合成，将遮罩选项设置为“Alpha反转遮罩‘形状图层1’”，如图6-45和图6-46所示。

图6-45

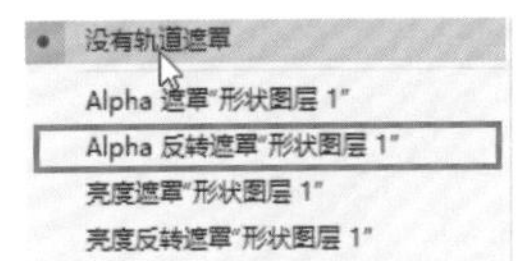

图6-46

09 选中“形状图层 1”图层，在“汇聚”合成的起点处将“缩放”属性打上关键帧，再来到“汇聚”图层的结尾处，将“缩放”调整为（30%,30%），实现随着粒子的汇集，遮罩图层也在慢慢缩小的效果。

10 使用和步骤9同样的方法，将“原点”合成也做出一个随着粒子汇集逐渐变小的效果。

6.3 创建第二幕：生成动画

第二幕动画的主要作用是过渡，通过点线的变化最终形成一个接近最终图案的图形。这样就可以很好地衔接到最后的结束动画。

01 在进行第二幕动画制作之前，第一幕的内容基本不会再去调整，此时可以先将第一幕相关图层转化成一个预合成，这样时间轴面板看着也会清爽很多。选中除了“BG”外的所有图层，按快捷键Ctrl+Shift+C将第一幕的所有图层转换为一个预合成，并命名为“P1”。

02 使用“多边形工具”绘制一个八边形。按Ctrl键双击“向后平移（锚点）”工具，将八边形的锚点重置到它的中央，然后使用对齐工具，将它对齐到合成的正中央，如图6-47所示。

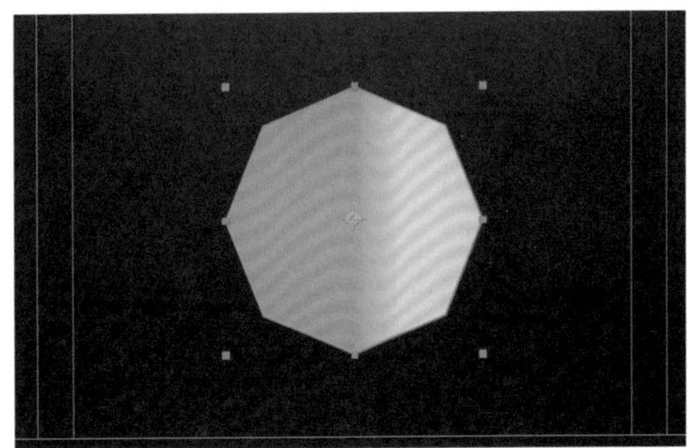
图6-47

03 展开八边形的属性，在“多边星形路径 1”图层上右击，在弹出的快捷菜单中选择“转换为贝塞尔曲线路径”选项，如图6-48所示。

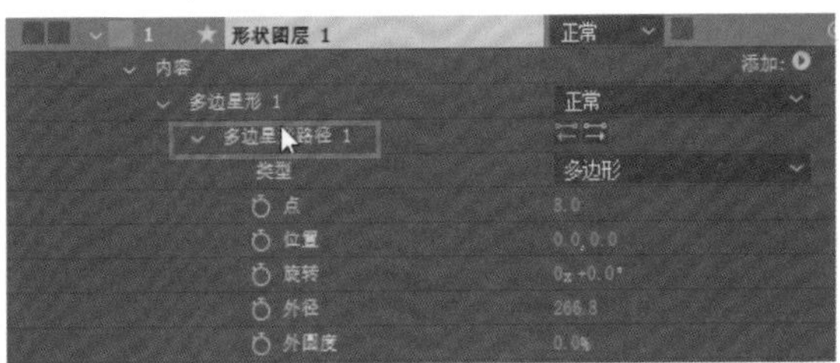

图6-48

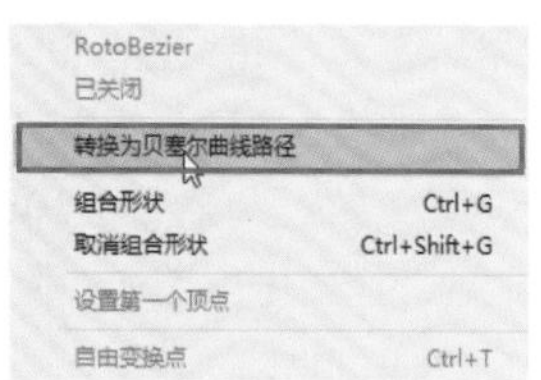

图6-48（续）

04 单击菜单里的“窗口”，找到After Effects自带的脚本Create Nulls From Paths。选中八边形的路径，单击“空白后接点”按钮，如图6-49所示。After Effects就会在每个点上创建一个空对象，此时只要移动空对象，路径上的“端点”也会跟着移动，如图6-50所示。

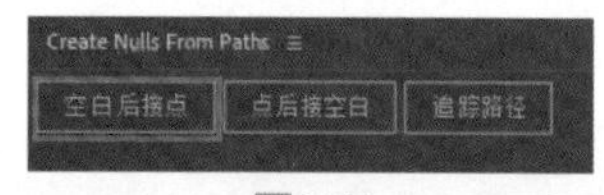

图6-49

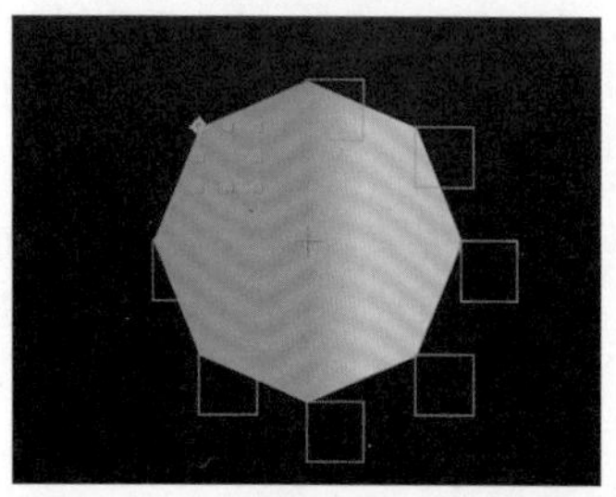
图6-50

05 使用“椭圆工具”，绘制出一个小圆点，再按快捷键Ctrl+D复制7个，并命名，如图6-51所示；然后依次将8个空对象的位置属性粘贴给这8个小圆点，如图6-52所示。

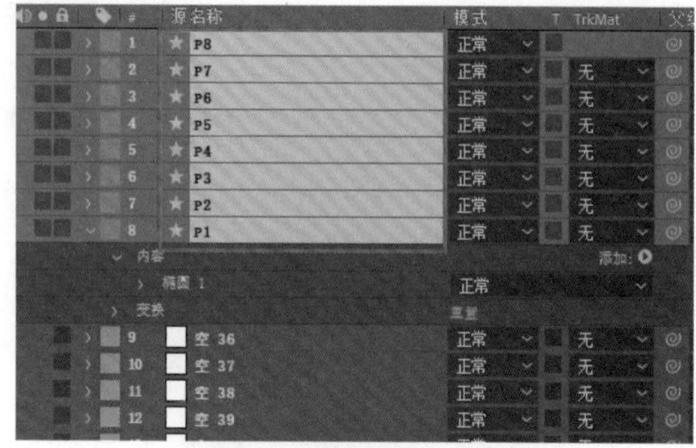
图6-51

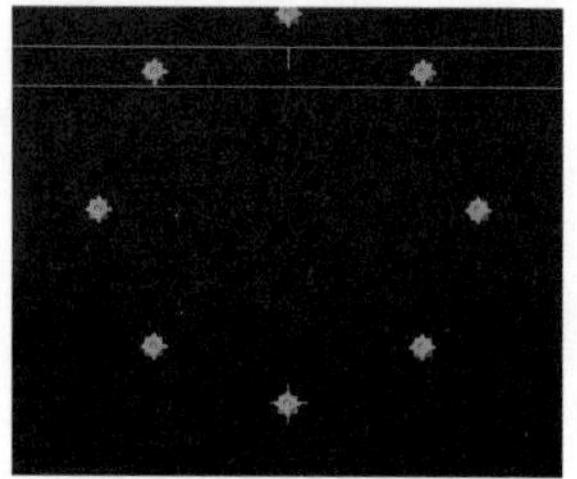
图6-52

06 再将8个空对象依次绑定到对应的圆点上，这样在移动点时就可以改变八边形的形状，如图6-53所示。

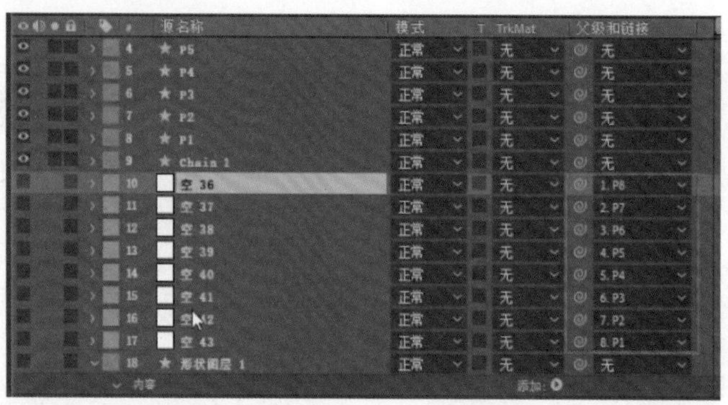
图6-53

07 为了方便操作，可以先将“Part 1”图层隐藏。选中8个圆点的图层，将当前时间移动到0.6秒处，按P键，调出它们的“位置”属性，单击小秒表图标，打上关键帧，如图6-54所示。

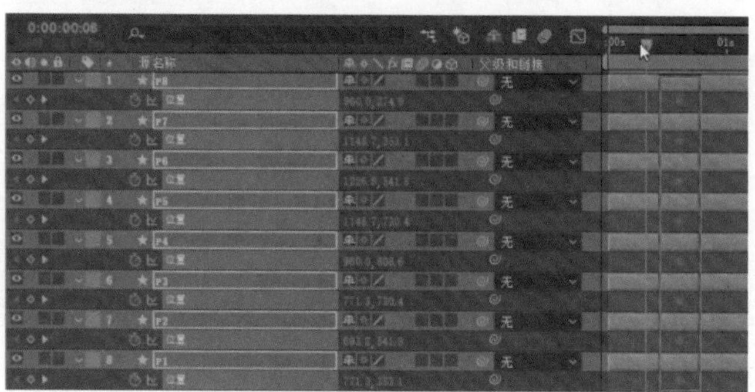
图6-54

08 将当前时间移动到0秒处，将8个点的“位置”都改成（960,540），这样所有的点都汇聚到了屏幕中央，如图6-55所示。

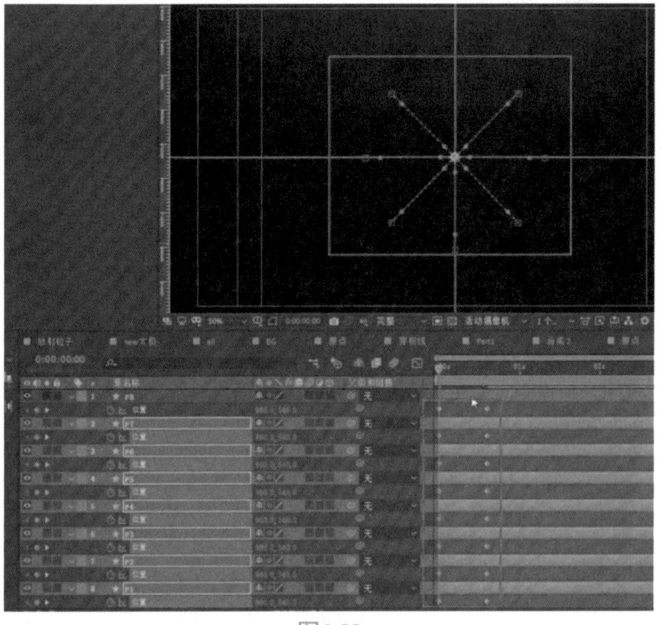

图6-55

09 选中所有的位置关键帧，按F9键，将它们转换为“缓动关键帧”，单击“图表编辑器”按钮，将曲线调整为图6-56所示的样式。

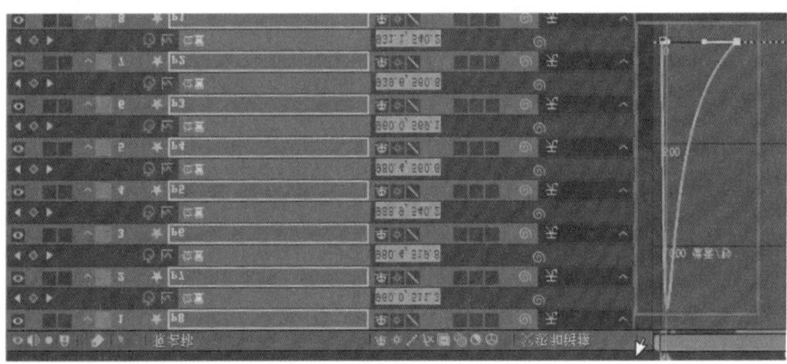

图6-56

10 依次选中每个圆点，分别将它们调整为不同的颜色（颜色可以根据自己的喜好选择）。

11 将当前时间移动到1.2秒处，将给8个点的“位置”打上关键帧，如图6-57所示，这样的动画效果就是8个点在散开之后又在圆点停留了0.2秒。

图6-57

12 使用“椭圆工具”，在合成中央绘制一个正圆，如图6-58所示。

13 右击“椭圆路径”属性，在弹出的快捷菜单中选择“转换为贝塞尔曲线路径”选项，为后面将它作为圆点的运动轨迹做准备，如图6-59所示。

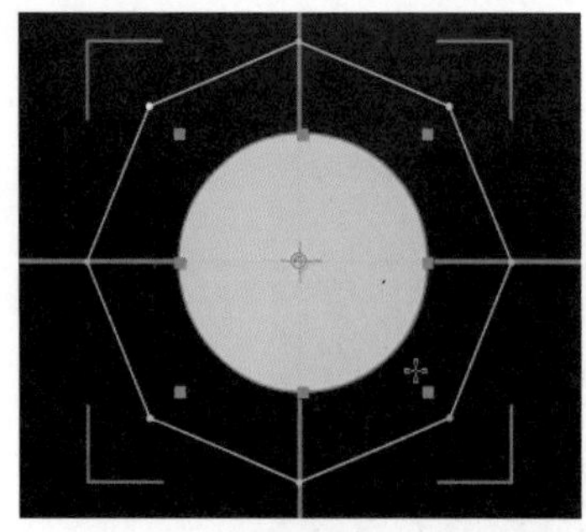

图6-58

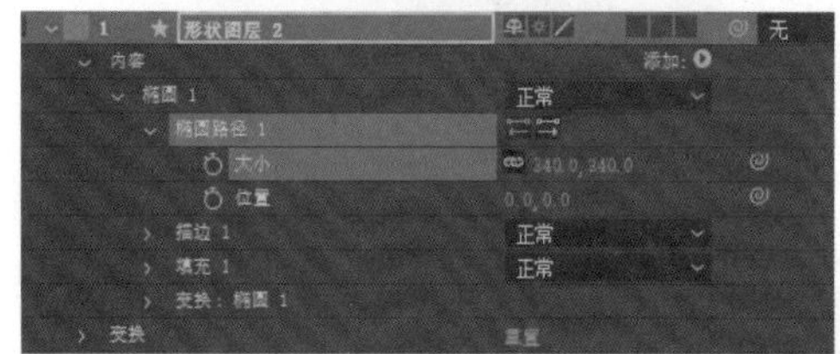

图6-59

图6-59（续）

14 按住Ctrl键，一次选中“P1”～“P8”8个图层，并将当前时间移动到第三个位置关键帧处，按快捷键Ctrl+Shift+D将这8个图层切割并复制，如图6-60所示。

15 使用快捷键Ctrl+C，复制“形状图层 2”图层的“路径”，再选中“P16”图层，按P键调出位置属性，再将当前时间后移3帧，按快捷键Ctrl+V粘贴，则可以将前面复制的路径粘贴为新图层的运动轨迹，如图6-61所示。

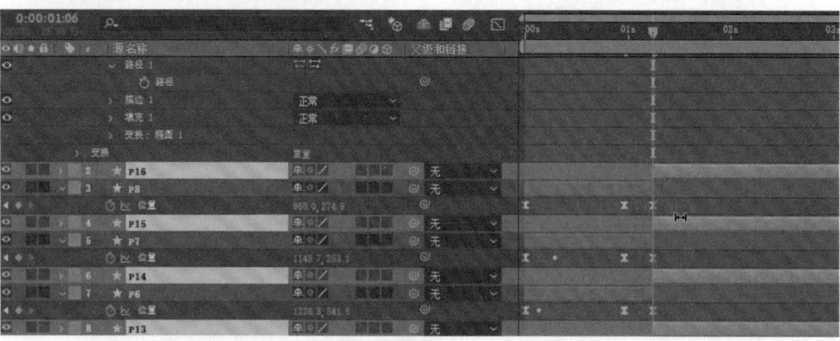

图6-60

图6-61

16 将“P16”图层后粘贴的位置打上关键帧，依次复制粘贴给剩下的7个图层，如图6-62所示。

图6-62

17 依次调整每个图层粘贴后的位置关键帧，如图6-63所示，让它们实现“就近”飞入圆形轨道，如图6-64所示。

图6-63

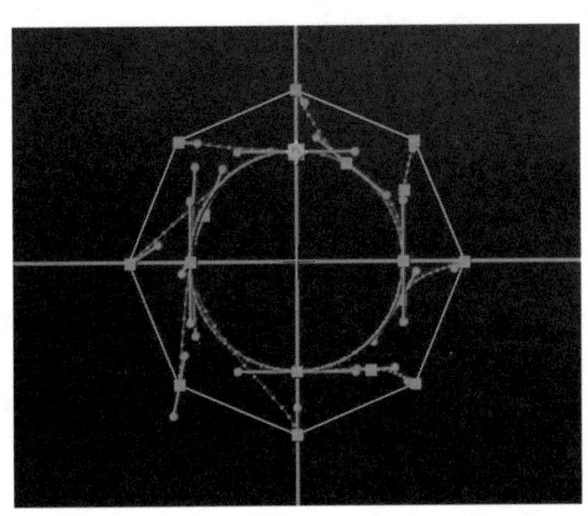
图6-64

18 将这些位置关键帧的速度曲线调整为“加速曲线”，如图6-65所示。

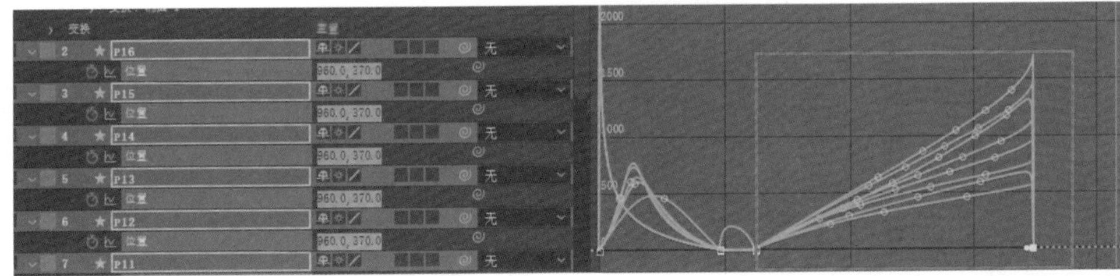
图6-65

19 选中“P16”图层，在“效果和预设”面板搜索“残影”，双击，将残影效果器添加到“P16”图层上。将“残影时间（秒）”修改为-0.003，“残影数量”修改为89，“衰减”修改为0.96，如图6-66所示；此时“P16”图层的运动轨迹就有了一个拖尾，如图6-67所示。

20 再将“P16”图层的残影效果复制粘贴给其他7个图层，就得到了图6-68所示的效果。

21 再给复制的8个图层的路径大小属性打上关键帧，如图6-69所示，实现运动到最后时残影效果为0。

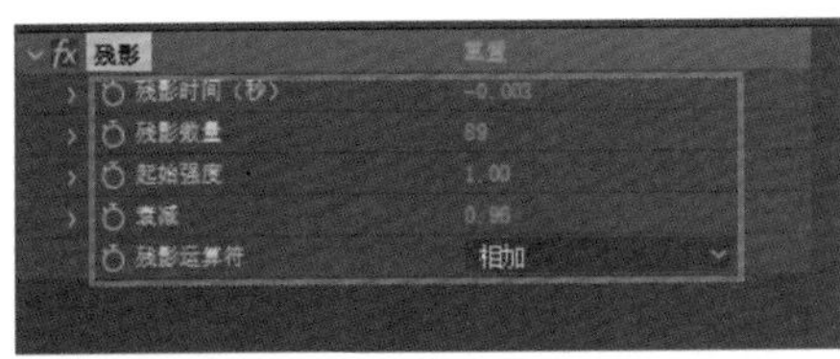

图6-66

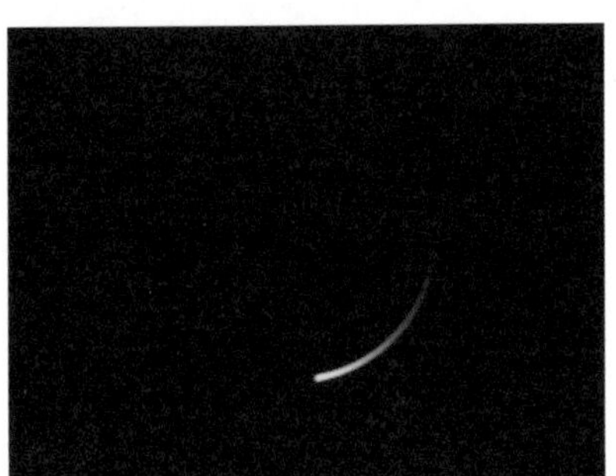
图6-67

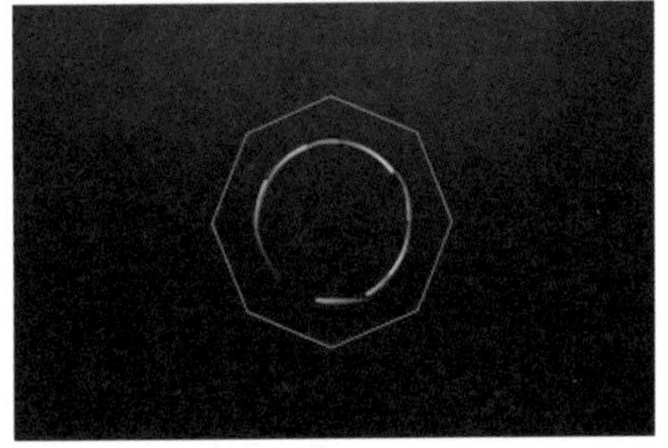
图6-68

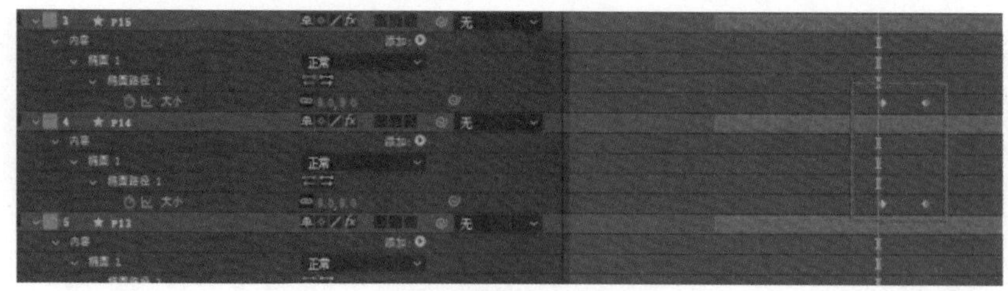

图6-69

22 复制在“Part1”合成制作的冲击波图层，并调整“大小”和“描边宽度”属性，如图6-70所示，调出图6-71所示的效果。

图6-70

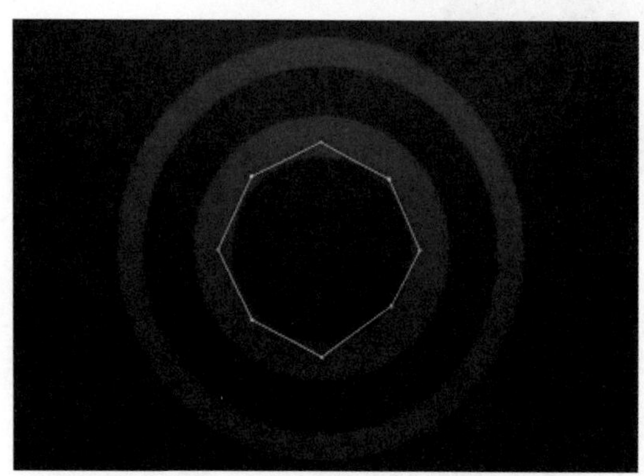

图6-71

23 在项目面板的空白处右击，导入“太极2.ai”文件，并将它拖入到当前合成中。

24 右击“太极2.ai”，在弹出的快捷菜单中选择“创建”选项，执行创建下的“从矢量图层创建形状”命令，如图6-72所示。

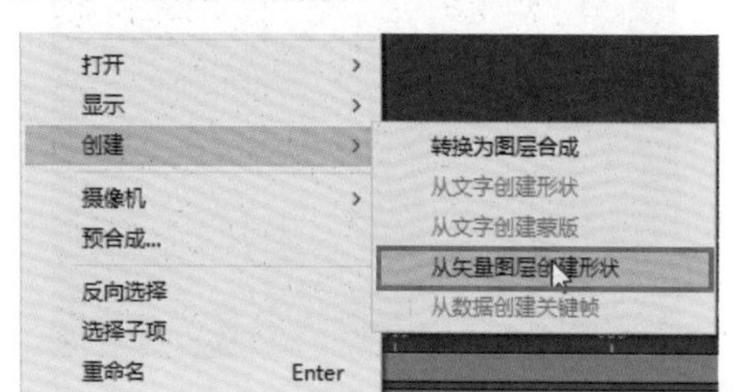

图6-72

25 使用脚本“zl_ExplodeShapeLayers”将得到的“‘太极2’轮廓”的“太极”形状的路径分离出来。

26 新建一个空对象，将它移动到合成的中央，再将两个太极轮廓绑定到“空 44”图层上作为其子级，最后调整“空 44”图层的“缩放”属性，将其调整为（63.0%，63.0%），如图6-73所示。

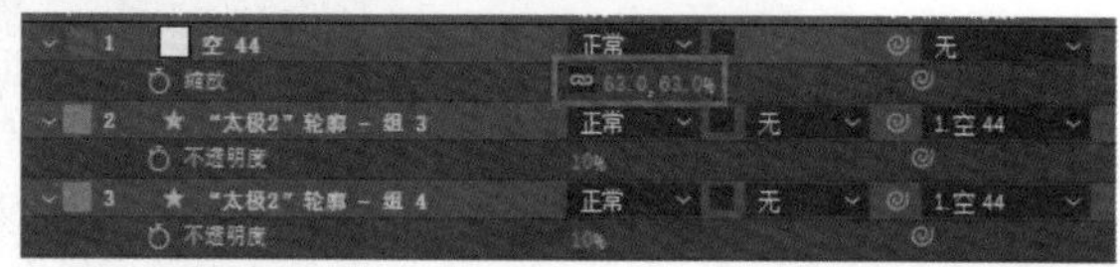

图6-73

27 选中太极路径顶部的锚点，右击，并选择“蒙版和形状路径”下的“设置第一个顶点”选项，如图6-74所示。

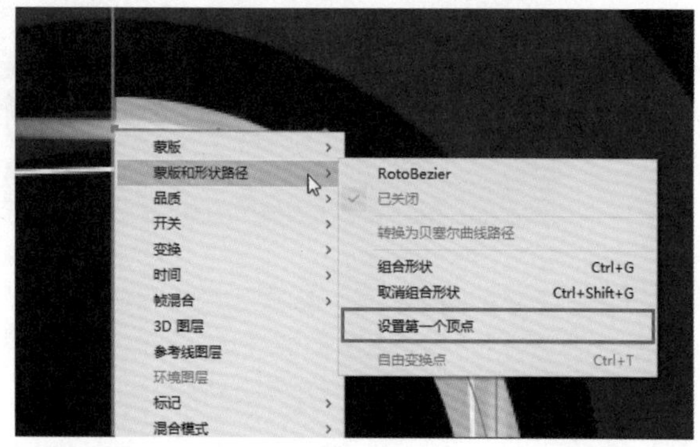

图6-74

28 给该形状图层执行“添加”→“修剪路径”命令，在2秒处，将“结束”设置为0%，在3.5秒处，将“结束”设置为75%。

29 另外一个形状同理，但需要将它“结束”属性开始的地方设置稍前一点，如图6-75所示。

30 分别将两个太极轮廓的“描边颜色”修改为#66b9ff、#ff6565，“描边粗细”调整为3px。

31 选中两个太极轮廓的图层，按快捷键Ctrl+D复制一份，并分别命名为“A点”“B点”。

32 展开“A点”图层，将“修剪路径”的“开始”和“结束”分别调整为99.9%和100%，如图6-76所示；再将其“描边”调整为20px。

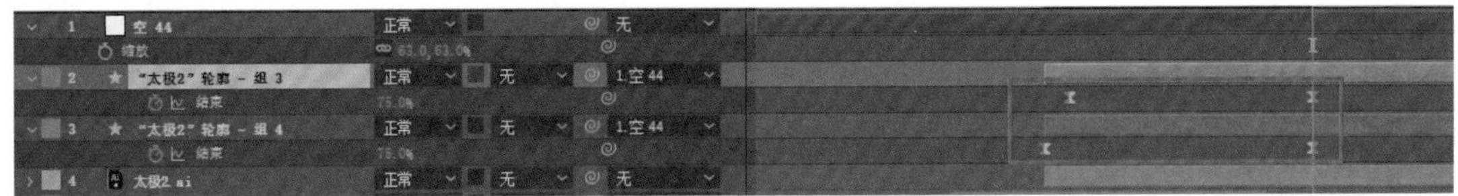

图6-75

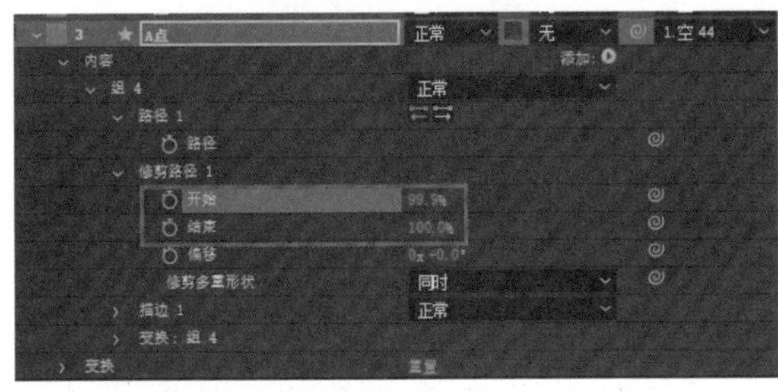

图6-76

33 将当前时间移动到1.8秒处，给“A点”“修剪路径”的“偏移”属性打上关键帧；再将当前时间移动到3.5秒处，将“修剪路径”的“偏移”调整为270°，这时“A点”就实现了围绕“太极”轨迹运动一圈的动画，如图6-77所示。

34 选中之前做好的对应的太极轮廓的修剪路径的关键帧，单击Ease Copy脚本的“Copy”按钮，如图6-78所示；再选中A点的“偏移”关键帧，单击Ease Copy脚本的“Ease”按钮，如图6-79所示。这样两个动画的运动曲线就是一样的了。

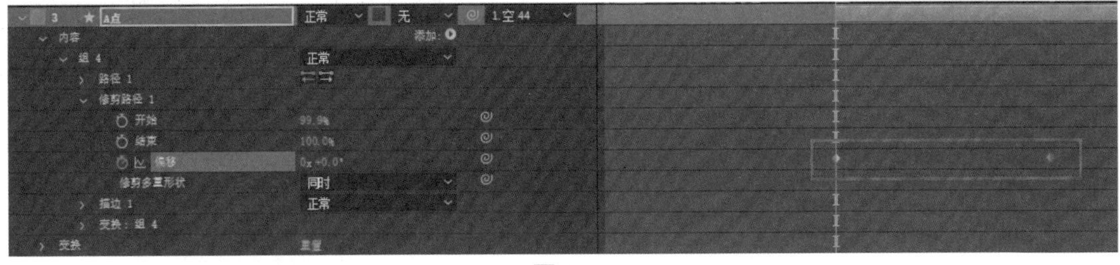

图6-77

图6-78

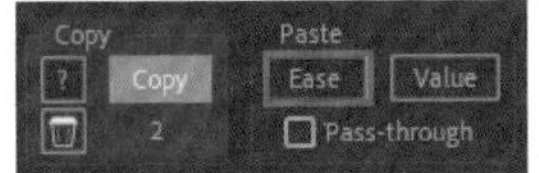

图6-79

35 然后使用同样的方法，完成“B点”图层沿轨迹运动的动画。

36 找到之前的“汇聚”合成，选中“形状图层9”～“形状图层 15”图层，按快捷键Ctrl+C复制，如图6-80所示。

37 按快捷键Ctrl+V粘贴到“P1”合成里，调整图层位置，如图6-81所示。

图6-80

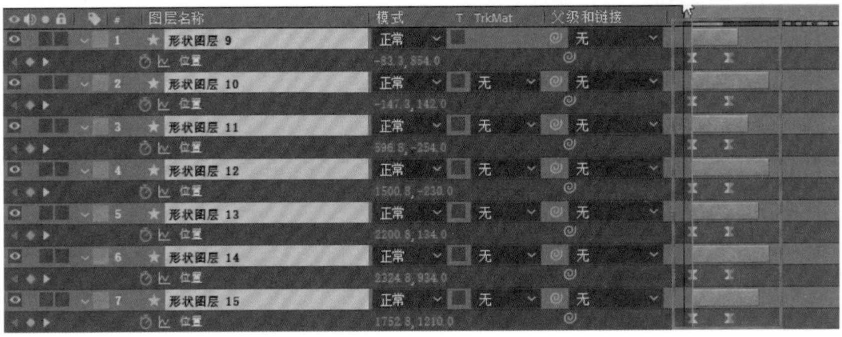

图6-81

38 将每个图层的两个关键帧的位置互换，将位置的速度曲线调整为一个“减速曲线”，如图6-82所示。

39 选中所有圆点图层，按快捷键Ctrl+Shift+C转换成预合成，并命名为“点集合”，如图6-83 所示。

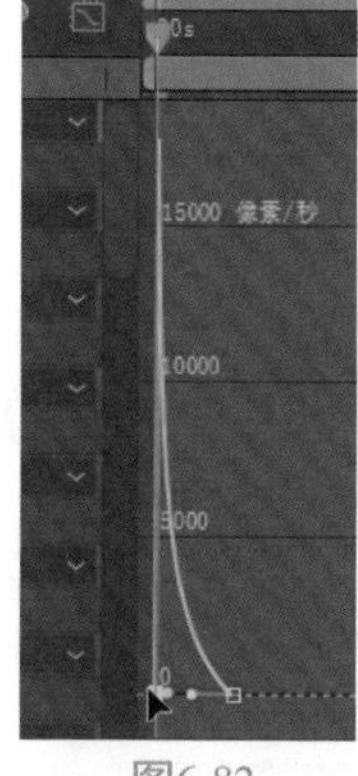

图6-82

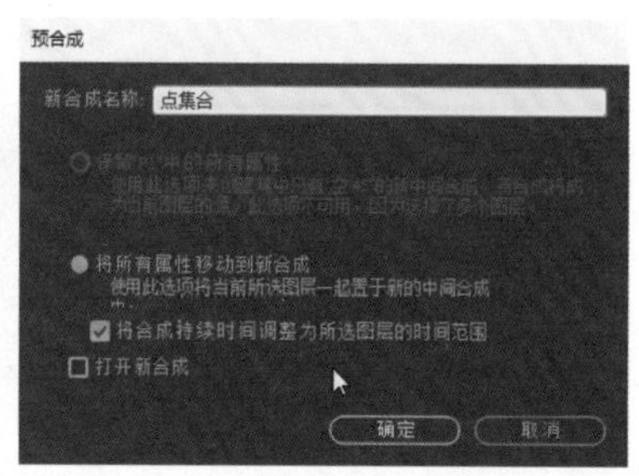

图6-83

40 新建一个空对象，将“点集合”绑定到“空 46”图层上作为子级，再将“P16”图层的残影效果复制粘贴给“点集合”。

41 将当前时间移动到0.8秒处，给“空 46”图层的旋转属性打上关键帧；再将当前时间移动到3.8秒处，将“旋转”属性的值调整为212°；最后开启“点集合”的穿透效果，可以看到点集合中的点也有了拖尾效果，如图6-84所示。

42 选中“空 46”图层的旋转关键帧，进入速度图标界面，将旋转的速度曲线调整为图6-85所示的样式。

图6-84

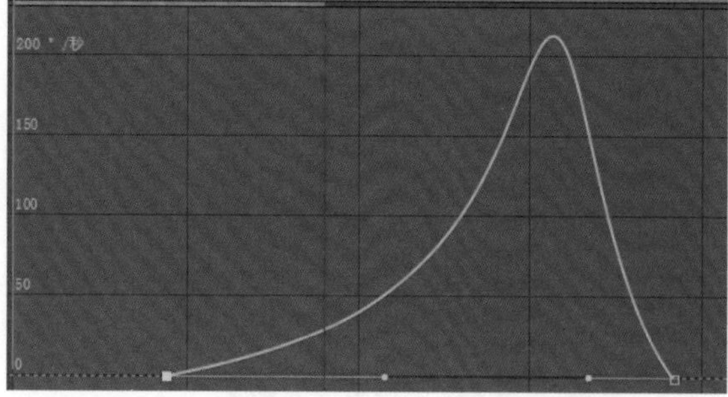

图6-85

43 使用椭圆工具，在合成中央绘制一个正圆，“填充”设置为无，只保留“10像素”的“描边”。展开“形状图层 2”图层，按快捷键Ctrl+D将“椭圆”复制两个。通过分别给这三个圆添加“修剪路径”和“虚线”效果做成图6-86所示的效果。

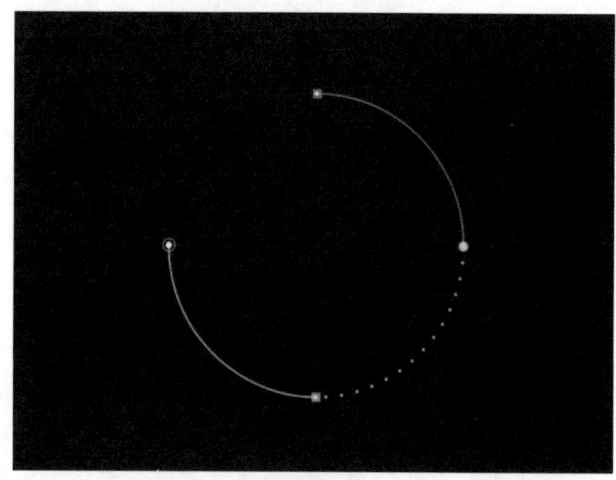

图6-86

44 将当前时间移动到0.8秒处，给“修饰”的“旋转”属性打上关键帧，再将当前时间移动到5.3秒处，将“旋转”的数值调整为180°。

45 按快捷键Ctrl+D将“修饰”复制一份，将“缩放”调整为150%，再将复制后的“修饰”的“旋转”度数增加180°，这样就实现了两个修饰跟着中间的点一起宣传的动画效果。

6.4 制作第三幕：结尾动画

第三幕动画为结尾动画，除了要用来定格LOGO，还要对三段动画整体的节奏做一些调整。

01 在“P1”合成中新建一个色值为#ffffff的纯色图层。

02将之前导入到资源面板的“太极.ai”文件拖入到合成中，再使用ExploderShaperLayers脚本的转换工具，将AI文件转换为After Effects中的形状图层。再用ExploderShaperLayers的分裂形状按钮，将刚刚得到的“‘太极’轮廓”图层展开为一系列的形状图层；最后删除掉其他图层，只保留左右两个轮廓图层，如图6-87所示。

03 按快捷键Ctrl+D将“‘太极’轮廓-组3”图层复制一份，将原来图层的“填充”改为#000000，“描边”改成“无”；将复制图层的“填充”改成“无”，“描边”的颜色改成#66b9ff，“描边”的大小改成2px；将“‘太极’轮廓-组5”图层的“填充”色值改成#ff6565，于是就得到了图6-88所示的效果。

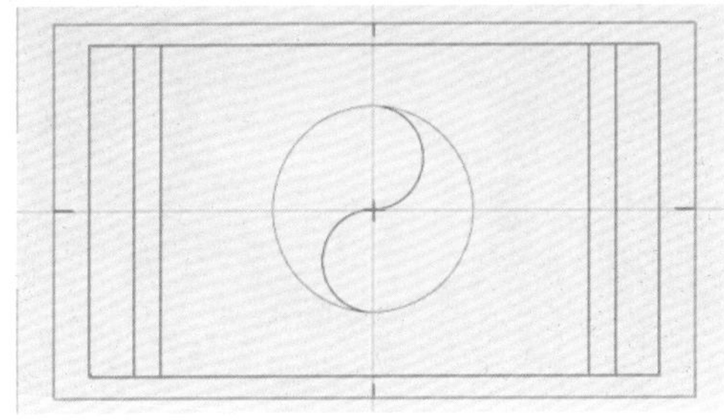

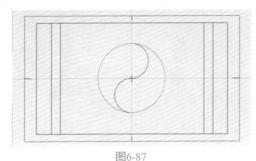

图6-87

图6-88

04 将“金箔.jfif”导入After Effects，并将它拖入“时间轴”面板，移动到“‘太极’轮廓-组3”图层的下面，如图6-89所示；最后将遮罩开关调整为“Alpha遮罩”，如图6-90所示，就得到了一个“水滴”状的金箔图案。

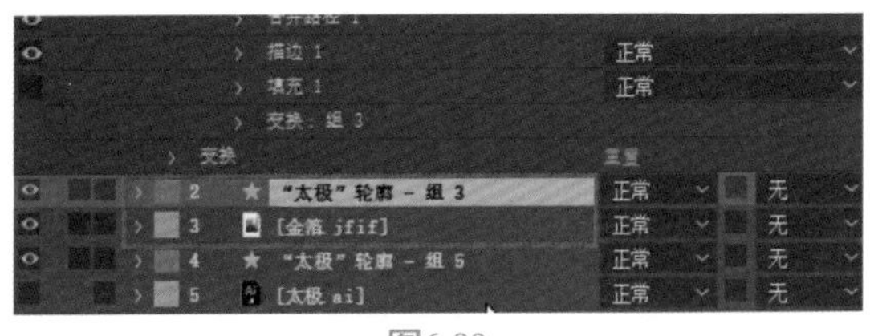

图6-89

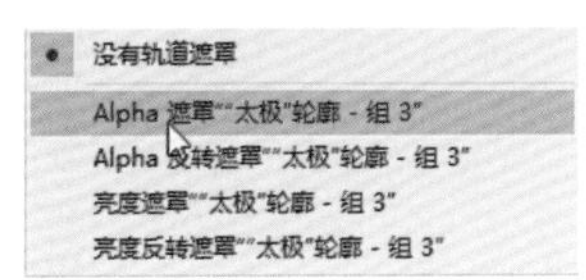

图6-90

05 新建一个“空对象”图层，将空对象下面的四个跟太极图案有关的图层都绑定到空对象上作为其子级，如图6-91所示。

06 将当前时间移动到0帧处，给“空 50”图层的“旋转”属性打上关键帧，并将“旋转”调整为-228°；再将当前时间移动到0.6秒处，将“旋转”调整为0°。选中两个关键帧，按F9键，将它们转换为“缓动关键帧”，再单击“编辑速度图表”按钮，将旋转的运动曲线调整为图6-92所示的样式。

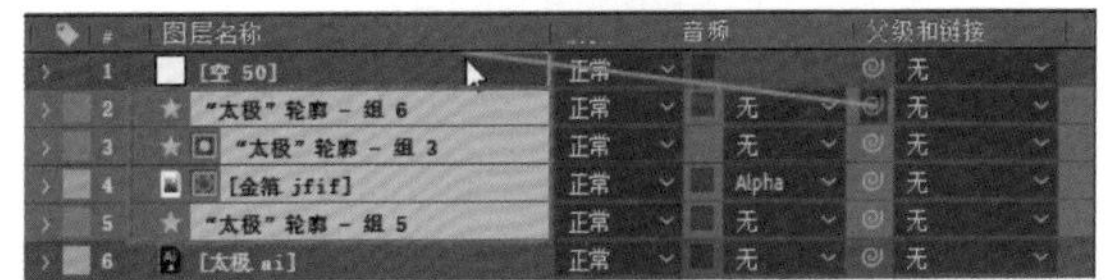

图6-91

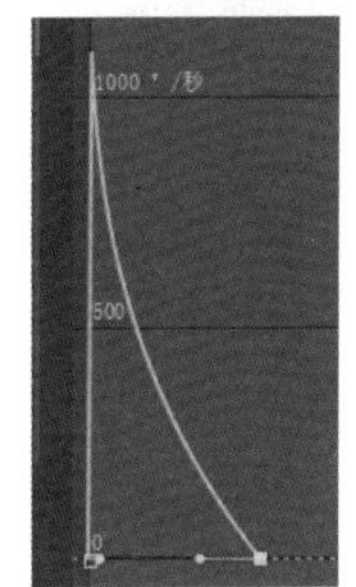

图6-92

07 将“太@2x.png”和“极@2x.png”导入After Effects中， 移动到“时间轴”面板后，调整它们的位置和大小，如图6-93所示。

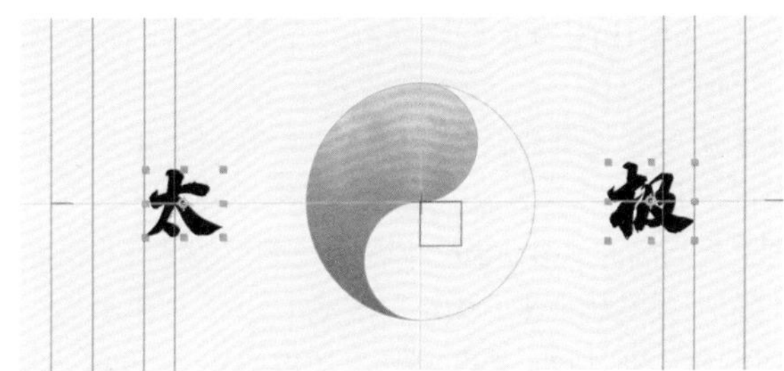

图6-93

08 新建一个空对象，使用对齐工具将它调整到合成的正中央，再将“太极”两个字的图层绑定到空对象上作为其子级。选中两个文字图层，按S键，调出其“缩放”属性，按Alt键，单击“缩放”左侧的小秒表，在表达式的输入框里输入如下表达式：

```
s = [];
ps = parent.transform.scale.value;
for (i = 0; i < ps.length; i++){
s[i] = value[i]*100/ps[i];
}
s
```

09 将当前时间移动到0.8秒处，给空对象的“缩放”属性打上关键帧；再将当前时间移动到0帧处，将空对象的“缩放”属性调整为（17.0%,17.0%）；最后选中两个关键帧，将曲线调整为图6-94所示的样式。

10 将当前时间移动到5秒处，将“空 50”图层的“旋转”调整为150°；选中旋转的所有关键帧，打开“编辑速度图表”，将速度曲线调整为图6-95所示的样式。

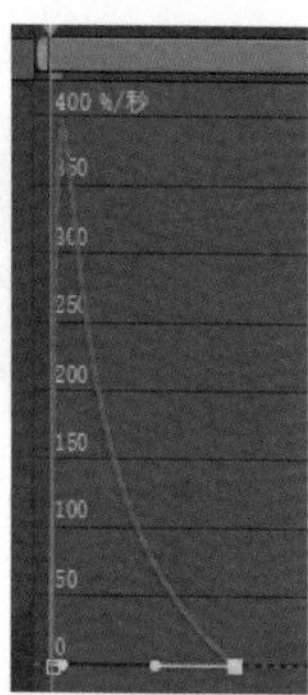

图6-94

图6-95

⑪ 选中第三部分做的所有图层，按快捷键Ctrl+Shift+C将它们转换为一个预合成，命名为“Part 3”。

⑫ 用形状工具在合成的正中央绘制一个正圆，如图6-79所示。

⑬ 将当前时间移动到6.7秒处，给图层的“大小”属性打上关键帧，将“大小”改成（0,0）；再将当前时间移动到7秒处，将“大小”改成（2000,2000），并将其速度曲线调整为图6-97所示的样式；最后将“Part3”合成的蒙版开关设置为“Alpha”，如图6-98所示。

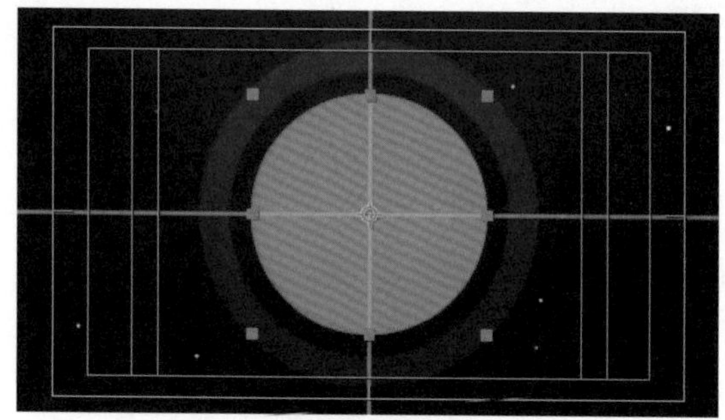

图6-96

图6-97

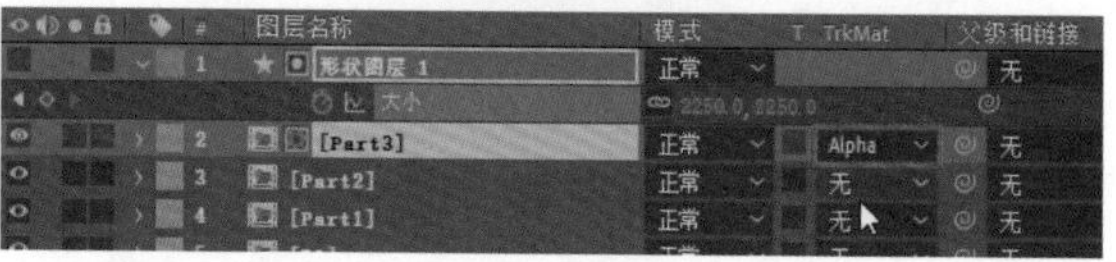

图6-98

⑭ 最后调整每个片段之间的衔接，整个动画就完成了。

第 7 章

LOGO 动效 MG 动画

LOGO动效也属于MG动画，是一种更现代、更动态的品牌呈现方式，能给用户留下更深刻的印象。本章制作的LOGO动效，除了可以帮助读者了解LOGO动效制作的流程，还可以进一步掌握图形动画的制作技巧。

7.1 动画分析

LOGO动效普及度越来越高，越来越多的公司会在需要展示LOGO的地方用动效的方式去展示，而这种动效对流畅度以及还原LOGO本身的寓意都会有比较高的要求。

一个LOGO动效通常包含两个部分，分别是进场以及定格后的静态展示，这次的案例也不例外。

第一幕：种子掉落到地上并散开，如图7-1所示。

图7-1

第二幕：地面出现红点，上升散开后，再汇聚，形成一个苹果掉落到地上，如图7-2所示。

图7-2

第三幕：地面陆续地冒出字母“APPLEE”，苹果顺势被挤到一旁，动画结束，如图7-3所示。

图7-3

完成每一幕的动画之后，再将它们组合到一起，就形成了一个完整的LOGO动效。在组合的过程中，也要注意动势的衔接，否则动画看起来会不连贯。

7.2 创建第一幕：种子动画

第一幕需要完成种子动画的制作。种子动画整体而言比较简单，主要是用形状和路径一起完成。

01 启动After Effects软件，执行“合成”→“新建合成”命令，打开“合成设置”对话框，将合成的“宽度”设置为1800px、“高度”设置为1200px、“帧速率”设置为60帧/秒、持续时间设置为5秒，最后单击“确定”按钮，如图7-4所示。

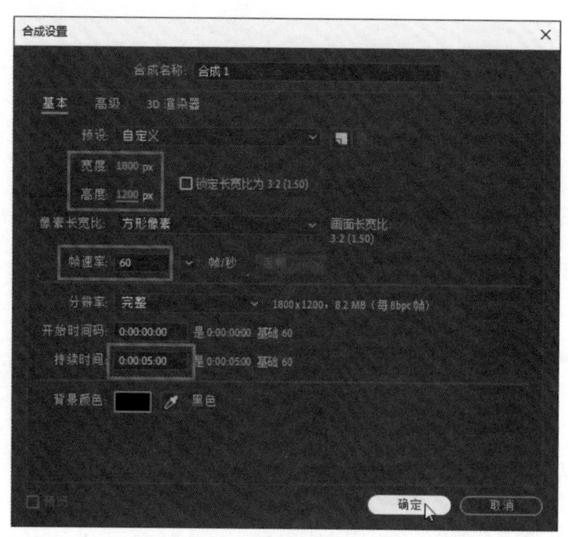

图7-4

02 导入配套资源提供的“苹果.ai”文件，在合成预览窗口选择“标题/动作安全”选项，如图7-5 所示。将苹果调整到图7-6所示的安全框线位置。

03 将“苹果籽”图层的“旋转”调整为-10°，并将它摆放到整个合成的最中央，在0帧处给它的位置打上关键帧。

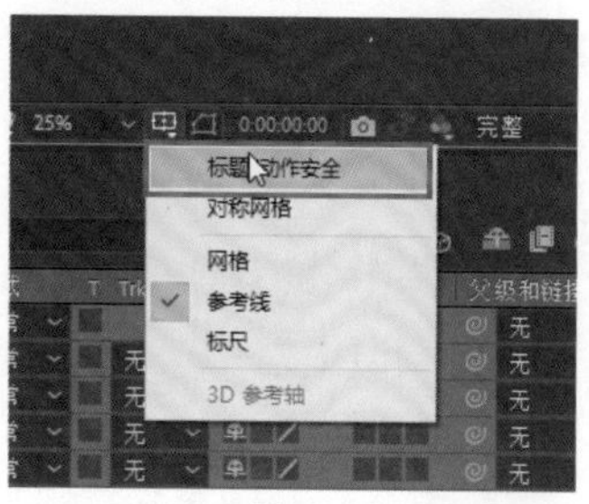

图7-5

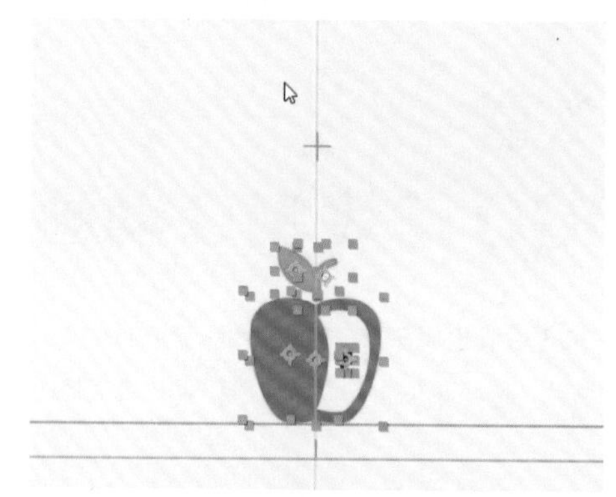

图7-6

04 将当前时间移动到12帧，再将苹果籽移动到“地面”的位置；然后将位置曲线调整为图7-7所示的样式，最后将图层12帧后面的部分截掉。

05 选择“钢笔工具”，在图7-8所示的位置绘制一个路径。“描边”粗细设置为18px、“颜色”调整为#0a2934。

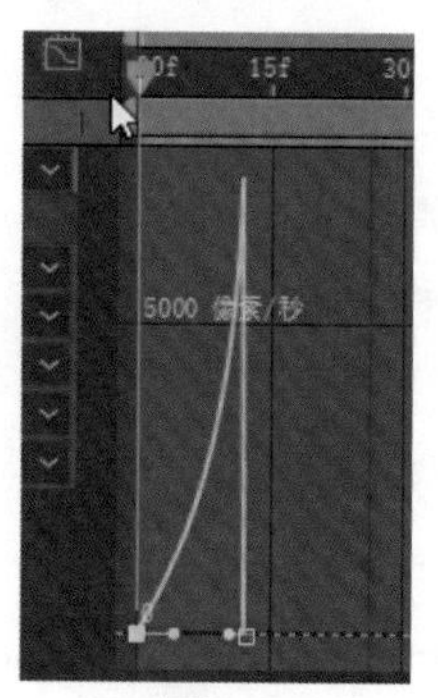

图7-7

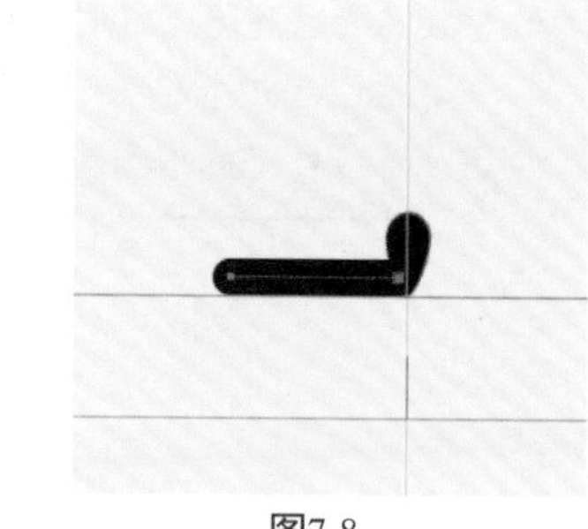

图7-8

06 展开“形状图层1”图层的“路径”属性，在18帧处添加一个关键帧；再将当前时间移动到12帧处，使用“选取工具”将路径调整为一个点，如图7-9所示。将当前时间移动到28帧处，再次将路径调整一个点，如图7-10所示。

07 选中这3个关键帧，将它们的曲线调整为图7-11所示的样式；最后将关键帧之外的图层部分截掉，如图7-12所示。

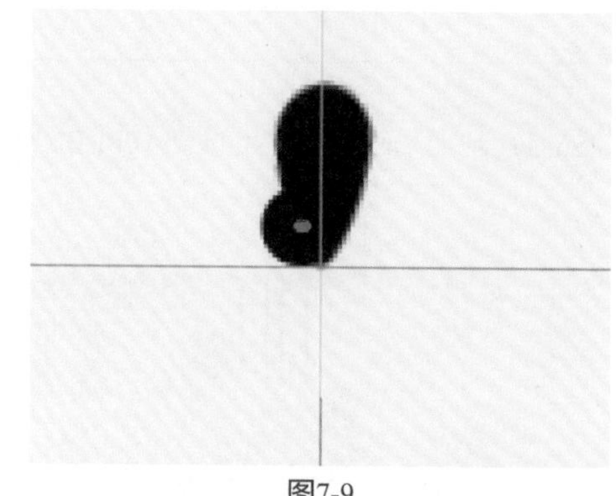

图7-9

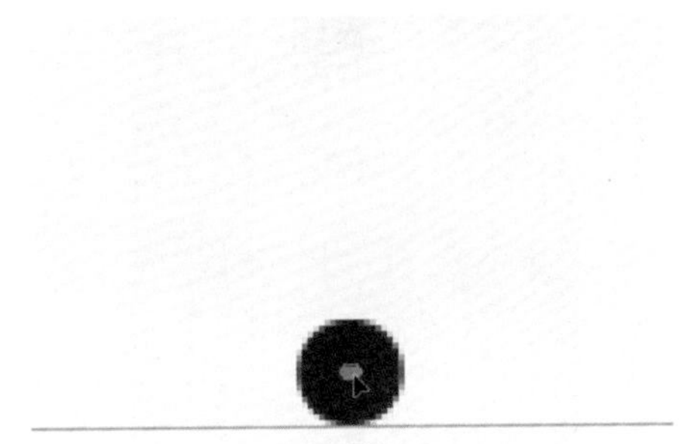

图7-10

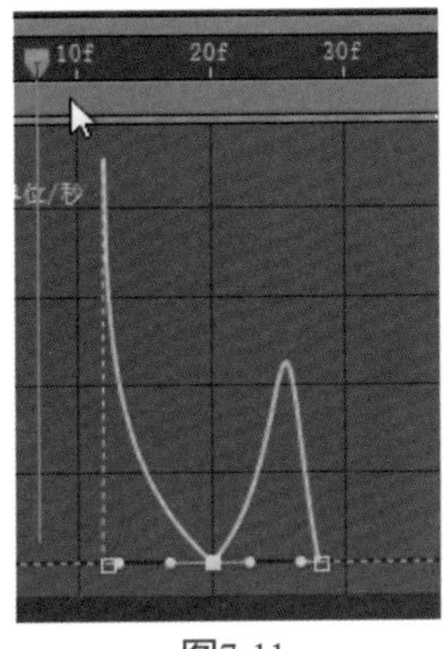

图7-11

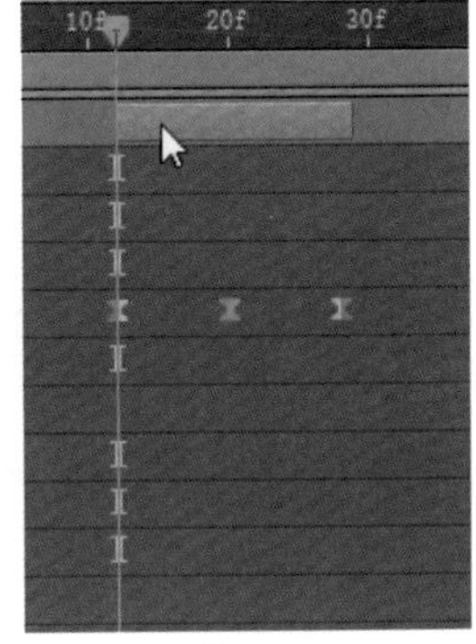

图7-12

08 将当前时间移动到12帧处，选中“形状图层 1”图层，按P键给它的“位置”属性打上关键帧；再将当前时间移动到28帧处，将“位置”调整为（881,600）；最后将“位置”的曲线调整为一个减速曲线，如图7-13所示。

09 选中“形状图层1”图层，按快捷键Ctrl+D进行复制，再从“效果和预设”面板搜索“变换”，将“变换”效果添加到“形状图层 2”图层上，取消“变换”参数栏的“统一缩放”复选框的勾选，并将“缩放宽度”改成-100，如图7-14所示，这样就得到了一个对称的图形。

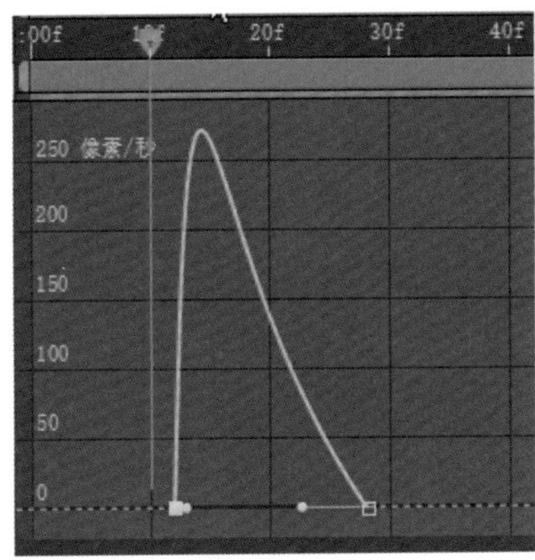

图7-13

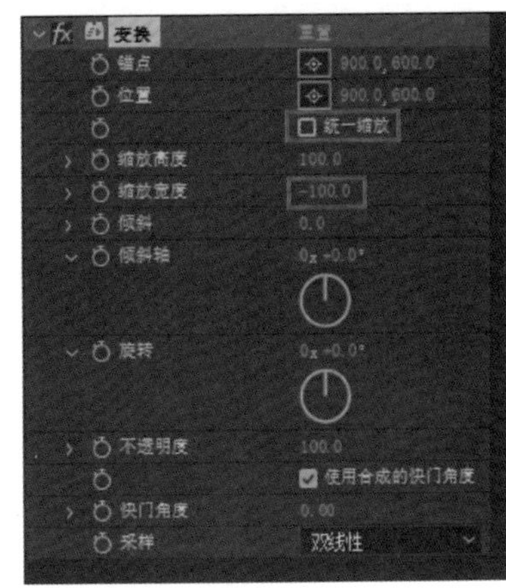

图7-14

7.3 创建第二幕：苹果动画

第二幕需要完成苹果进场动画的制作，重点要确保苹果出现的动势要和前面种子动画衔接好。

7.3.1　线条动画

01 在确保没有选中任何图层的前提下，使用“钢笔工具”绘制一条如图7-15所示的曲线；将“填充”设置为“无”“描边”设置为#fc4d5a、“描边粗细”设置为18像素；最后将当前时间移动到24帧处，按[键，将该形状图层前面的部分截掉。

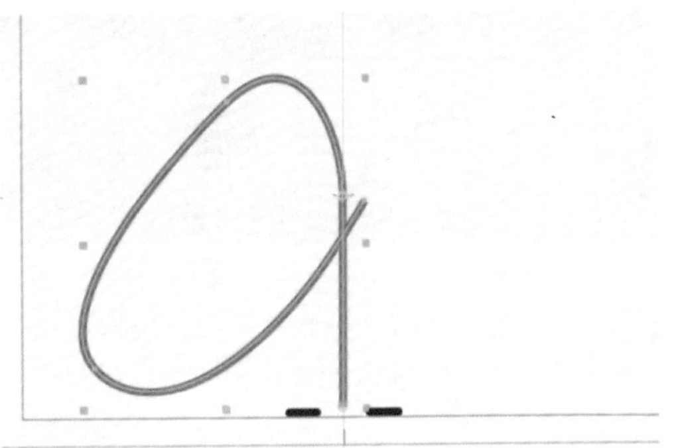

图7-15

02 展开“形状图层3”图层的内容，单击“添加”工具，给形状添加“修剪路径”效果器；在24帧处，将“修剪路径”的“开始”和“结束”分别调整为0%、0%；再将当前时间移动到1秒处，将“修剪路径”的“开始”和“结束”分别调整为100%、100%；最后将“开始”属性的关键帧后移4帧，如图7-16所示。

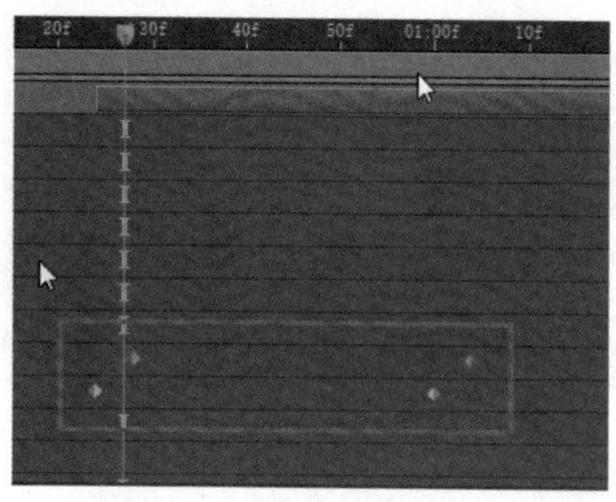

图7-16

03 将“开始”和“结束”的关键帧曲线调整成加速曲线，如图7-17所示；找到图层的“描边宽度”属性，在28帧处，打上一个关键帧。定位至62帧处，将“描边宽度”的大小改成90，并将其速度曲线改成“加速曲线”，如图7-18所示。

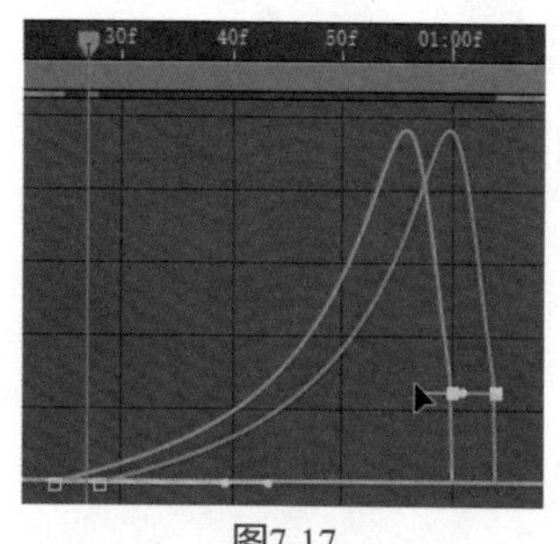

图7-17

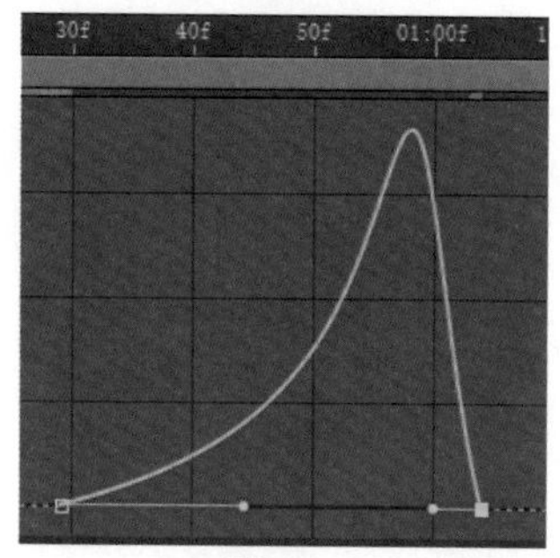

图7-18

04 将“形状图层3”图层命名为“红线”，然后按快捷键Ctrl+D复制一份，给复制的红线命名为“绿线”，并将它的图层顺序移动到“红线”下方；最后将“绿线”“描边宽度”的最后一个关键帧的数值调整为70，如图7-19所示。

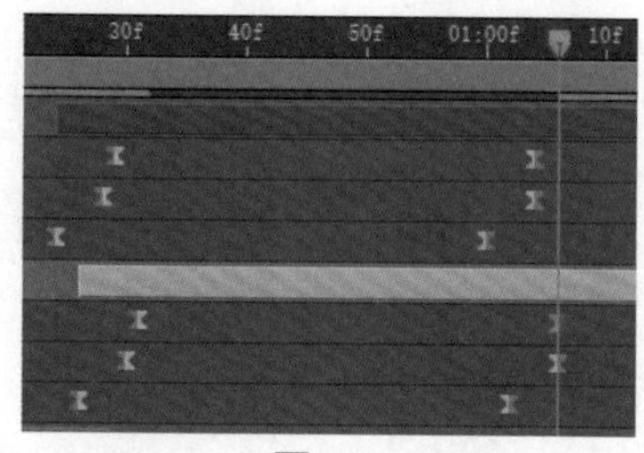

图7-19

7.3.2 苹果掉落动画

01 选中所有跟苹果相关的图层，右击并执行快捷菜单中的“创建”→“从矢量图层创建形状”命令，将所有形状图层移动到合成的最上方，并将63帧之前的部分都截掉，如图7-20所示。

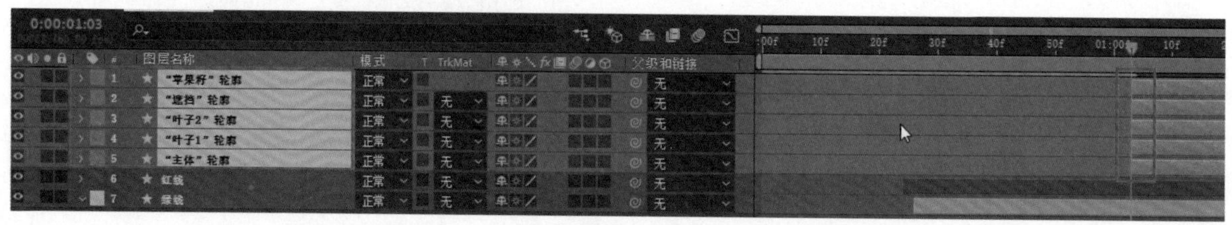

图7-20

02 在“时间轴”面板空白处右击，并执行快捷菜单的“创建”→“空对象”命令，将空对象放到苹果的最下面，如图7-21所示，最后将苹果相关的图层都绑定到空对象上。

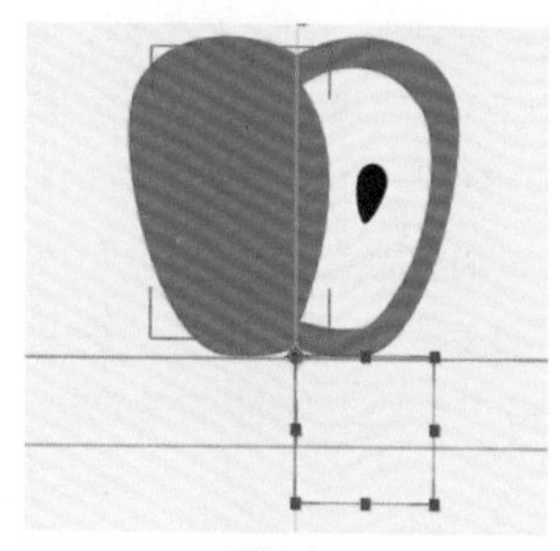

图7-21

03 将当前时间移动到63帧处，将空对象的“位置”调整为（900,738）；将当前时间移动到71帧处，并将空对象的“位置”调整为（900,642）；然后将当前时间移动到80帧处，将空对象的“位置”调整为（900,1079），这样苹果上移并下落的动画就完成了，如图7-22所示。

04 最后将空对象“位置”属性的曲线调整为图7-23所示的样式。

05 选中“主体轮廓”图层，展开路径，将“路径1”删除；选中“路径 2”，在72帧处，给“路径”属性打上关键帧；将当前时间移动到78帧处，将苹果的形状整体拉长，如图7-24所示。

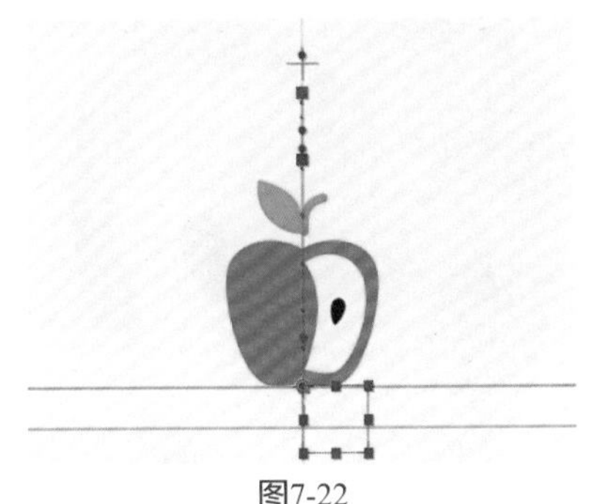
图7-22

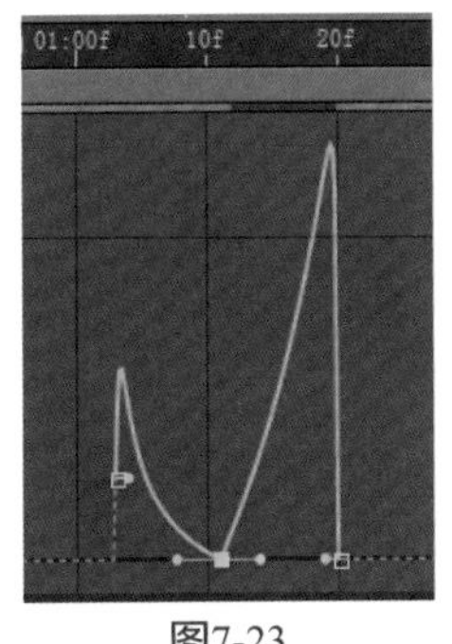

图7-23

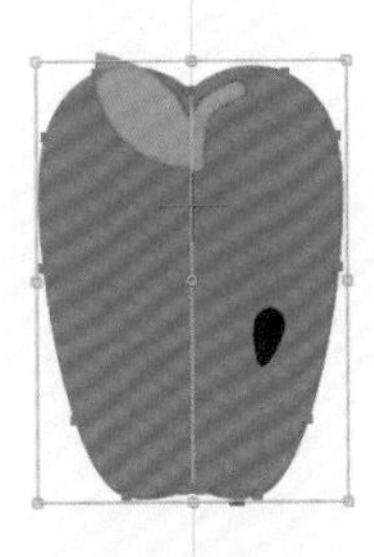
图7-24

06 将当前时间移动到82帧处，将苹果整体压扁，如图7-25所示；最后将当前路径的第一个关键帧复制粘贴到85帧处，如图7-26所示，并调整它们的曲线，如图7-27所示。

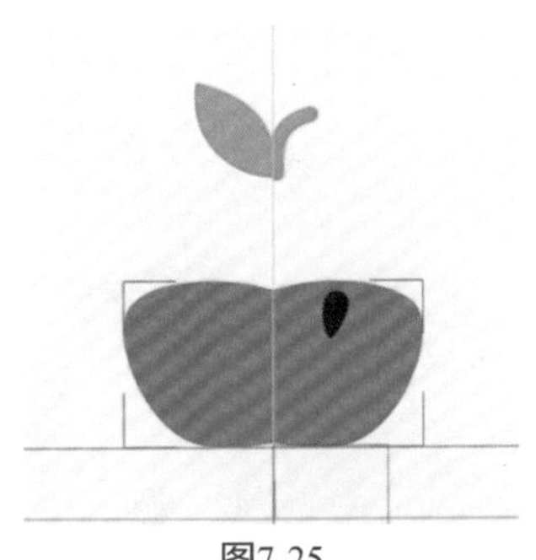
图7-25

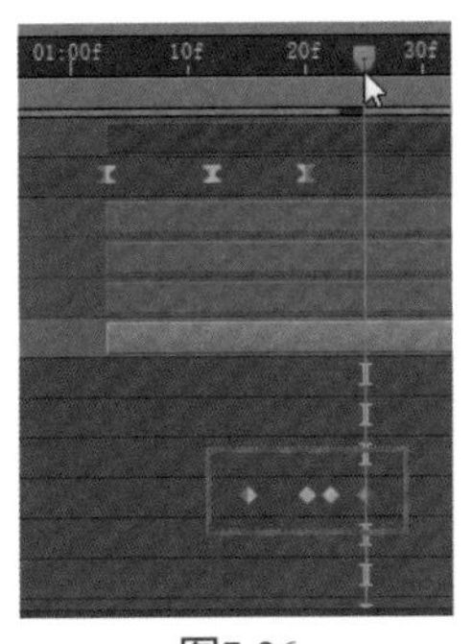

图7-26

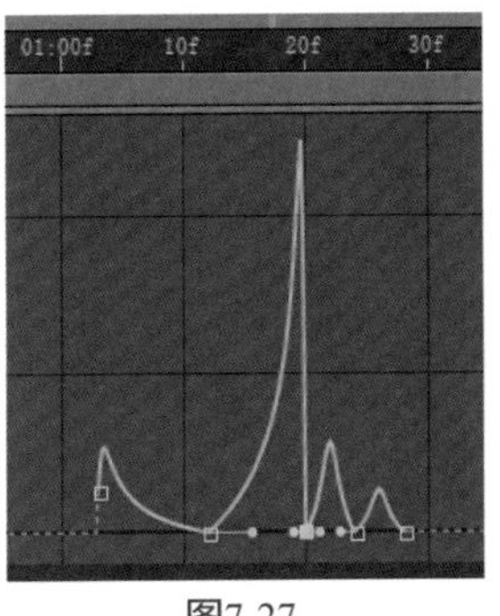

图7-27

07 依次选中“叶子1 轮廓”和“叶子2 轮廓”图层，并将它们的锚点调整到根部，如图7-28所示。在72帧处，分别给“叶子1 轮廓”和“叶子2 轮廓”的“旋转”属性打上关键帧；在80帧处，再分别将两个图层的“旋转”属性调整为28°和-20°；按P键，调出这两个图层的“位置”属性，并打上关键帧，在80帧处，将两片叶子的“位置”调整到苹果的上面，如图7-29所示。

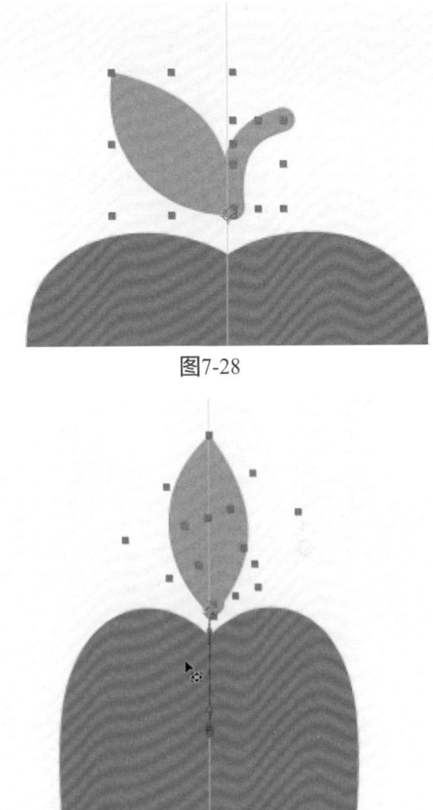
图7-28

图7-29

08 使用“钢笔工具”在苹果的上方绘制一条路径，如图7-30所示。

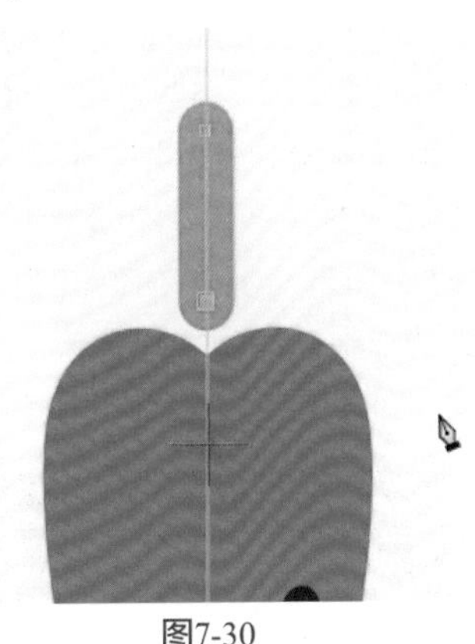
图7-30

09 在78帧处，给“形状图层3”图层的“路径”属性打上关键帧；在80帧处，将“形状图层3”图层的路径调整为图7-31所示的样式；在82帧处，将“形状图层3”图层的路径调整为图7-32所示的样式，并在82帧处，将图层后面的部分截掉。

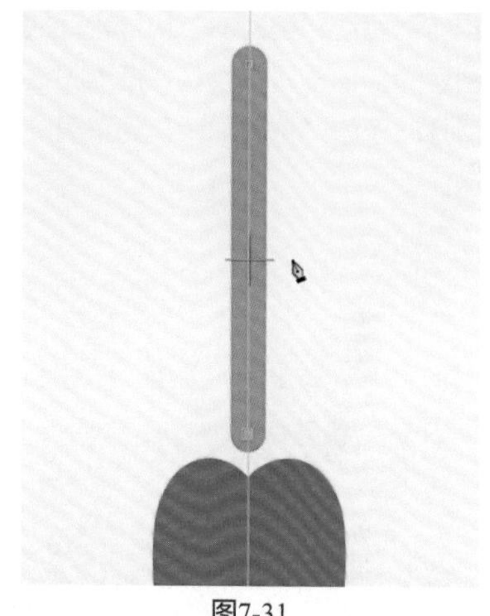
图7-31

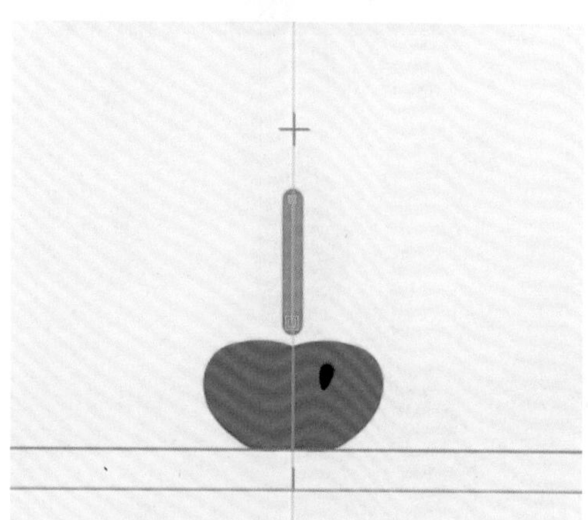
图7-32

10 选中“叶子1 轮廓”和“叶子2 轮廓”图层，按快捷键Ctrl+D复制一份，并移动到83帧处，调整“旋转”属性，将它调整为竖直状态；在82帧处，分别将“叶子1 轮廓2”和“叶子2 轮廓2”图层的“旋转”调整为-25°和43°； 将当前时间移动到89帧处，再次分别将它们的“旋转”调整为20°和-4°；最后，将当前时间移动到93帧处，将它们的“旋转”都调整为0°，然后全选关键帧，按F9键添加“缓动关键帧”，如图7-33所示。使用“钢笔工具”在合成中绘制一个开口的形状，如图7-34所示；并将它移动到“主体 轮廓”图层上方，并将80帧之前的部分截掉。

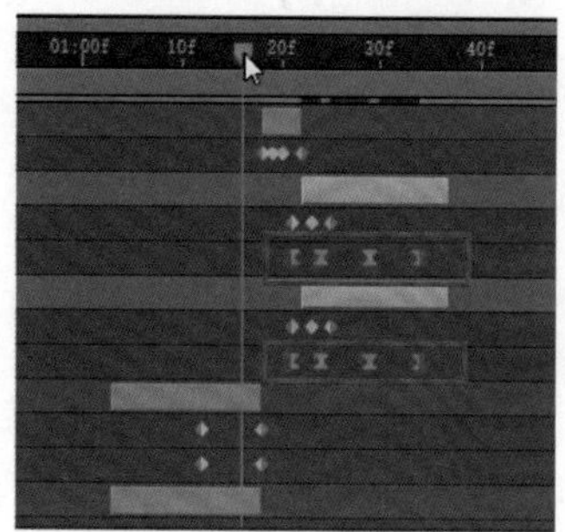
图7-33

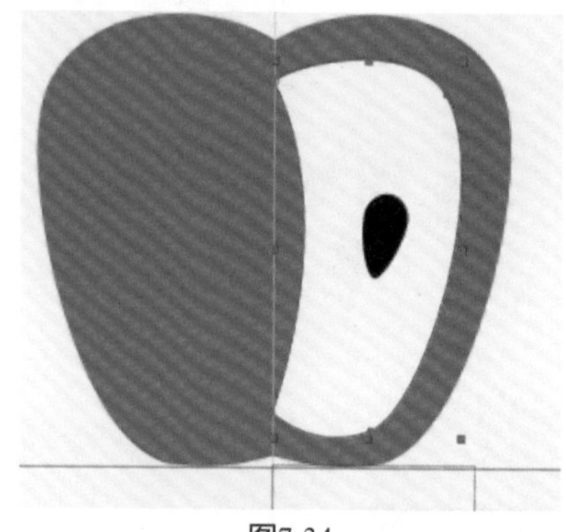
图7-34

11 展开“形状图层 4”图层的路径，给“路径”属性打上一个关键帧，并移动到88帧处；将当前时间移动到82帧处，将路径的形状“压扁”，如图7-35所示；将当前时间移动到81帧处，将路径的形状“拉长”，如图7-36所示。

图7-35

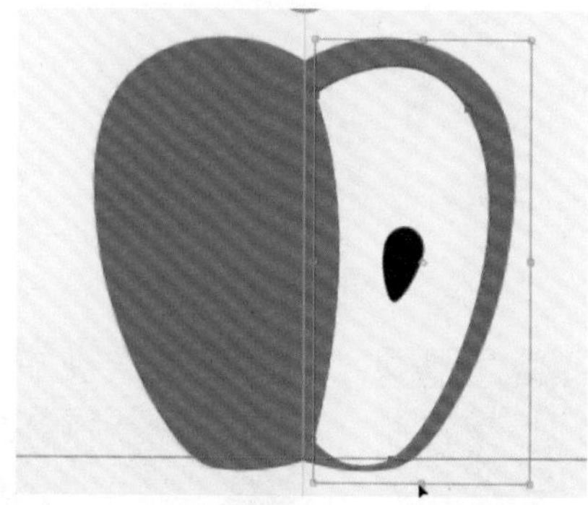
图7-36

12 选中“苹果籽 轮廓”图层，按快捷键Ctrl+D复制一个苹果籽，并将复制后的图层的父级对象改成“无”；按P和R键分别调出它的“位置”和“旋转”属性，在80帧处，将“位置”设置为（955,969），将“旋转”设置为0°；将当前时间移动到93帧处，将“位置”设置为（1159,940），将“旋转”设置为-105°；按S键调出苹果的“缩放”属性，在80帧处，给“缩放”属性打上关键帧，在93帧处，将“缩放”调整为（0%,0%）。

13 选中“苹果籽 轮廓”图层的“位置”关键帧，按F9键转换为“缓动关键帧”，再将它的曲线调整为图7-37所示的样式。选中“苹果籽 轮廓2”图层，按快捷键Ctrl+D复制一份，选中其位置关键帧，调整位移轨迹，如图7-38所示。

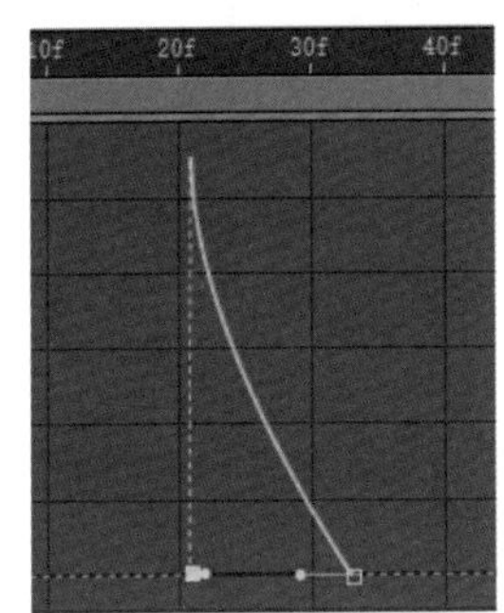

图7-37

图7-38

14 选中“苹果籽 轮廓3”图层，按快捷键Ctrl+D复制一份，选中其位置关键帧，调整位移轨迹，如图7-39所示。

15 选中“苹果籽 轮廓”图层，在92帧处，给它的“旋转”属性打上一个关键帧，再来到82帧处，将它的“旋转”调整为43°。

16 选中“红线”和“绿线”两个图层，按快捷键Ctrl+D将它们复制一份，再找到“形状图层 2”图层的“变换”效果器，将它直接复制粘贴给“红线”和“绿线”两个图层，对称的另一半就完成了。

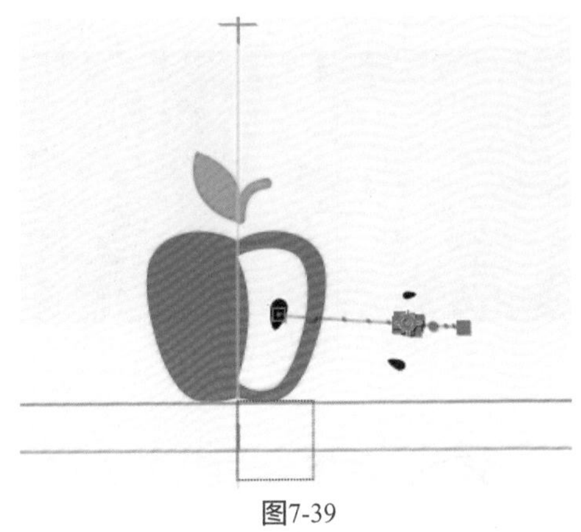

图7-39

7.4 创建第三幕：字母动画

第三幕的动画，主要是字母的出场动画，难点是苹果和字母的互动。因为需要做出“碰撞感”。

01 导入“APPLEE.ai”文件，调整它的大小和位置，如图7-40 所示。

图7-40

02 右击“APPLEE.ai”图层，在弹出的快捷菜单中执行“创建”→“形状”命令，再选中得到的形状图层，单击脚本的“拆分形状”按钮，将它“打散”，如图7-41所示。

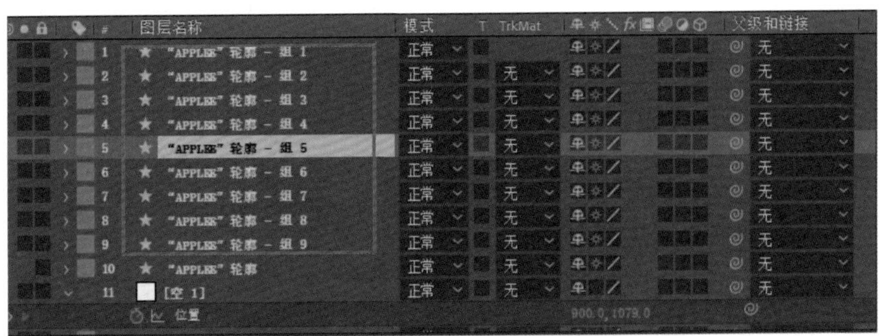

图7-41

03 根据形状图层的内容，将“打散”后的图层进行整理和命名，如图7-42所示。

04 调整字母位置，如图7-43所示；再将字母图层89帧前的内容全部裁掉，如图7-44所示。

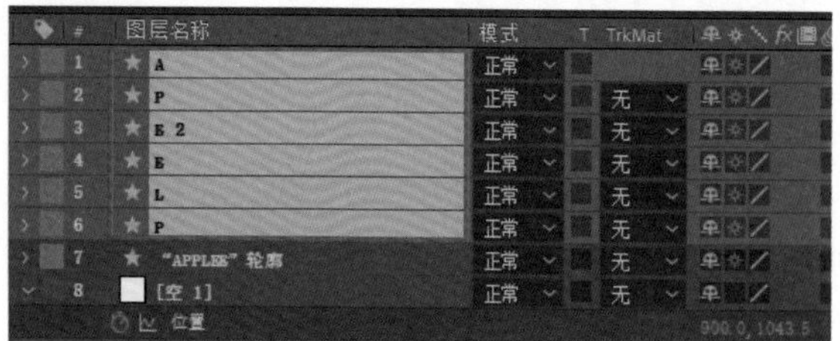

图7-42

图7-43

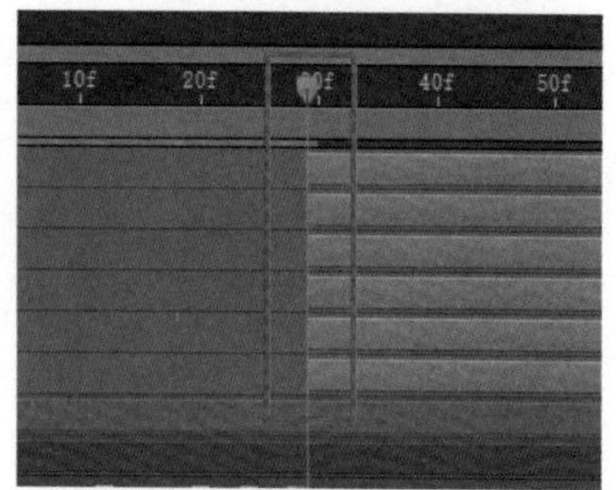

图7-44

05 给图中字母A和P的路径都打上关键帧，并后移到140帧处；来到第128帧处，将字母调整为图7-45所示的样式；来到112帧处，将字母调整为图7-46所示的样式。

06 来到第100帧处，将字母整体压扁，如图7-47所示；选中所有的路径关键帧，按F9键转换为"缓动关键帧"，如图7-48所示。

图7-45

图7-46

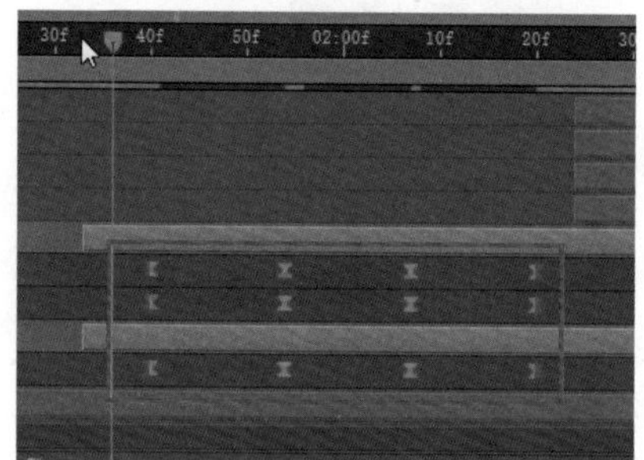
图7-47

图7-48

07 在100帧处，将"空 1"图层的当前"位置"打上关键帧；来到112帧处，将"空 1"图层的"位置"调整为（900,559）；来到128帧处，将"空 1"图层的"位置"调整为（1149,1081），并调整"位置"属性的轨迹，如图7-49所示；最后将"位置"的曲线调整为图7-50所示样式。

图7-49

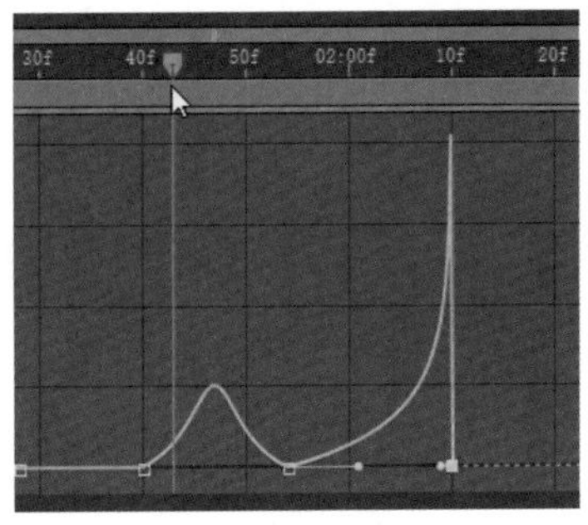
图7-50

08 找到“主体 轮廓”图层，在130帧处，先给“路径”属性打上关键帧；来到137帧处，将“路径”的形状调整为图7-51所示的形态；来到139帧处，将“路径”的形状调整为图7-52所示的形态。

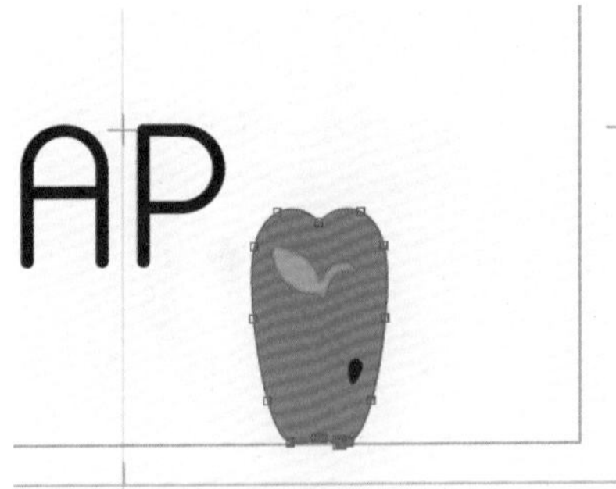
图7-51

图7-52

09 来到142帧处，将苹果的“路径”属性复原，如图7-53所示；选中所有的“路径”关键帧，按F9键转换为“缓动关键帧”，如图7-54所示。

图7-53

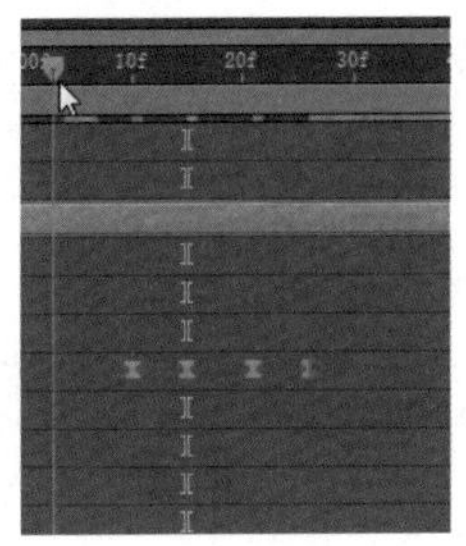
图7-54

10 同时选中“叶子2 轮廓3”和“叶子 1 轮廓3”图层，按P和R键位调出其“位置”和“旋转”属性，在130帧处打上关键帧；来到135帧处，将两个图层的形状调整为图7-55所示的样子；最后把135帧之后的部分直接裁掉，如图7-56所示。

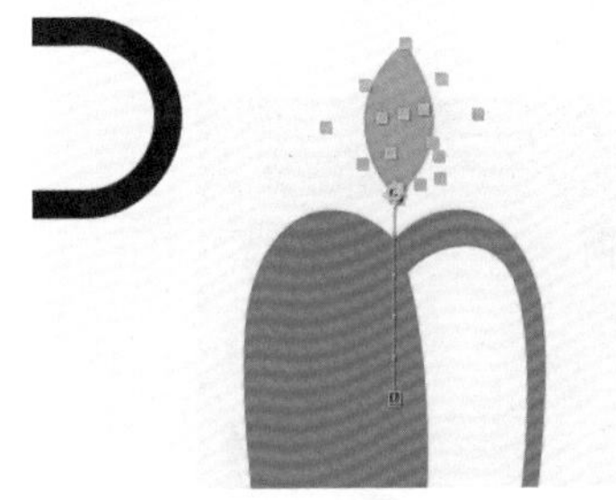
图7-55

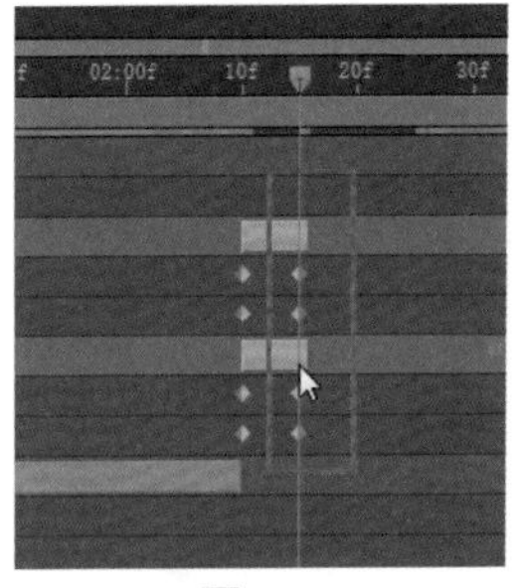
图7-56

11 选中“形状图层 3”图层，按快捷键Ctrl+D复制一份，得到“形状图层 6”图层，调整“形状图层6”图层的位置，将它放到苹果上方，如图7-57所示；再移动图层的位置，将它移动到叶子图层的后面，如图7-58所示。

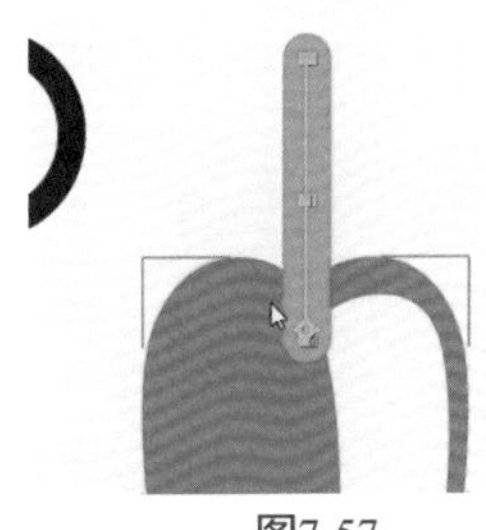
图7-57

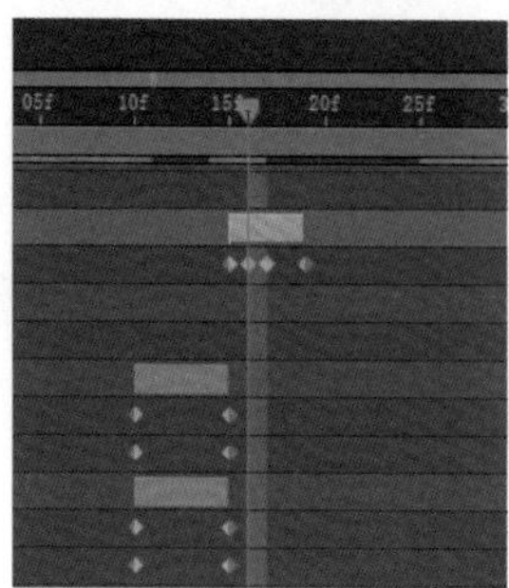
图7-58

⑫ 选中“叶子1 轮廓3”和“叶子2 轮廓3”图层，按快捷键Ctrl+D复制一份，将得到的两个图层的位置移动到“形状图层 6”图层的后面，如图7-59所示。选中“叶子1 轮廓4”和“叶子2 轮廓4”两个图层，按P键和R键调出它们的“位置”和“旋转”属性。在139帧处，将它们的形态调整为图7-60所示的状态。

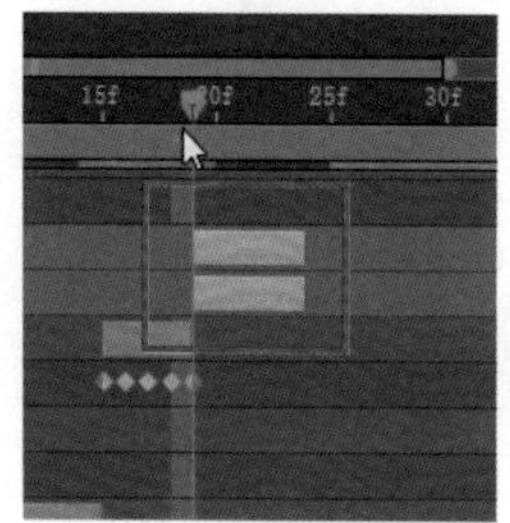
图7-59

图7-60

⑬ 分别给“位置”和“旋转”属性打上关键帧；在142帧处，将它们的形态调整为图7-61所示的状态；在第146帧处，将它们恢复成一开始的形态，如图7-62所示。

⑭ 调整字母图层“P”“L”“E”“E2”的位置到138帧处，如图7-63所示；在上方搜索框中输入“路径”，如图7-64所示，一次性调出这几个图层的“路径”属性，并打上关键帧，再将关键帧后移到153帧处。

图7-61

图7-62

图7-63

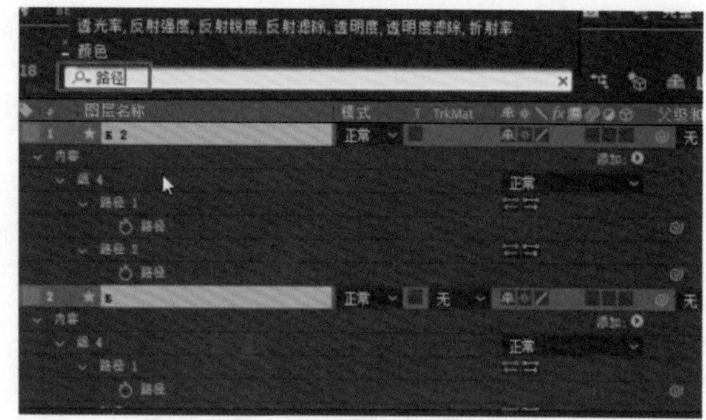
图7-64

⑮ 来到138帧处，将这几个字母都进行“压扁”，如图7-65所示；最后选中所有路径的关键帧，按F9键转换成“缓动关键帧”，如图7-66所示。

图7-65

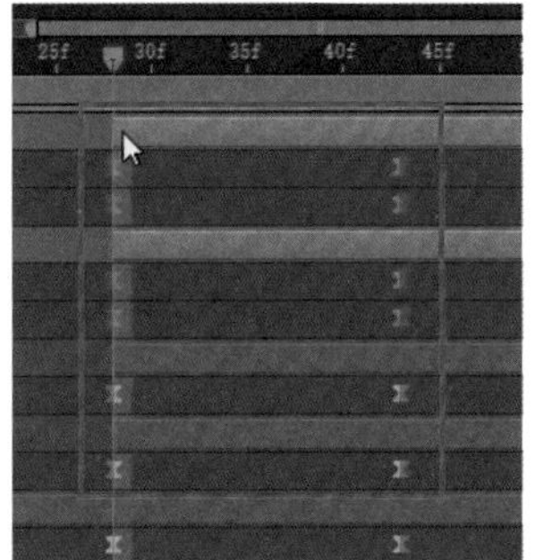

图7-66

16 来到147帧处，选中“空 1”图层，给“位置”属性打上关键帧；来到163帧处，将“位置”调整为（1210,761）；来到170帧处，将“位置”调整为（1210,801）；最后再调整刚刚打的几个关键帧的曲线，如图7-67所示。这样整个动画就做完了。

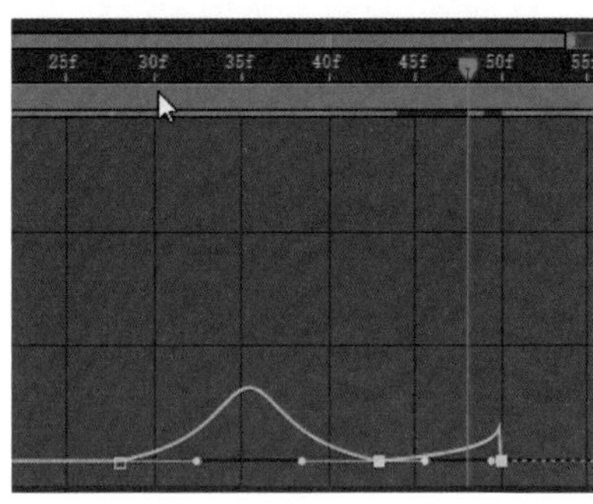

图7-67

第 8 章

UI 动效 MG 动画

UI动效的本质也是图形动画，因为在软件界面，大部分的按钮、图标本质上都是图形。受限于硬件的性能，UI动效通常不会太复杂，但UI动效重视画面的逻辑性。

本章的UI动效案例除了有图形的变化，还涉及不同界面之间的过渡。整体难度由易到难，层层递进。

8.1 动画分析

UI动效的主要作用是帮助用户提升APP的用户体验。相比于其他类型的动画，UI动效的制作难度通常不会太高，但是对创意和想法要求较高。在制作思路上，要尽可能地体现组件之间的逻辑关系，这样才能让APP更加易用。

本章将完成一个UI动效动画案例。案例中不仅包含元素进场动画、退场动画，还有不同界面之间的转场动画。

第一幕：单击“设置标签”按钮，界面中的大部分元素退场，退场完成后，新的元素出场，如图8-1所示。

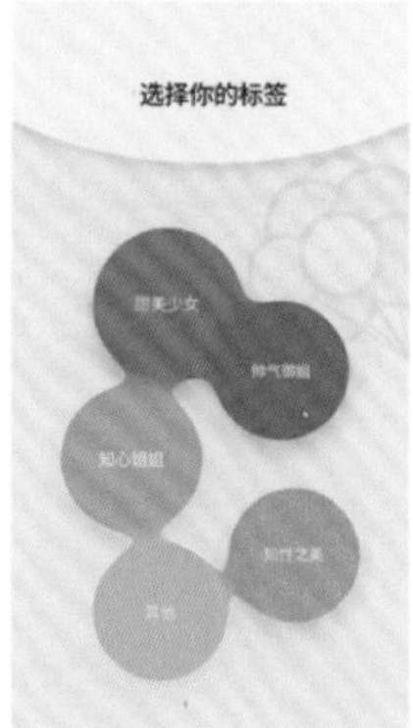

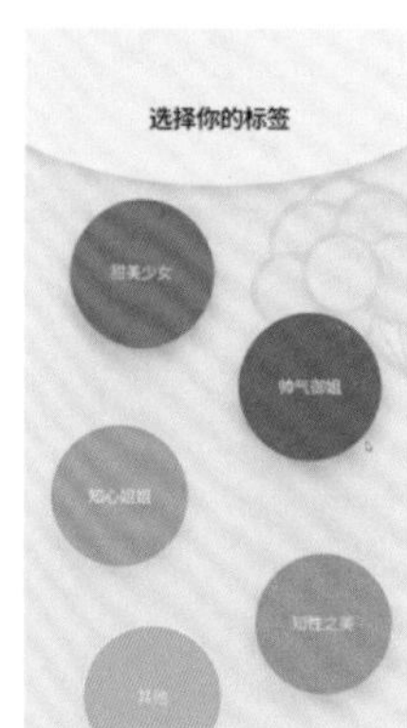

图8-1

第二幕：单击其中一个选项，该选项飞回标签位置，第一幕的各个元素进场，如图8-2所示。

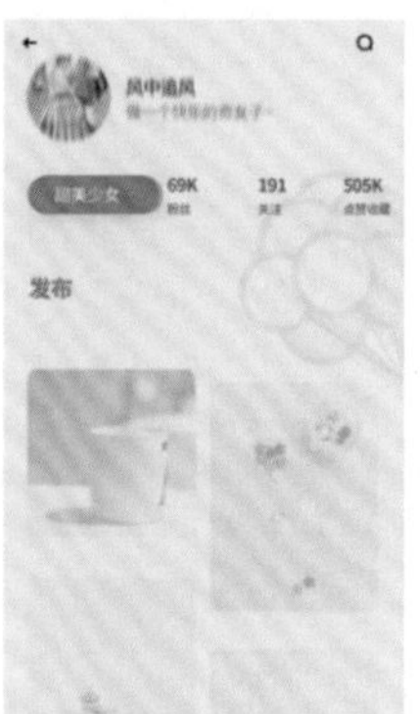

图8-2

8.2 创建第一幕：转场动画

第一幕需要完成界面中从“个人信息页”切换到“标签页”的转场。

01 启动After Effects软件，在“项目”面板空白处右击，在弹出的快捷菜单中执行“导入”→“文件”命令。在弹出的对话框中找到“界面1.psd”文件，双击导入。在弹出的“导入”选项中，在“导入种类”下拉列表中选择“合成-保持图层大小”选项，在“图层选项”参数栏选中“合并图层样式到素材”单选按钮，如图8-3所示。

02 双击“项目”面板的“界面1”合成，在“时间轴”面板上打开“界面1”。将当前时间移动到1秒处，选中“P1”“P2”“P3”“P4”4个图层，按P键，调出它们的“位置”属性，并打上关键帧，如图8-4示。将当前时间移动到1.5秒处，按“↓”键将这4个图层整体下移，如图8-5所示。

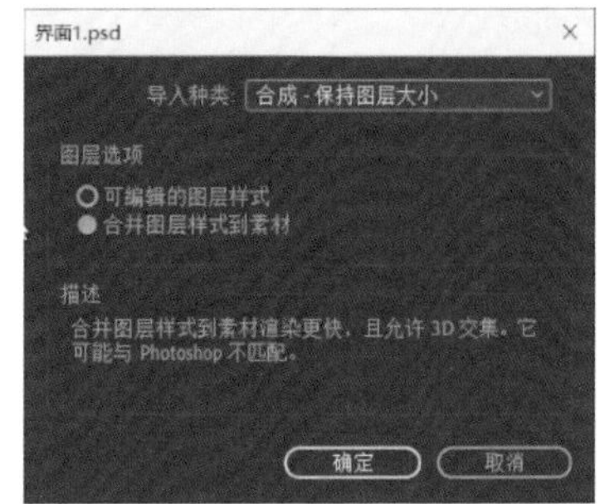

图8-3

图8-4

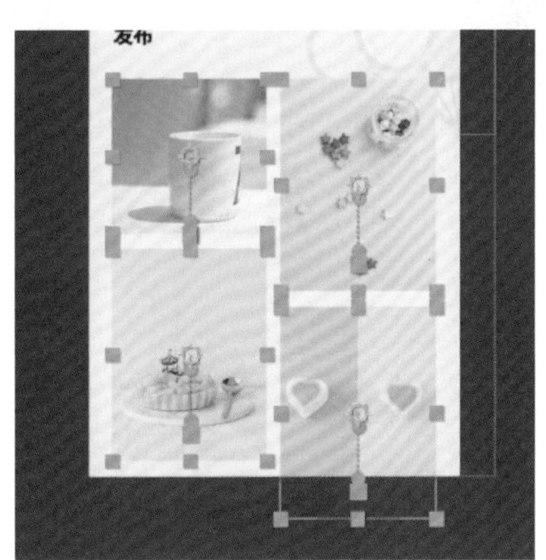

图8-5

03 依然选中这4个图层，将当前时间移动到1秒处，按快捷键Shift+T调出图层的不透明度，并在1秒处打上关键帧；将当前时间移动到1秒10帧处，将4个图层的不透明度都改成0，这样4个图层的下移并消失的动画就完成了。

04 选中“发布”图层，用和步骤2、步骤3一样的方式，给“发布”图层也制作一个下移并消失的动画。

05 选中这5个图层的“位置”属性，打开“图表编辑器”，将曲线调整为“加速曲线”，如图8-6所示。

06 调整这5个图层的关键帧，将它们的位置错开，这样退场动画看着会更自然舒适，如图8-7所示。

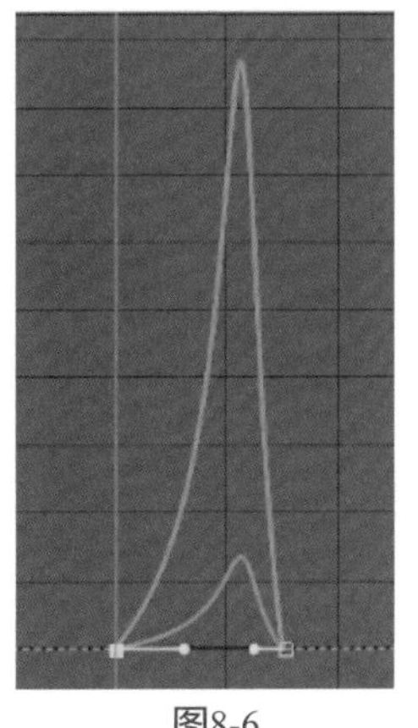

图8-6

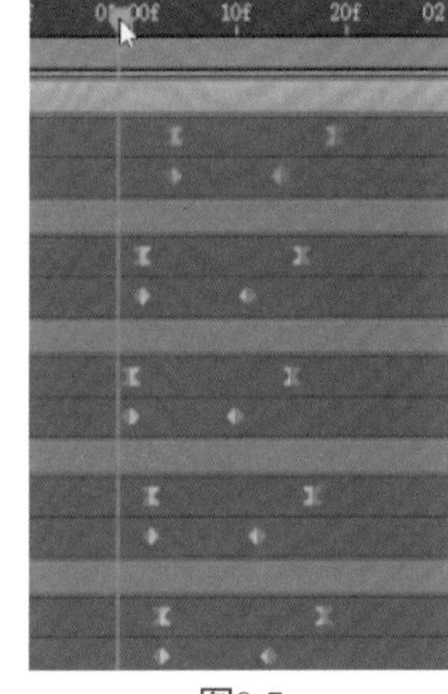

图8-7

07 选中“资产信息”合成，将当前时间移动到1秒处，给它的“位置”和“不透明度”都打上关键帧；再将当前时间移动到1.5秒处，调整该图层的位置，将其左移30px，并将它的曲线调整为“加速曲线”；最后将当前时间移动到1秒10帧处，将该图层的“不透明度”改成0，这样一个“左移并消失”的动画就完成了。

08 选中“个人信息”图层，在1秒处给它的“位置”属性打上关键帧，然后来到1秒10帧处，将它“位置”上移出合成，最后将“位置”的速度曲线调整为“加速曲线”。

09 用步骤1的方法导入“界面2”文件，打开“界面2”合成，找到里面的“椭圆3”图层，将它复制粘贴到“界面1”合成里。

10 使用“形状工具”画出一个和“设置标签”一样的圆角矩形，颜色改成白色，并将图层命名为“board”，将“设置标签”移动到“board”图层上，如图8-8所示。

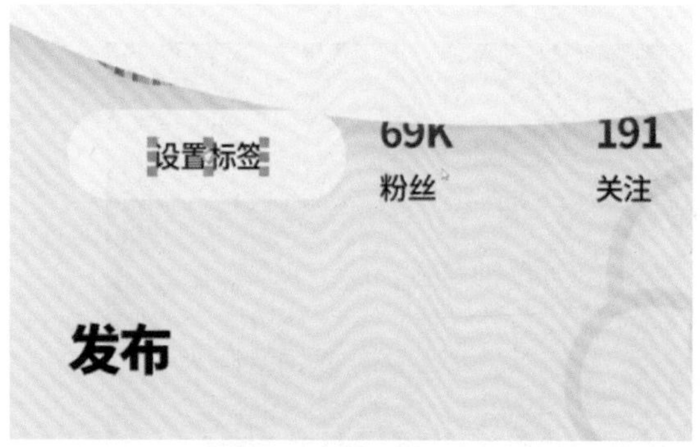

图8-8

11 右击“board”图层，在弹出的快捷菜单中选择“图层样式”选项，找到“投影”，将“投影”的角度改成90°，“颜色”的色值改成ba9fa3，“不透明度”改成35%，如图8-9所示。

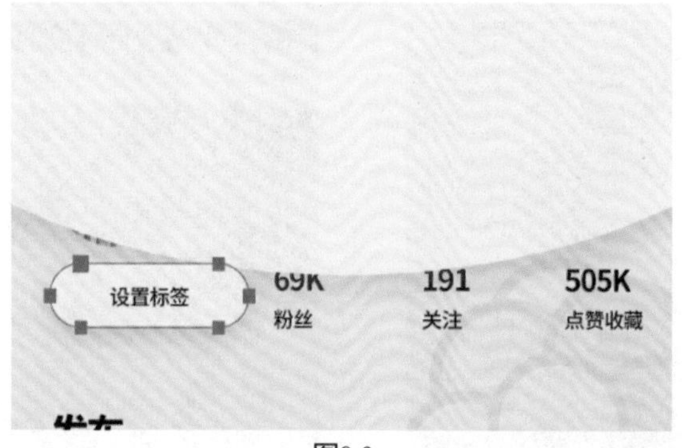

图8-9

12 在1秒处，给“board”图层的“路径”属性打上关键帧；将当前时间移动到1秒8帧处，找到“椭圆3”图层，展开选中它的“蒙版路径”，按快捷键Ctrl+C复制，然后再选中“board”图层的“路径”属性，按快捷键Ctrl+V进行粘贴；最后，再调整粘贴后的大圆路径的位置，将它和“设置标签”水平且垂直对齐，如图8-10所示。

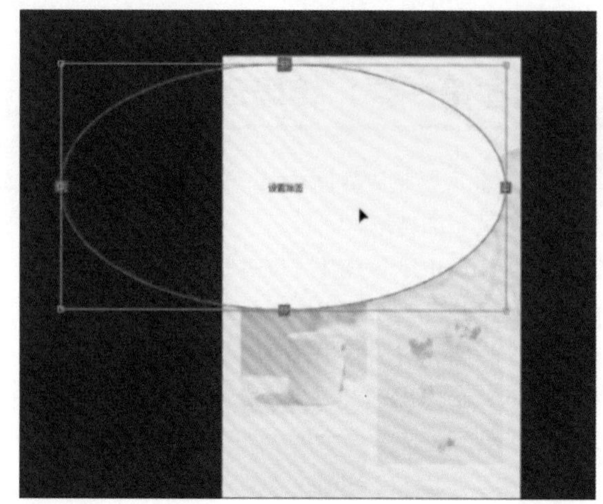

图8-10

13 选中“board”图层，按P键调出其“位置”属性，在1秒处打上关键帧；再将当前时间移动到1秒10帧处，将其位置调整到合成顶部，如图8-11所示。

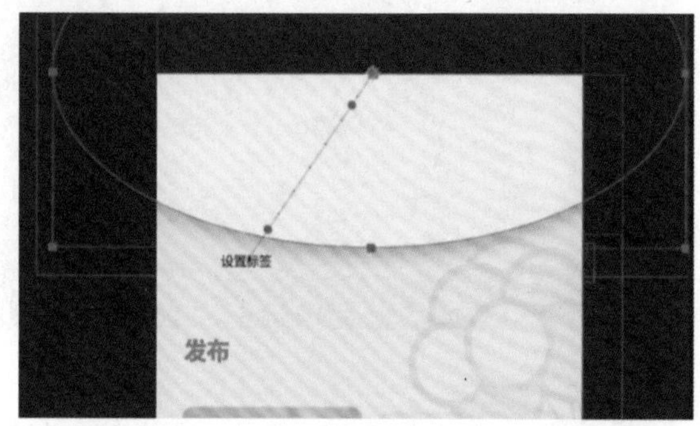

图8-11

14 选中“设置标签”图层，按P键调出其“位置”属性，在1秒处打上关键帧，再将当前时间移动到1秒10帧处，将其位置移动到大圆的中下位置，如图8-12所示。

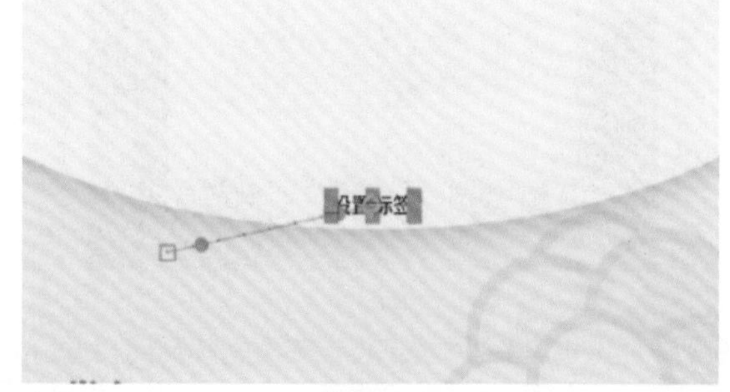

图8-12

15 把“界面2”合成中的“选择你的标签”图层复制到“界面1”中，并在1秒10帧处给它的“位置”和“缩放”都打上关键帧；再将当前时间移动到1秒5帧处，将文字位置下移和“设置标签”重叠，并调整“缩放”大小，让它和“设置标签”差不多大，如图8-13所示。

图8-13

16 在1秒5帧处，分别按]和[键，将“设置标签”的后半段和“选择你的标签”的前半段截掉，如图8-14所示。

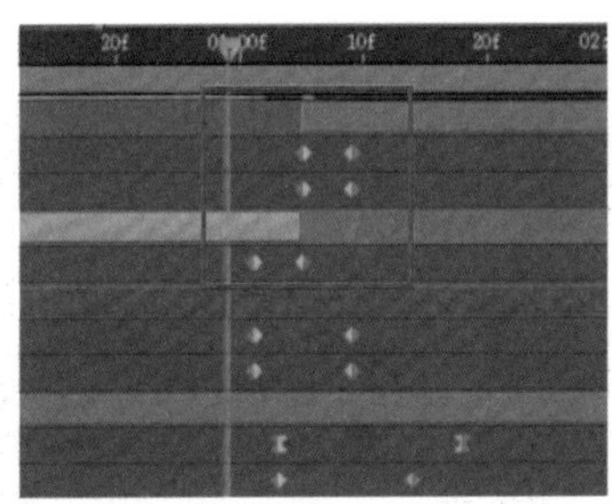
图8-14

17 选中“board”图层的“位置”和“路径”关键帧，进入“图表编辑器”，将它调整为先加速后减速，如图8-15所示。

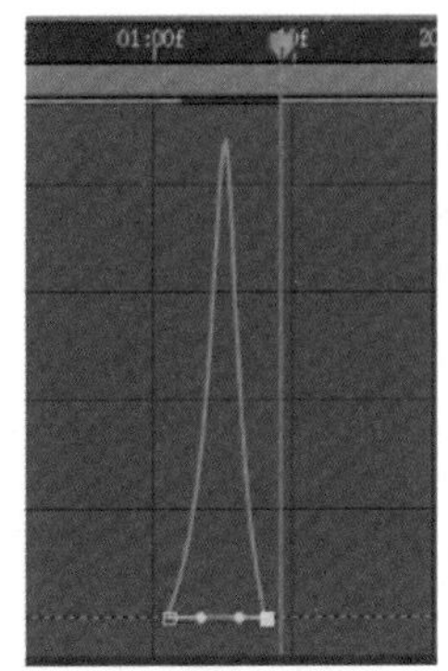
图8-15

18 将“设置”标签的位置关键帧曲线调整为“加速曲线”；将“选择你的标签”的“位置”和“缩放”关键帧的曲线调整为“减速曲线”。

19 选中“board”的位置的关键帧，单击“Motion 2”脚本中的“Excite”按钮；选中“位置”关键帧，单击“图表编辑器”，将结束关键帧的曲线上移，如图8-16所示，这样位移后就有轻微的回弹效果。

20 进入“界面2”合成，将“A”“B”“C”“D”“E”合成中的文字图层全部剪切到“界面2”合成中，如图8-17所示。

21 同时选中“A”“B”“C”“D”“E”合成，按快捷键Ctrl+Shift+C将它们转换成预合成，并将“新合成名称”命名为“融球”，单击“确定”按钮，如图8-18所示。

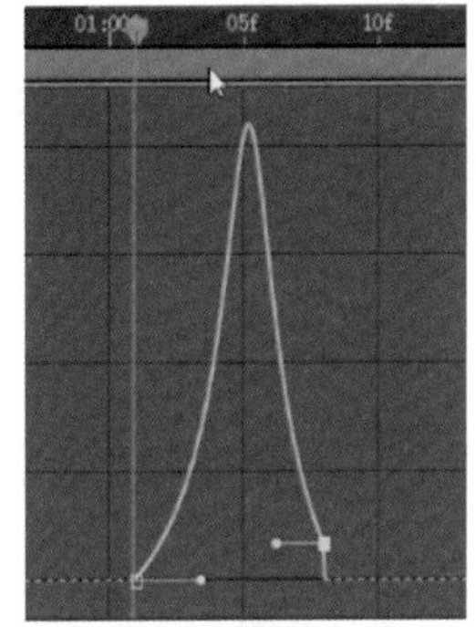
图8-16

图8-17

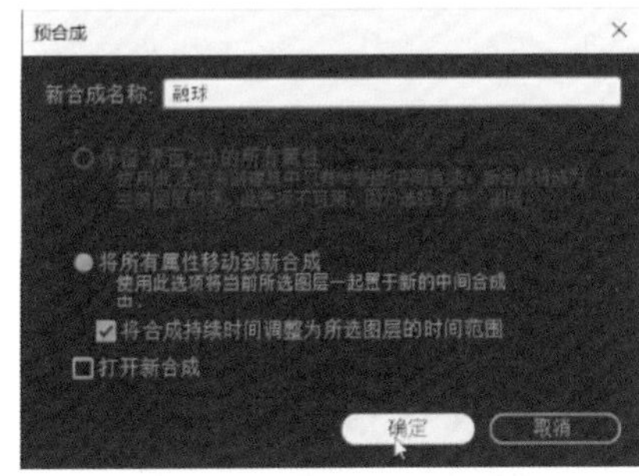

图8-18

22 进入“融球”合成内部，选中合成内所有图层，按P键，调出它们的位置属性，在2秒处打上关键帧；将当前时间移动到1秒处，把每个图层都移动到合成的中央，这样就会实现所有的圆都从中间扩散到各处的动画，如图8-19所示。

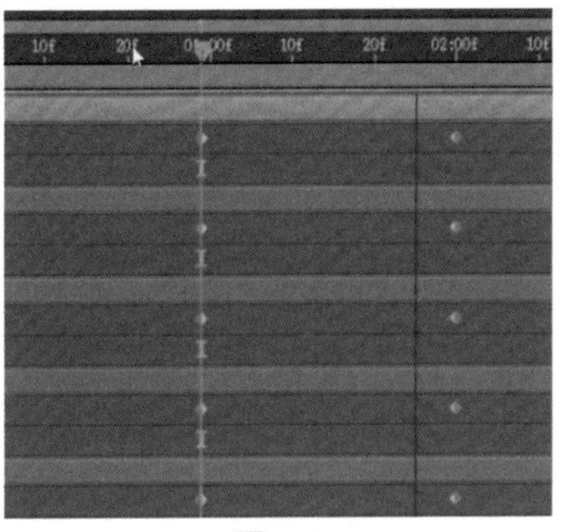
图8-19

23 选中“A”图层，按S键，调出它的“缩放”属性，在1秒处打上关键帧，再将当前时间移动到0.5秒处，将“缩放”调整为（0,0），这样就实现了“A”图层从无到有的效果。

24 同时选中“B”“C”“D”“E”图层，按S键，调出它们的“缩放”属性，在1.5秒处打上一帧，再将当前时间移动到1秒处，将“缩放”调整为（0,0），这样就实现了这几个图层一边缩放一边位移的效果，如图8-20所示。

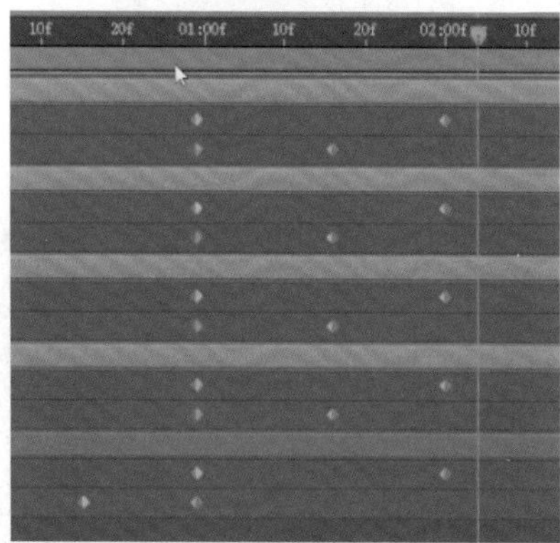

图8-20

25 选中这5个图层的所有关键帧，按F9键将它们转换为“缓动关键帧”，并将速度曲线调整为“先加速后减速”，如图8-21所示。

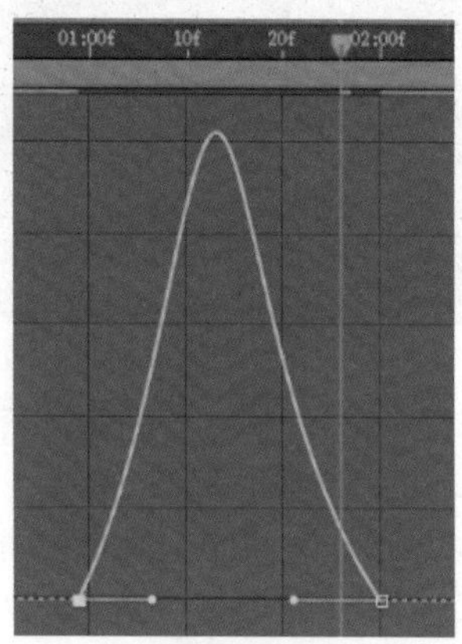

图8-21

26 在“时间轴”面板的空白处右击，在弹出的快捷菜单中执行“新建”→“调整图层”命令，在“效果和预设”面板中搜索“高斯模糊”，再将“高斯模糊”效果添加到“调整图层1”图层上，并将“模糊度”调整为88，就会得到图8-22所示的效果。

27 在“效果和预设”面板中搜索“色阶”，将搜到的“色阶”效果添加到“调整图层1”图层上，将“色阶”的“通道”切换为“Alpha”，然后调整“直方图”上的3个三角形的位置，就可以将模糊的圆变“实”，如图8-23所示。此时预览动画就可以看到融球效果。

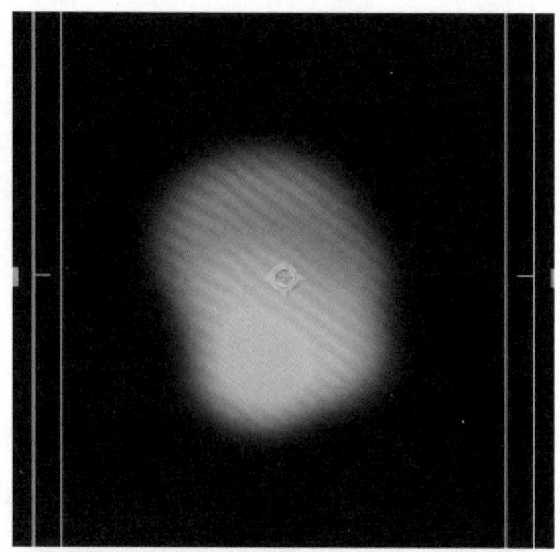
图8-22

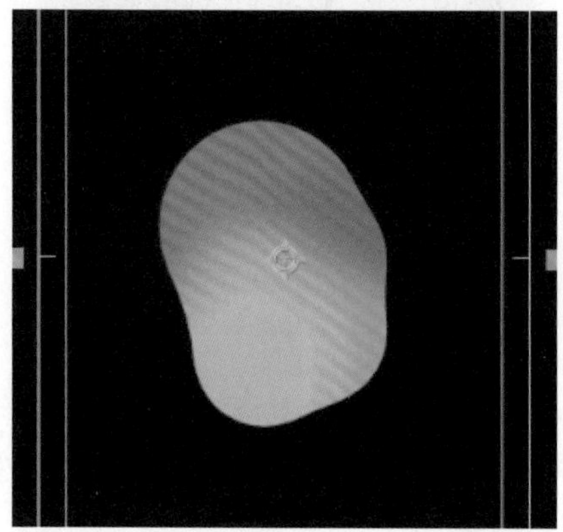
图8-23

28 如果想让融球扩散动画看起来更“随机”，可以微调这5个图层关键帧的位置，如图8-24所示。

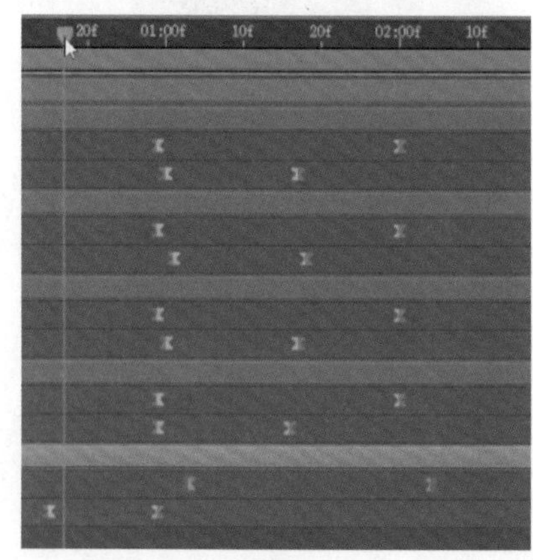

图8-24

29 最后选中所有图层的位置关键帧，单击“Motion 2”的“Excite”按钮，给它们加上“弹跳”效果。

30 进入“界面2”合成，将“融球”图层上的5个文字图层剪切到“融球”合成内部，并放到“调整图层1”的上方，如图8-25所示；再分别将每个文字图层绑定到它下面的圆形图层上作为其父级，这样在移动圆形时，文字也会跟着一起移动。

31 选中这5个文字图层，将当前时间移动到1秒处，按[键，将它们1秒之前的部分都截掉；然后按快捷键T调出它们的“不透明度”属性，并打上关键帧，再将打出来的关键帧后移15帧；还是在1秒处，将“不透明度”改成0%，这样就做出了5个文字图层从无到有的动画；最后将“甜美少女”图层整体前移0.5秒左右，这样“甜美少女”就会跟着其后面的圆一起出现，如图8-26所示。

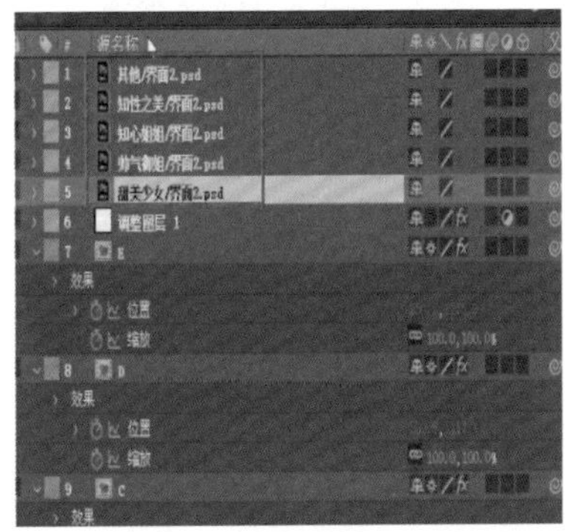

图8-25

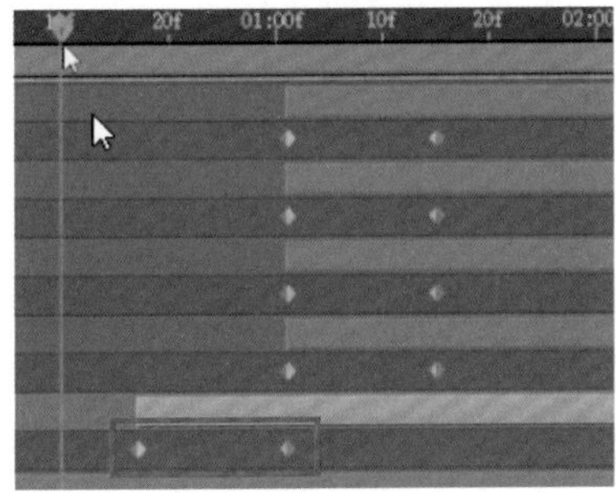

图8-26

32 将当前时间移动到4秒处，选中“A”图层，按S键调出它的“缩放”属性，并打上关键帧；再将当前时间移动到4.5秒处，将“A”图层的“缩放”调整为（0%,0%）；最后将缩放动画的速度曲线调整为“加速曲线”，如图8-27所示。

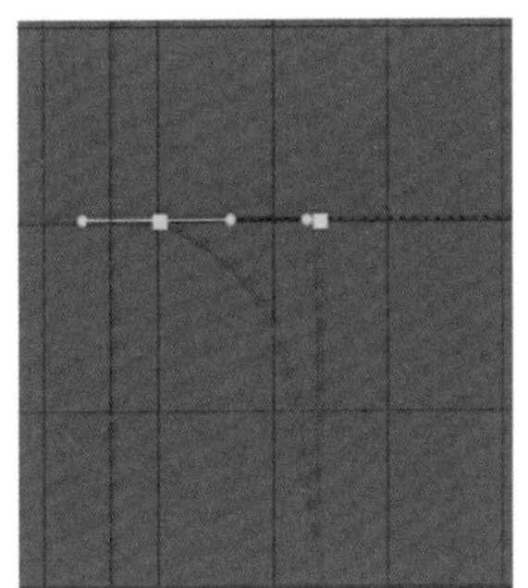

图8-27

33 将当前时间移动到4秒处，选中“B”“C”“D”“E”4个圆形图层，按P键调出它们的“位置”属性，并打上关键帧；再将当前时间移动到4.5秒处，然后将每个圆形都顺着它原来位移的方向移出合成，这样就做出了圆形沿着原来的运动轨迹飞出合成的动画；最后将这段动画的速度曲线调整为“加速曲线”。

34 将整个“融球”合成，复制粘贴到“界面1”合成中，并将其位置移到约0.6秒处，这样融球动画和前面制作好的动画就会衔接起来，第一幕的转场动画就完成了。

8.3 创建第二幕：返回动画

选择好某个标签之后，界面会返回到原来的界面的样子，之前退场的元素又会再次进场。

01 新建一个纯色图层，颜色任意，将其透明度降低到10%；使用钢笔工具，以A消失的地方作为起点，以“设置标签”的位置作为终点，绘制出一个蒙版路径，如图8-28所示。

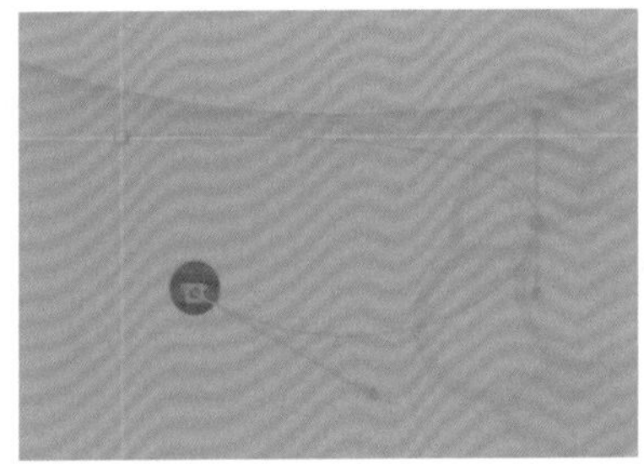

图8-28

02 在“效果和预设”面板中搜索“3D Stroke”插件，将搜到的效果器拖到纯色图层上，再将纯色图层的不透明度设置为100%；单击“3D Stroke”的“Color”右侧的吸管工具，吸A点的颜色，这样就将线条的颜色设置成了和“A”一样的颜色。

03 展开“3D Stroke”的Taper菜单，勾选“Enable”复选框，启用该效果；将“Taper Start”设置为100，将“Start Thickness”设置为35，最后将“Thickness”改成35，如图8-29所示。

04 将当前时间移动到4秒11帧处，给“3D Stroke”的“End”属性后添加关键帧，并将其调整为0；将当前时间后移10帧，再将“End”属性调整为100，就实现了线从无到有的效果；不要改变当前时间，给“Start”属性打上关键帧（默认为0），再后移10帧，将“Start”改为100，这样就实现了线从无到有，然后又消失的动画，如图8-30所示。

05 选中刚刚打好的4个关键帧，按F9键转换为“缓动关键帧”，再将“End”的速度曲线调整为“加速曲线”，将“Start”的速度曲线调整为“减速曲线”。

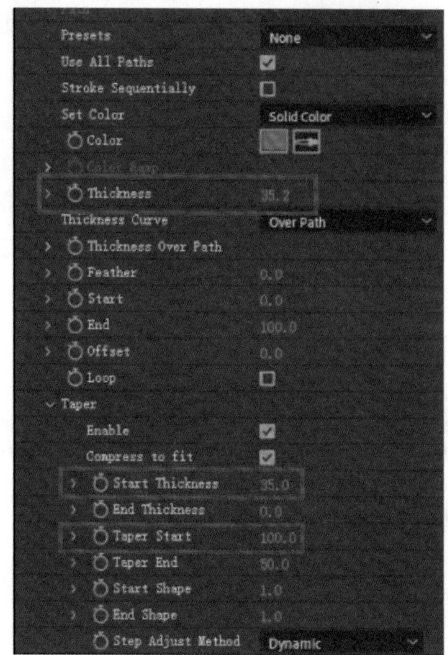

图8-29

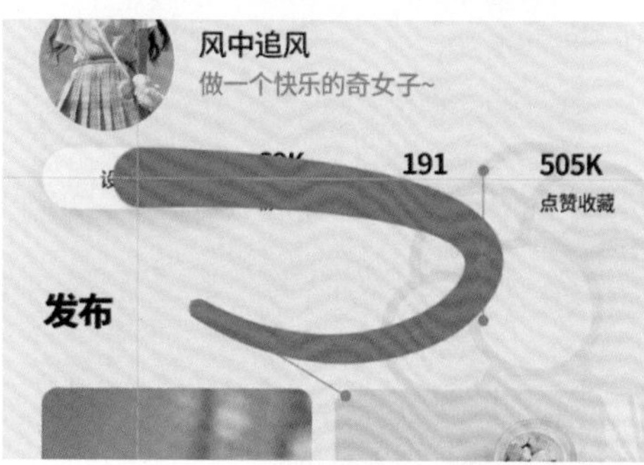

图8-30

06 选中“选择你的标签”图层，按P键调出其“位置”属性，在4秒11帧处打上关键帧，后移5帧，将该图层上移到合成外部，如图8-31所示。选中“board”图层，按P键调出其“位置”属性，在4秒11帧处打上关键帧，后移5帧，将该图层上移到合成外部。这样两个图层的退场动画就完成了。

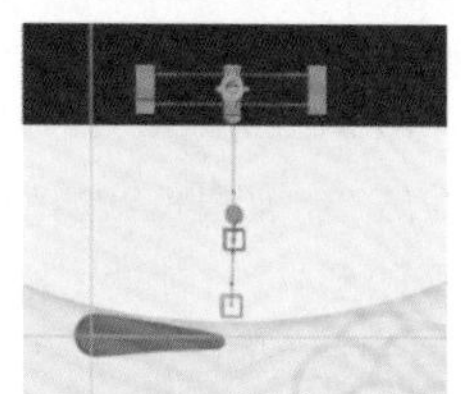

图8-31

07 选中“board”图层，按快捷键Ctrl+D复制一份，将当前时间移动到0帧处，删掉“board 2”图层的所有关键帧；将当前时间移动到4秒15帧处，给它的“位置”打上一个关键帧；再将当前时间移动到4秒11帧处，将它右移到合成外，这样就实现了“board 2”图层从外飞进来的动画；最后，将“board 2”图层的“填充”颜色设为#fe67d3；将“board 2”“位置”关键帧的速度曲线调整为“先加速后减速”，如图8-32所示。

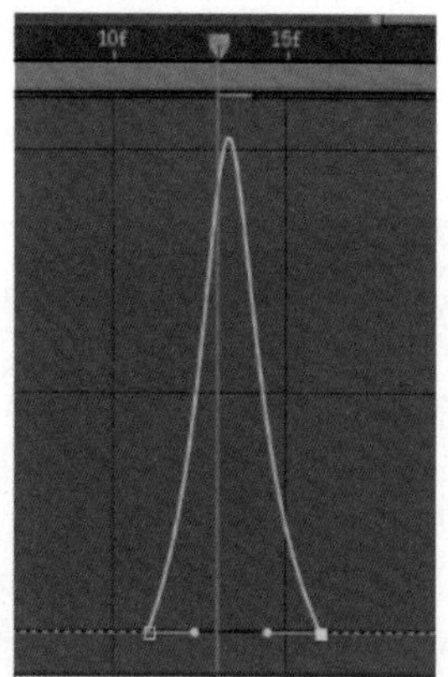

图8-32

08 进入“融球”合成中，找到“甜美少女”图层，将它复制粘贴到“界面1”合成里，并摆放到“board 2”图层上，如图8-33所示；删掉“甜美少女”图层的所有关键帧，并绑定父级到“board 2”图层。

图8-33

09 将当前时间移动到4秒18帧处，选中“资产信息”图层，按U键，调出它已经打上关键帧的属性，给“位置”和“不透明度”打上关键帧，然后移动到4秒28帧处，将它一开始的关键帧复制粘贴过来，这样就实现了它的进场动画；最后将“位置”的速度曲线调整为“先加速后减速”。

10 用和步骤9一样的方法，分别把“个人信息”“P1”“P2”“P3”“P4”“发布”这6个图层的进场动画也制作出来。

11 最后选中“融球”合成，按快捷键Ctrl+D复制一份，在“效果和预设”面板中搜索“高斯模糊”，并将此效果添加到复制下面的“融球”合成上，将“模糊度”设置为60；再将模糊后的图层整体下移，并将其不透明度调整为30%，融球的投影就做完了。这样整个动效也做完了。

第 9 章

MBE 风格 MG 动画

“MBE风格”是MG动画的一个常见风格。在制作“MBE风格”动画时，一般要先用Illustrator完成图形绘制的部分，再导入After Effects制作。因为要处理一些描边动画，在制作时会有些烦琐。通常第一步都是先完成图形的二次处理，第二步才开始制作动画。

本章的两个案例中，第一个适合初学者用来入门“MBE风格”动画的制作流程；第二个相对复杂，但涉及的知识点相对全面。

9.1 动画分析

“MBE风格”的图标这几年非常流行，进而也出现了很多“MBE风格”的动态图标。虽然风格一样，但是在After Effects中让“MBE风格”的图标动起来的思路和绘制的思路则完全不同，“MBE”的断开效果必须在After Effects里完成，才能用After Effects里的属性来控制。

9.2 制作雷达图标的 MG 动画

制作雷达图标的MG动画整体而言比较简单，主要使用“修剪路径”的方法来实现描边偏移的动画效果，如图9-1所示。

图9-1

9.2.1 调整 MBE 效果

01 启动After Effects软件，在“项目”面板空白处右击，在弹出的快捷菜单中执行“导入”→“文件”命令，在弹出的对话框中找到“雷达.aep”文件，双击导入。

02 找到名为“地面”的图层，展开其内容，选择“组1”，单击右侧的添加箭头，如图9-2所示；给“组1”添加“修剪路径”效果，如图9-3所示。

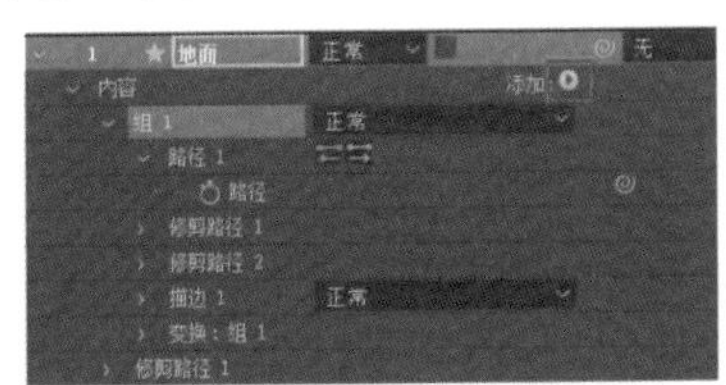

图9-2

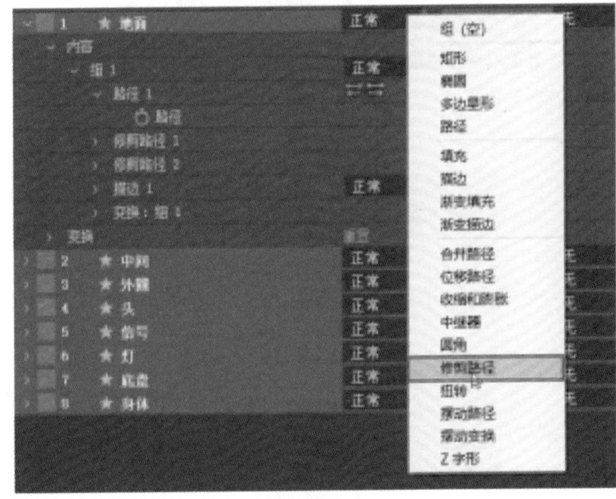

图9-3

03 将“组1”的“修剪路径1”效果器的“结束”属性改为87%，如图9-4所示；这样就会看到“地面”的线变短了，如图9-5所示。

04 选中“组1”，按快捷键Ctrl+D将其复制一份，分别调整“开始”和“结束”为93%和96%，如图9-6所示；此时“地面”就会有一个断开的效果，如图9-7所示。

05 选中“底盘”图层，展开其内容，单击“组7”，将“描边”设置为0。选中“组1”，单击右侧的添加箭头，如图9-8所示；给“组1”添加一个“修剪路径”效果器，如图9-9所示。

06 调整“组1”的“修剪路径”效果器的“结束”属性为86%；选中“组1”，按快捷键Ctrl+D复制一份，得到“组8”；将“组8”修剪路径的“开始”和“结束”分别设置为89%和90%，如图9-10所示；选中“组8”，按快捷键Ctrl+D复制一份，将得到的“组9”的修剪路径的“开始”和“结束”分别设置为94%和100%，得到断开边线效果，如图9-11所示。

07 展开“外圈”图层的内容，选中“组1”，单击右侧的添加箭头，给它添加“修剪路径”效果器，将“结束”调整为93%；再展开“描边”属性，将“线段端点”切换为“圆头端点”，如图9-12所示；选中“组1”，按快捷键Ctrl+D复制一份，得到“组2”，将“组2”的“修剪路径”的“开始”和“结束”分别设置为96%和97%，外圈的断开效果也做好了，如图9-13所示。

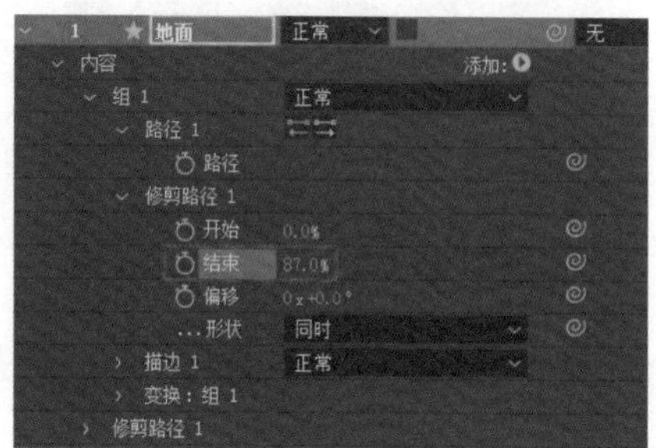

图9-4

图9-5

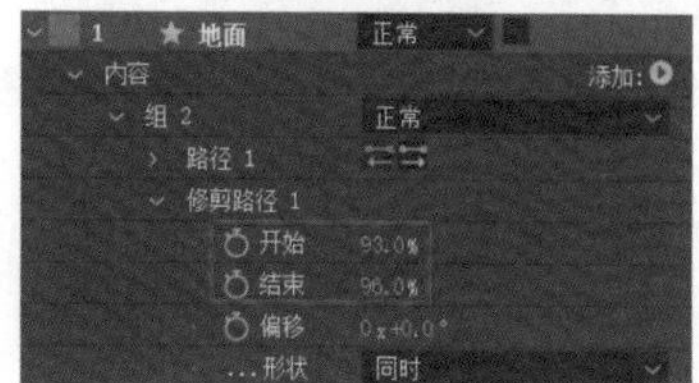

图9-6

图9-7

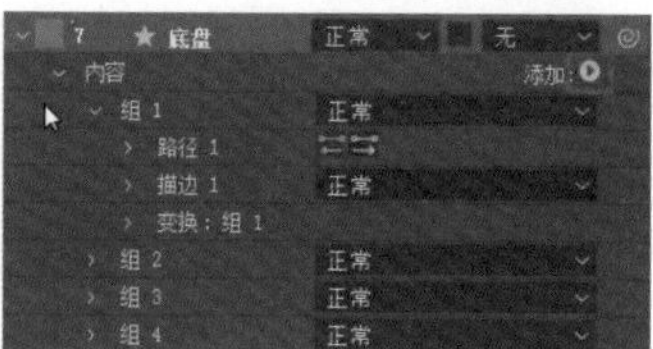

图9-8

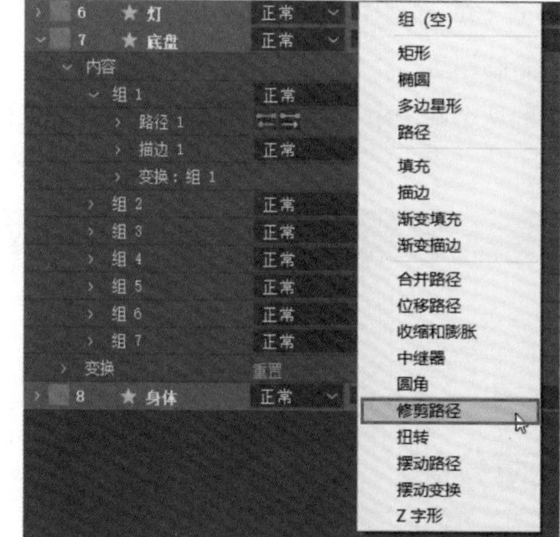

图9-9

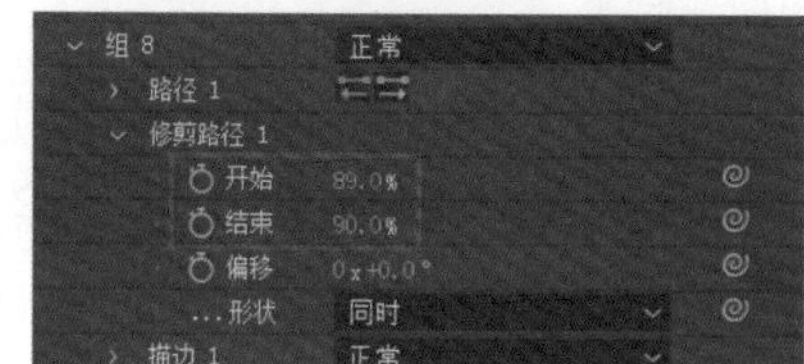

图9-10

图9-11

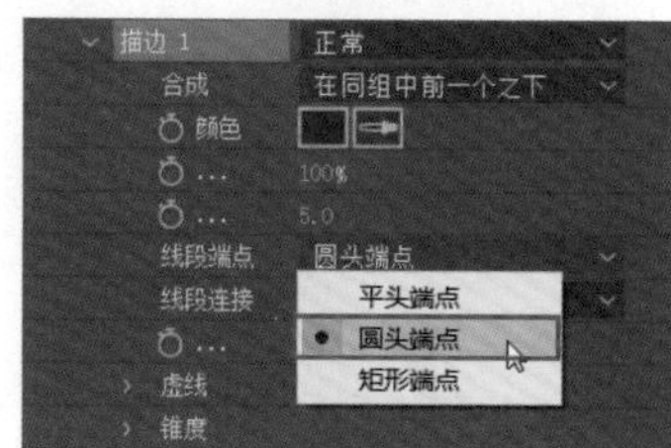

图9-12

图9-13

9.2.2　制作雷达动画

01 选中“外圈”图层，按快捷键Ctrl+D复制一份，将复制得到的“外圈2”的“填充”设置为“无”；单击“外圈”图层，将“描边”宽度设置为0。此时外圈的“填充”和“描边”就被分离了。

02 展开“外圈 2”的“组1”和“组2”的“修剪路径”，将“组1”的“偏移”通过属性关联器绑定到“组2”的“偏移”上，如图9-14所示。这样在控制“组2”的“偏移”时，“组1”也会发生变化。

03 将当前时间指示器移动到0帧处，给“组2”的“偏移”打上关键帧；再将当前时间指示器移动到5秒处，调整“偏移”为360°，如图9-15所示。此时预览，就可以看到外圈的描边在偏移。

04 选中“头”图层，使用“向后平移（锚点）工具”，将锚点调整到图9-16所示的位置；将“外圈”“外圈2”“中间”图层都绑定“头”作为其子级；将当前时间移动到1秒处，按R键调出图层的“旋转”属性，打上关键帧；将当前时间移动到2秒处，调整“旋转”为-27°；将当前时间移动到3秒处，调整“旋转”为5°；将当前时间移动到3秒10帧处，调整“旋转”为0°；最后，选中“旋转”属性所有的关键帧，按F9键转换为“缓动关键帧”，如图9-17所示。这样，卫星的头部晃动动画就完成了。

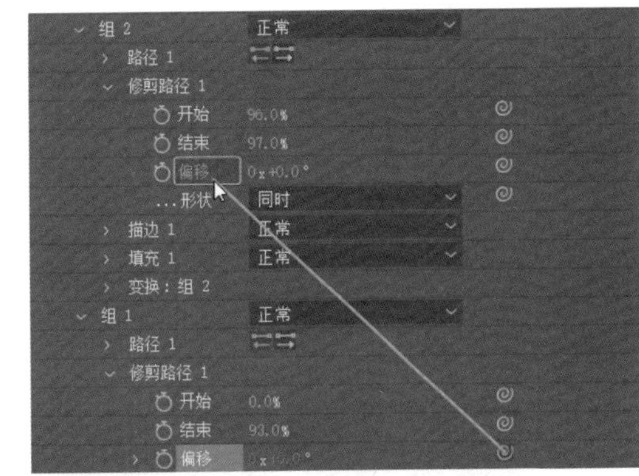

图9-14

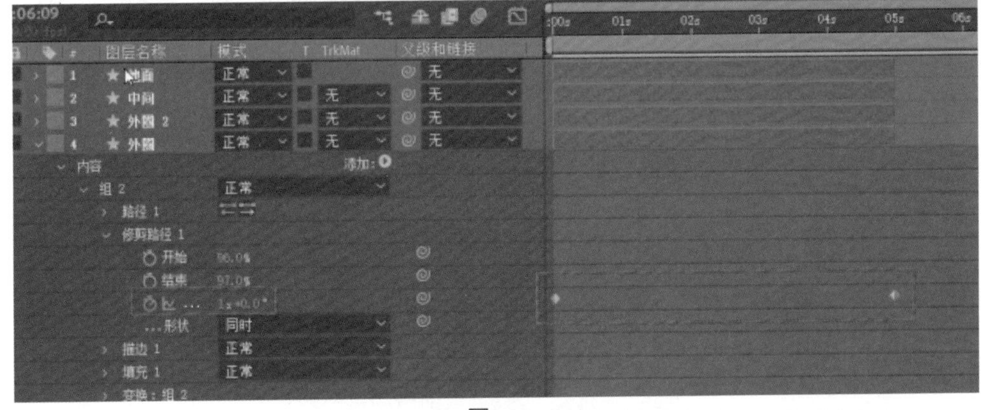

图9-15

图9-16

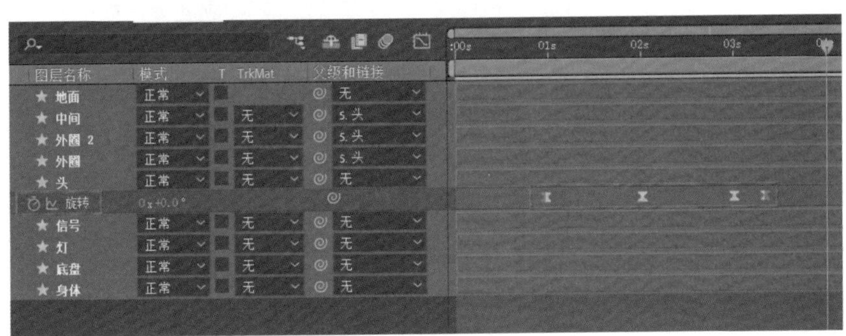

图9-17

05 选择“椭圆工具”，按住Shift键，在卫星头部上方绘制一个正圆，将描边的“颜色”设置为#ffd88c、“大小”设置为8px，如图9-18所示。

06 展开刚刚画好的椭圆图层，给“椭圆1”添加“修剪路径”效果器，并将它的“开始”和“结束”分别调整为2%和22%；展开“描边”属性，将“线段端点”设置为“圆头端点”，如图9-19所示。

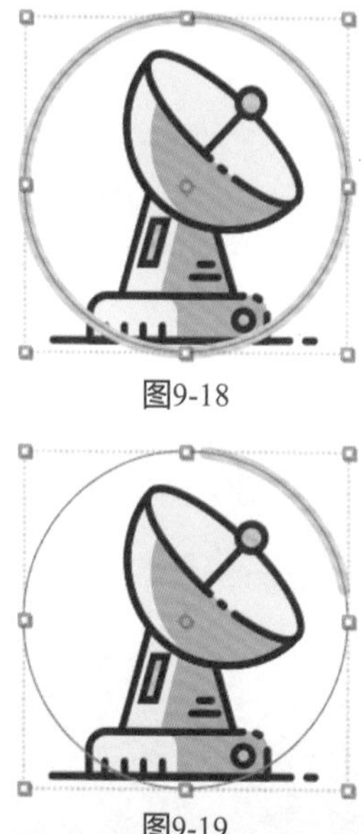

图9-18

图9-19

07 将当前时间移动到0秒处，给“椭圆路径1”的“大小”设置为（222,222），并打上关键帧；将当前时间移动到20帧处，将“椭圆路径1”的“大小”调整为（280,280）；将当前时间移动到0秒处，设置“描边宽度”为0px，并添加关键帧。将当前时间移动到5帧处，将“描边宽度”设置为8px；将当前时间移动到15帧处，给“描边宽度”打上关键帧；将当前时间移动到20帧处，将“描边宽度”设置为0px；最后，选中“形状图层1”的所有关键帧，按F9键转换为“缓动关键帧”，如图9-20所示，此时一个信号波的动画就做完了。

08 选中“形状图层1”图层，按快捷键Ctrl+D将其复制一份，并将整个图层向后移动10帧，这样就会有两个信号波依次出现和消失的动画，这样雷达动画就完成了。

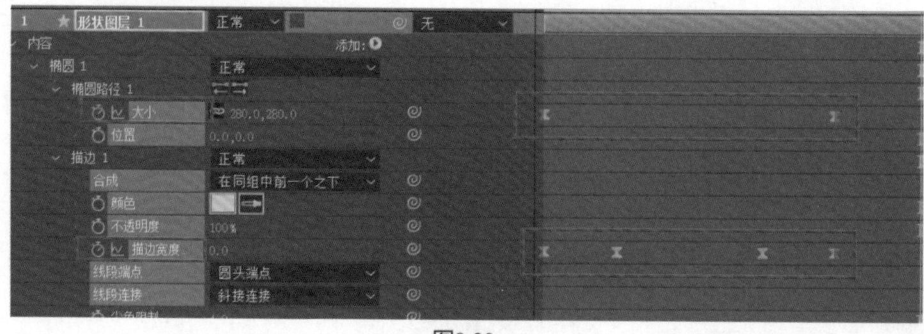

图9-20

9.3 制作UFO的MG动画

制作UFO的动画相对复杂，除了有单个元素本身的动画，还会有多个元素之间的互动，所以在制作时要注意不同动画之间的先后关系。

9.3.1 UFO动画

01 打开“UFO.aep”文件，在资源面板找到“绘制完成”合成，双击进入，进入After Effects面板后，可以看到这个动画需要用到的主要元素已经绘制好了。

02 在“时间轴”面板空白处右击，在弹出的快捷菜单中执行“新建”→“空对象”命令，然后将创建的空对象和UFO对齐，如图9-21所示；最后将2～11图层跟UFO相关的图层全都绑定到“空 3”图层上，如图9-22所示。

03 选中“空 3”图层，按P和R键，分别调出“空 3”图层的“位置”和“旋转”属性，将当前时间指示器移动到1秒处，给这两个属性打上关键帧；再将当前时间指示器移动到0秒处，将“空 3”图层左移至画面外，如图9-23所示；最后将“旋转”调整为30°，如图9-24所示。

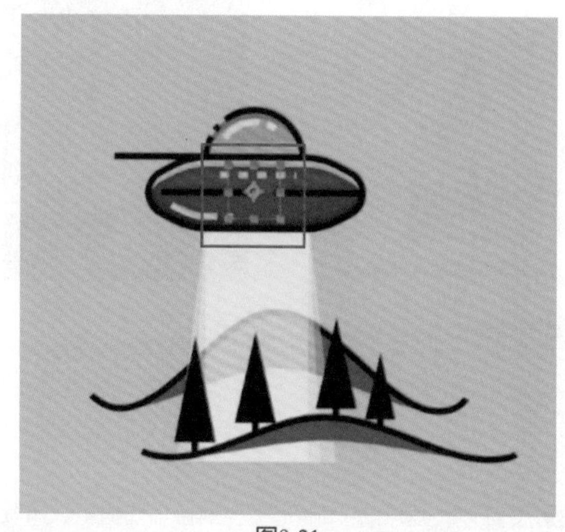

图9-21

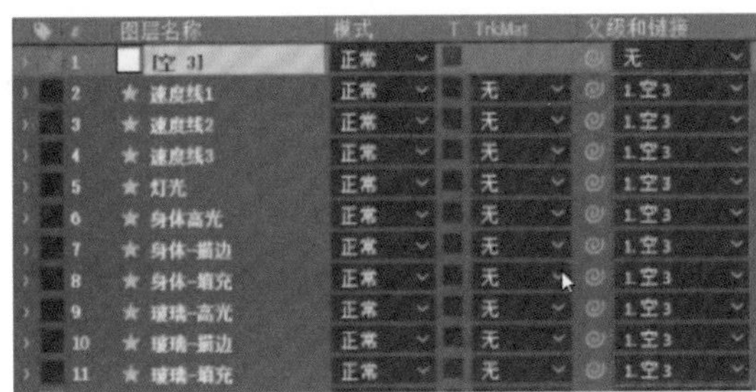

图9-22

图9-23

图9-24

04 选中“空 3”图层的4个关键帧，按F9键转换为“缓动关键帧”，再单击“图表编辑器”按钮，将它们的速度曲线调整为“减速曲线”，如图9-25所示；再将当前时间指示器移动到3秒处，单击“位置”和“旋转”左侧的添加关键帧按钮，给当前状态继续添加关键帧，如图9-26所示。

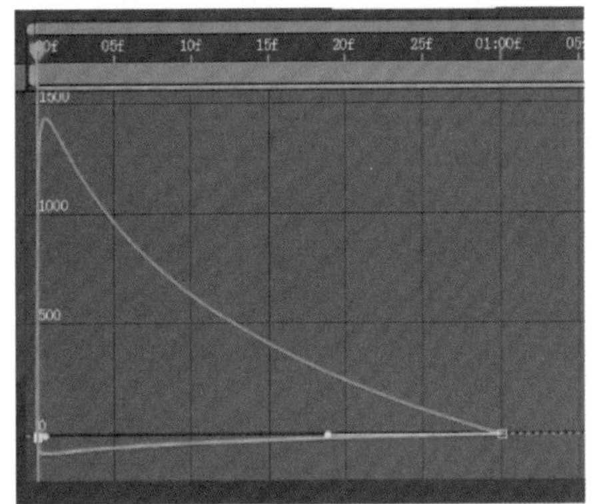

图9-25

图9-26

05 将当前时间指示器移动到4秒处，然后将“空 3”图层右移出画面外，如图9-27所示；将当前时间移动到3秒10帧处，将“旋转”调整为13°，然后将两个关键帧前移5帧，如图9-28所示。

06 选中“空 3”图层3秒和4秒处关键帧，按F9键转换为“缓动关键帧”，再单击“图表编辑器”按钮，将它们的速度曲线调整为“加速曲线”，如图9-29所示。

图9-27

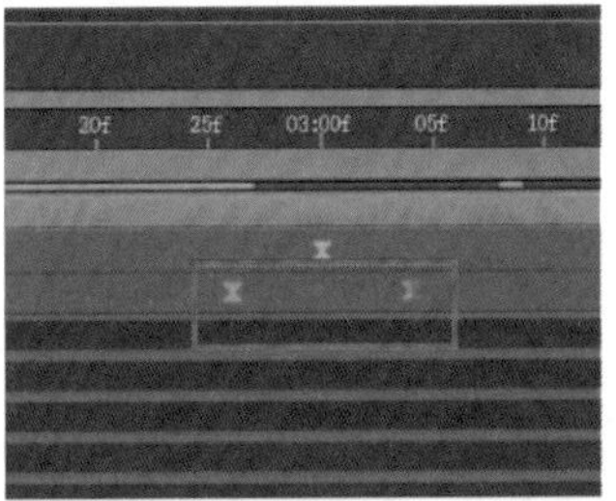

图9-28

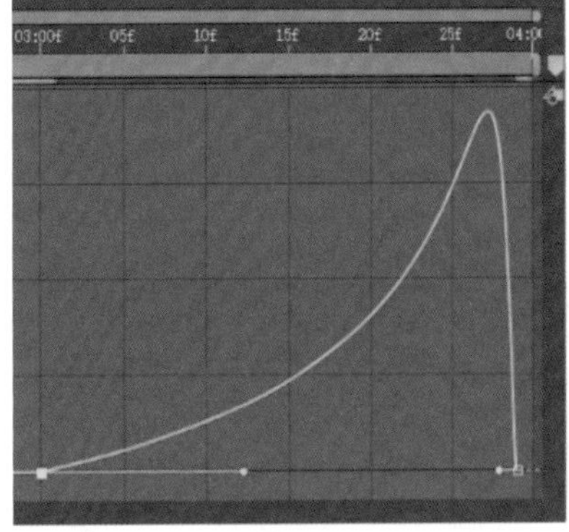

图9-29

07 展开“速度线1”图层，单击“内容”右侧的添加按钮，选择“修剪路径”图层，给它添加一个修剪路径的效果器。将当前时间指示器移动到10帧处，给“修剪路径”的“结束”和“开始”属性分别打上关键帧；将当前时间指示器移动到0帧处，把“结束”改成0%；将当前时间指示器移动到20帧处，把“开始”改成100%，如图9-30所示。

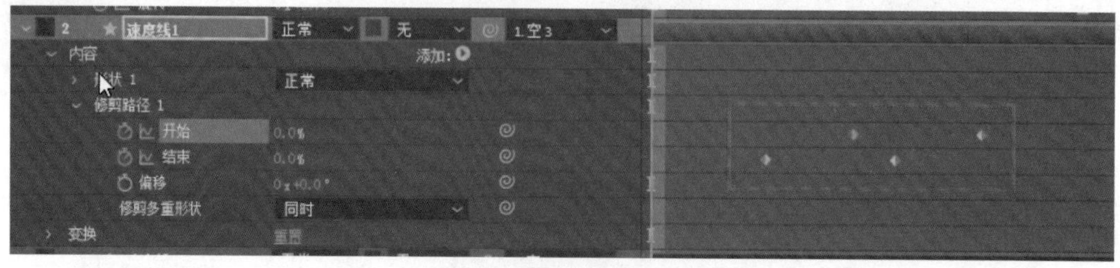

图9-30

08 选中“速度线1”图层的4个关键帧，按F9键转换为“缓动关键帧”。单击“图表编辑器”按钮，将“开始”和“结束”的曲线都调整为“加速曲线”，如图9-31所示。

09 选中“速度线1”图层的“修剪路径”属性，按快捷键Ctrl+C，再选中“速度线2”和“速度线3”图层，按快捷键Ctrl+V，这样就把刚刚做好的动画复制粘贴给了“速度线2”和“速度线3”图层，如图9-32所示。

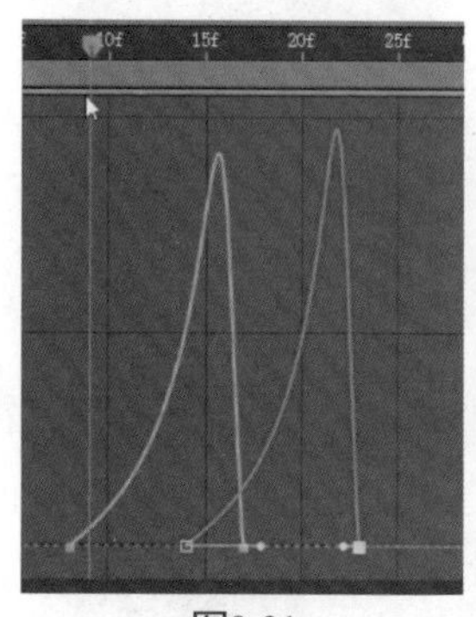

图9-31

图9-32

10 然后选中这三个“速度线”的图层，分别按[和]键，将关键帧前面的部分和关键帧后面的部分截掉，最后再调整一下图层的位置，如图9-33所示。

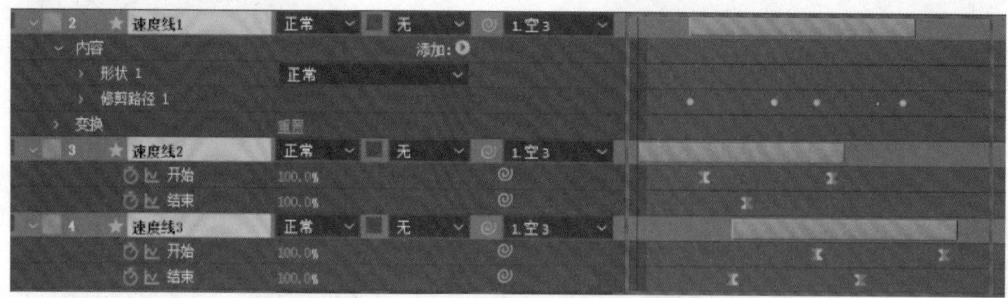

图9-33

11 选中这3个“速度线”的图层，如图9-34所示，按快捷键Ctrl+D将它们复制一份，然后整体后移，这样UFO在离场时也有了速度线的动画修饰。

12 选中“灯光”图层，展开“描边1”的选项，找到“虚线”的“偏移”属性。按住Alt键，单击“虚线”左侧的小秒表，在弹出的表达式输入框里输入time*100，如图9-35所示，这样虚线就会自动发生偏移。

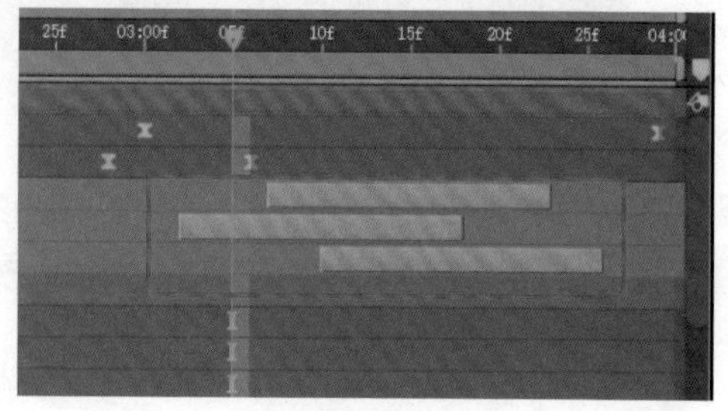

图9-34

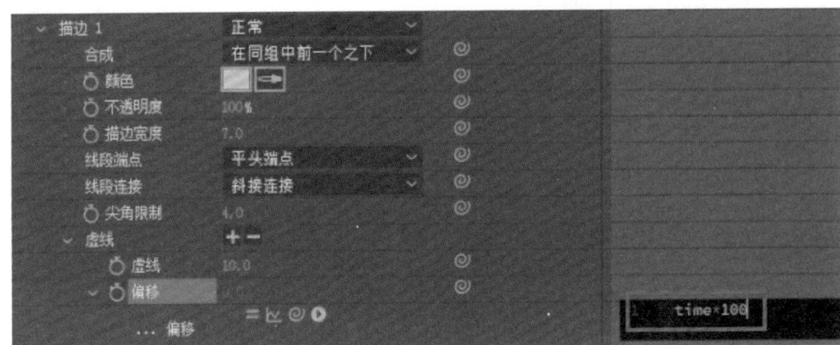

图9-35

9.3.2　吸收动画

01 选中“形状图层1”“形状图层2”“形状图层3”三个图层，在“时间轴”面板的上方输入“路径”，这样就可以看到这三个图层的“路径”属性都被展开了。将当前时间指示器移动到1秒10帧处，并给这三个图层的“路径”属性都打上关键帧，如图9-36所示。

图9-36

02 将当前时间指示器移动到1秒10帧处，双击其中一个路径的锚点，调出路径的变换控件，如图9-37所示；将当前时间指示器移动到1秒处，按快捷键Ctrl+Alt将三条路径压扁成一条线，如图9-38所示。

图9-37

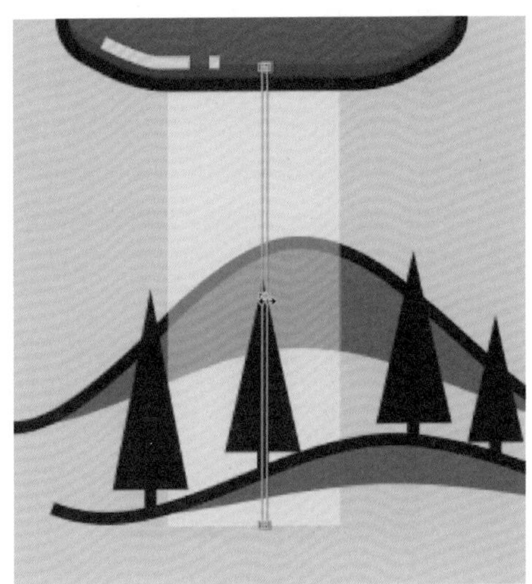

图9-38

03 分别选中“路径”的关键帧，按F9键转换为“缓动关键帧”，然后单击“图表编辑器”按钮，将它们的曲线都调整为“减速曲线”，如图9-39所示；最后将三个图层的关键帧依次错开，如图9-40所示。

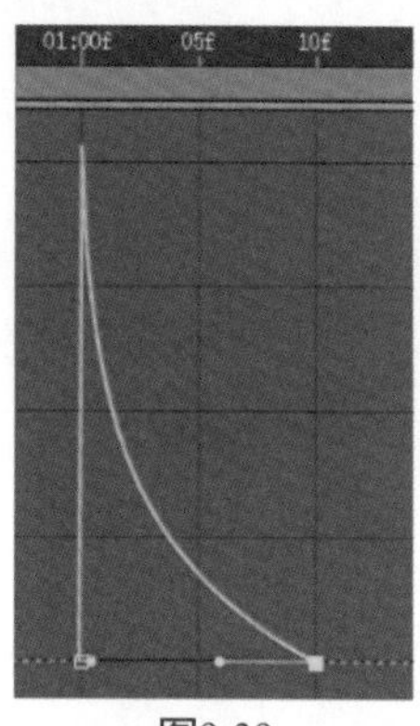

图9-39

图9-40

04 切换成“钢笔工具”，在UFO下方绘制一根竖直的线，将“描边”颜色设置为#000000，粗细设置为5像素，如图9-41所示。

图9-41

05 展开“速度线1”图层，找到里面的“修剪路径1”属性，按快捷键Ctrl+C复制“速度线1”图层的“修剪路径 1”，再选中步骤4中创建的直线“形状图层4”，按快捷键Ctrl+V粘贴。这样就把之前做好的修剪路径动画粘贴给了刚刚创建的“形状图层4”图层，如图9-42所示。

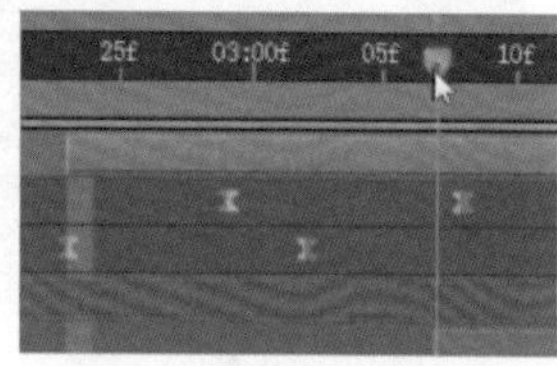

图9-42

06 将“形状图层4”图层移动到“形状图层1”图层的下方。在选中“形状图层4”图层的前提下，按U键，调出它的关键帧，然后将“开始”属性的关键帧前移，如图9-43所示。选中“形状图层4”图层，按3次快捷键Ctrl+D，将其复制3个；按P键，调出它们的“位置”属性，让它们相对均匀地分布在UFO的下方，如图9-44所示；最后再调整一下四个图层的错位，如图9-45所示。

图9-43

图9-44

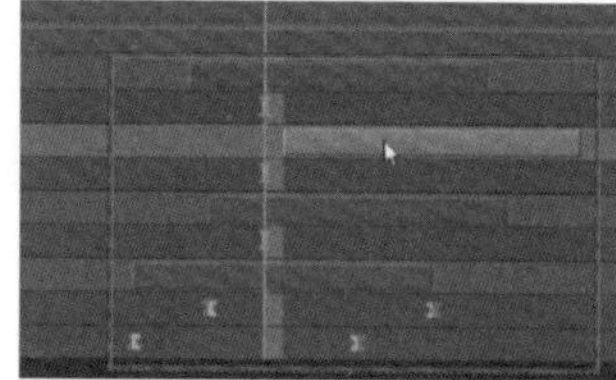

图9-45

07 选中“形状图层1”“形状图层2”“形状图层3”图层，按U键调出它们的关键帧，将当前时间指示器移动到2秒20帧处，单击“路径”左侧的添加关键帧按钮给路径当前状态打上关键帧；将当前时间指示器移动到2秒10帧处，复制粘贴3个形状图层闭合的关键帧，如图9-46所示。

图9-46

08 选中步骤7里打好的6个关键帧，按F9键转换为“缓动关键帧”，单击“图表编辑器”按钮，将它们的曲线都调整为“加速曲线”，如图9-47所示；最后调整6个关键帧的错位，让光的图层依次发生变形，如图9-48所示。

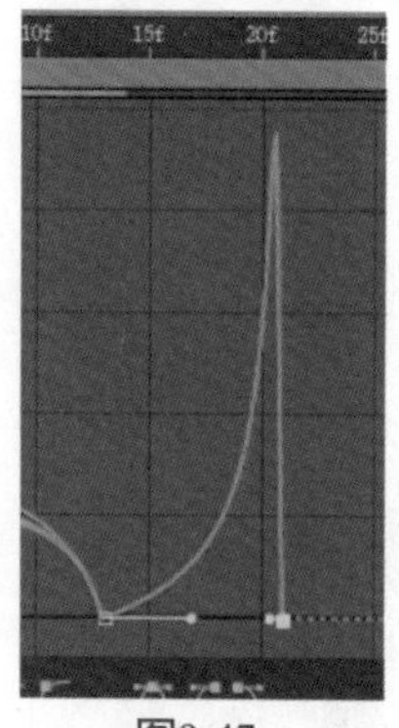

图9-47

图9-48

09 把所有跟光以及“竖线”有关的图层选中，按快捷键Ctrl+Shift+C转换为一个预合成，命名为“光”，如图9-49所示；选中“光”合成，切换到“钢笔工具”，勾勒出多余的部分，如图9-50所示。

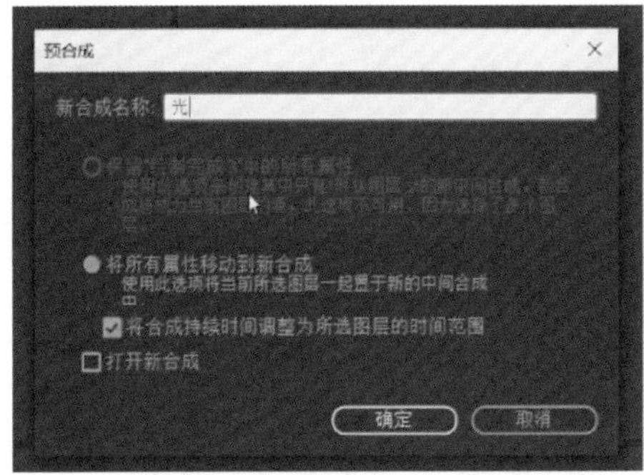

图9-49

图9-50

10 选中“光”图层，按M键调出“蒙版”属性，勾选“蒙版”右侧的“反转”复选框，如图9-51所示，这样会只保留勾勒部分以外的部分，如图9-52所示。

图9-51

图9-52

11 展开“树1”图层，选中“组2”，按快捷键Ctrl+D复制一份得到“组3”，将“组3”的“描边”粗细设置为0px，“填充”颜色修改为#ffffff，如图9-53所示；单击“组2”左侧的“可见”图标，将“组2”隐藏，然后框选“组3”的形状，将它调整为一个直角三角形，如图9-54所示。

12 激活“组2”的可见属性，将“组1”移动到“组2”下方，如图9-55所示；将当前时间指示器移动到1秒10帧处，展开“组3”的“变换”属性，给它的“不透明度”打上关键帧，再将当前时间指示器移动到1秒处，将“不透明度”改成0%。

图9-53

图9-54

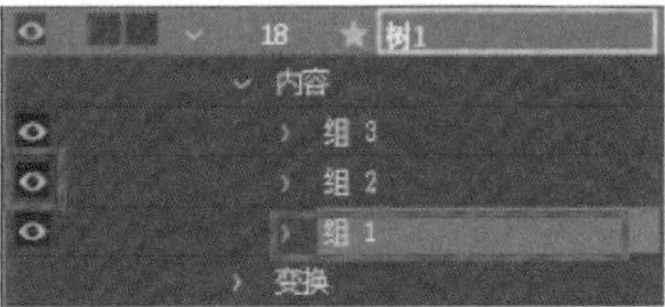

图9-55

13 使用同样的方式，将“树2”“树3”“树4”图层都做出一层直角三角形的高光变化动画，如图9-56所示。

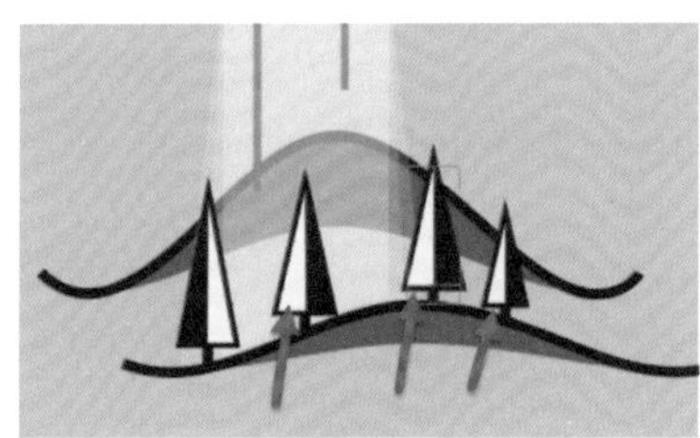

图9-56

14 将当前时间指示器移动到2秒15帧处，给4棵树的高光图层的“不透明度”属性都打上关键帧，再将当前时间移动到3秒处，将“不透明度”改为0%。这样UFO的光在消失时，树上的高光也会跟着消失。

15 选中“树2”图层，按快捷键Ctrl+D复制一份。

16 将当前时间指示器移动到1秒20帧处，选中“树2”图层，按P和R键分别调出它的“位置”属性和“旋转”属性，并打上关键帧；将当前时间指示器移动到2秒15帧处，将“位置”调整为（383,213），这样树就会上移直到和UFO重合；将“旋转”调整为29°；把刚刚打好的4个关键帧都选中，按F9键转换为“缓动关键帧”；调整“旋转”关键帧的位置，如图9-57所示，让它先完成旋转动画；最后按]键将“树2”图层右侧的图层截掉。

17 选中“树5”图层，按P键和S键调出它的“位置”和“缩放”属性，将当前时间线移动到3秒处，给“缩放”属性改成（0,0），并打上关键帧；将当前时间线移动到3秒12帧处，把“缩放”属性改成（80%,125%）；将当前时间线移动到3秒17帧处，把“缩放”属性改成（100%,100%），这样就完成了一个树木长出并弹了一下的效果。

图9-57

9.3.3 修饰动画

01 切换到“椭圆工具”，按住Shift键，在画面任意位置绘制一个正圆，“填充”颜色设置为#f02822；按快捷键Ctrl+D将其复制两次，“填充”颜色分别设置为#ffffff和#f4c051。

02 选中绘制好的3个圆，按P键调出它们的“位置”属性，将当前时间指示器移动到2秒处，给它们的“位置”属性都打上关键帧；再将当前时间指示器前移20帧，把三个圆点都移动到UFO的下方；最后调整每个点的飞行轨迹，如图9-58所示。再复制3个点，并调整它们的轨迹，如图9-59所示。

图9-58

图9-59

03 框选所有的“位置”关键帧，进入图表编辑器，将位置的速度曲线调整为“减速曲线”，如图9-60所示。最后，调整所有“点”的图层在时间轴上的偏移，如图9-61所示。

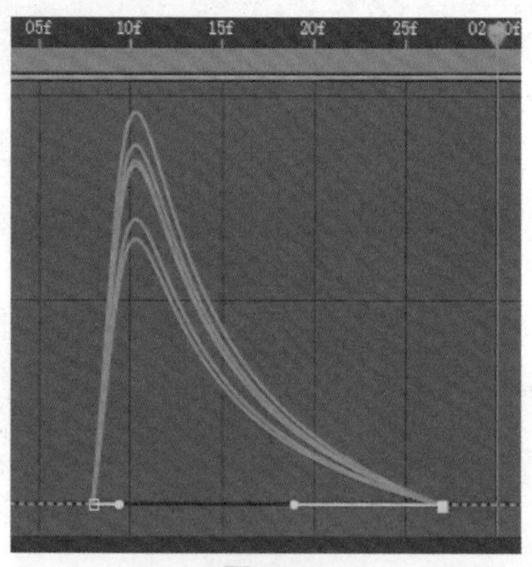

图9-60

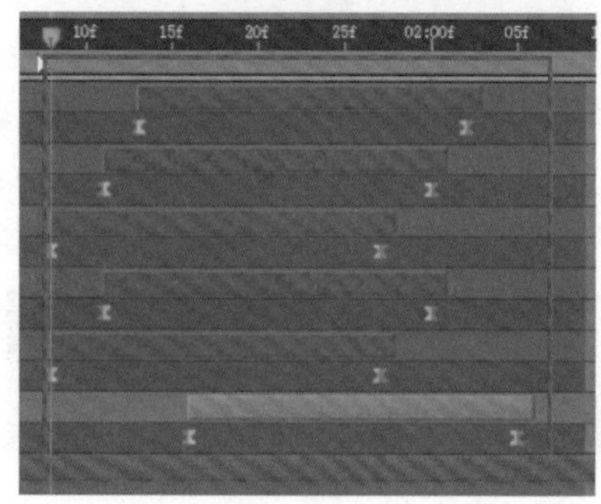

图9-61

04 切换到“椭圆工具”，按住Shift键，在画面任意位置绘制一个正圆，将“描边”颜色修改为#de231a、“填充”修改为“无”；展开它的图层，给它的路径的“大小”属性和“描边”的“描边宽度”分别打上关键帧，如图9-62所示。将当前时间指示器前移10帧，把路径的“大小”调整为（0,0），“描边”的“描边宽度”调整为0；最后，将这两个属性的速度曲线调整为“减速曲线”，如图9-63所示。

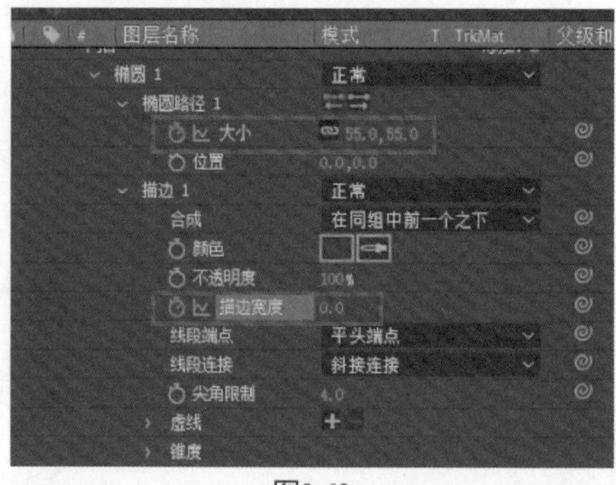

图9-62

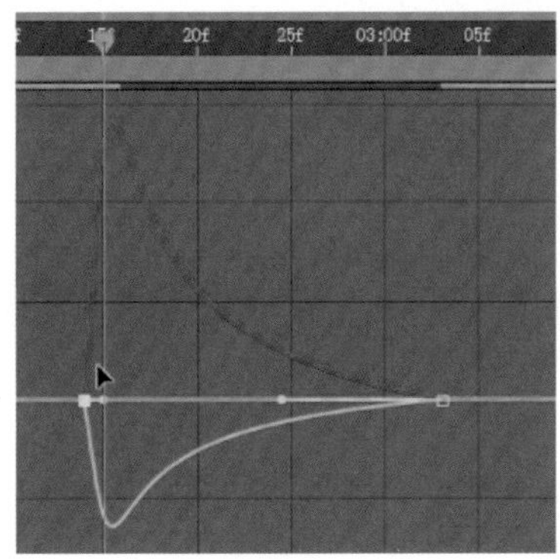

图9-63

05 选中步骤4中做好的正圆图层，按快捷键Ctrl+D复制一份，并向后错帧，如图9-64所示，这样椭圆的动画在播放完一次之后会再次播放。选中这两个图层，按快捷键Ctrl+D复制一份，然后将它们移动到UFO的另一侧，如图9-65所示。这样修饰动画也完成了。

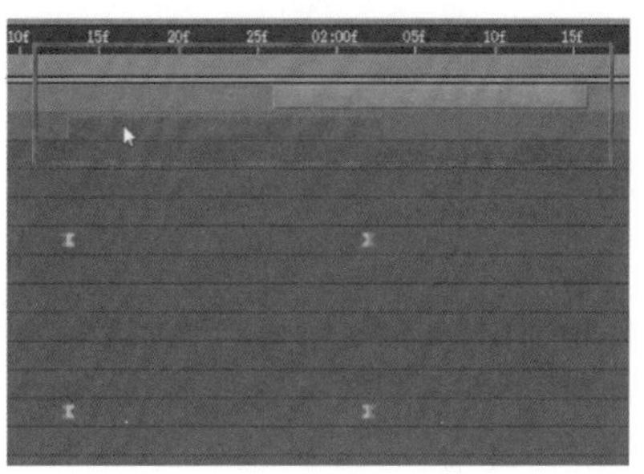

图9-64

图9-65

第 10 章
人物角色 MG 动画

很多叙事类的MG动画中都会需要角色出现，此时就要用到人物动画相关的知识。正常简单的人物动画，例如抬头、抬手这些，只需要给图层的“旋转”“位置”等属性打上关键帧就可以实现。涉及比较复杂的动画，例如走路、奔跑，就需要用到第三方脚本。

本章制作的是一个相对复杂的奔跑动画，用到的脚本是Duik。学完本章的案例，再去做抬头、抬手这些动画会容易很多。

10.1 动画分析

人物角色动画也经常会出现在我们的工作需求中。相比起挥手、抬头这类常见的动作，很多人都觉得走路动画制作起来要困难很多。但其实走路并没有大家以为的那么困难，找到方法之后，制作起来也是非常简单的。

本实例所创建的动画一共由三部分组成。

第一部分：骨骼创建，如图10-1所示。创建骨骼的目的是给更少的图层去打上关键帧来实现动画，这样不仅会大大降低我们的工作量，后续修改起来也会方便很多。

图10-1

第二部分：制作腿部动画，如图10-2所示。由于两条腿的动作是一模一样的，所以在制作时只需要完成其中一条腿的动作即可，然后把做好的动画复制给另外一条腿。

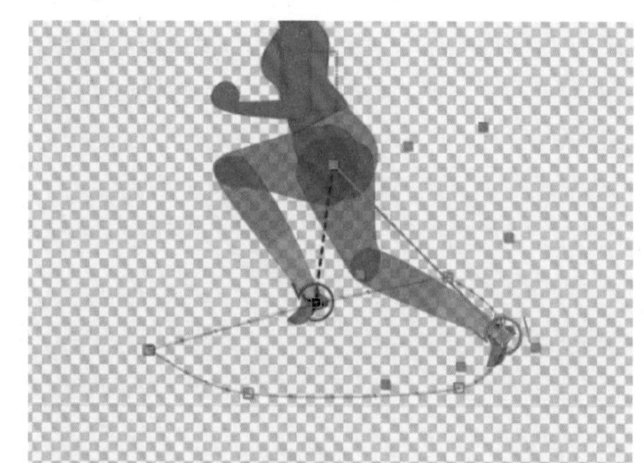

图10-2

第三部分：制作身体动画，如图10-3所示。身体动画就是比较简单的上下运动，但制作完成之后需要和腿的动作对上，才会显得协调。

图10-3

第四部分：制作手臂动画，如图10-4所示。由于手臂动画相对特殊，使用IK（正向动力学）实现起来反而比较麻烦，所以我们会用FK（反向动力学）的方式来实现。

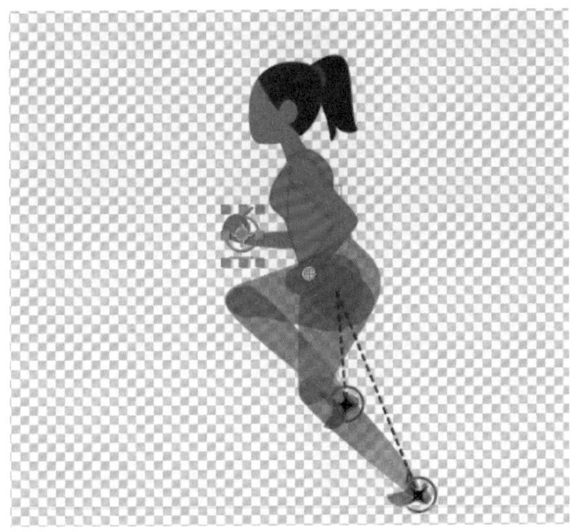
图10-4

第五部分：主体的动画完成之后，为了让动画看起来更加生动自然，我们还可以做一些细节部分的动画，例如人物的脖子、头以及头发的动画。

10.2 绑定骨骼

导入绘制好的人物之后，第一件事就是要给腿绑定骨骼。绑好骨骼才能通过修改控制器的位置来实现跑步动画。

01 启动After Effects软件，打开“人物跑步练习.aep”文件，如图10-5所示。

图10-5

02 将“辫子”图层绑定到“头”图层作为其子级，将“头”图层的锚点调整到和脖子重叠的地方，如图10-6所示。再将“头”绑定到“脖子”上；将“脖子”图层的锚点调整到和身体重叠的地方，如图10-7所示，再将它绑定到“身体”上。

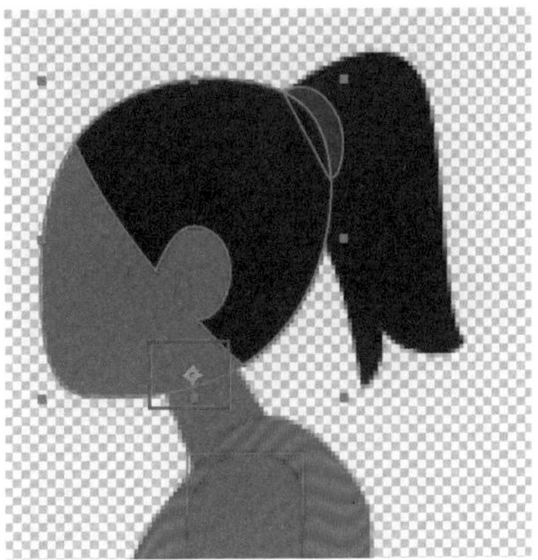
图10-6

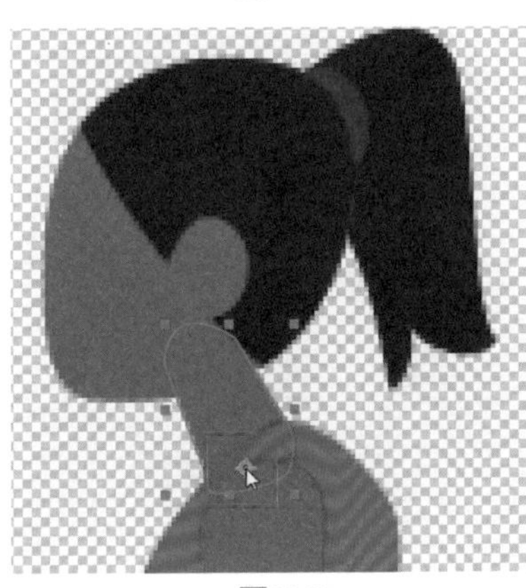
图10-7

03 调整“大臂”的锚点到肩膀处，如图10-8所示。再将“大臂”绑定到“身体”，调整“小臂”的锚点到和“大臂”的交界处，如图10-9所示。再将“小臂”绑定到“大臂”，调整“手”的锚点到和“小臂”的交界处，如图10-10所示，再将“手”绑定到“小臂”上。

04 调整“大腿”的锚点，将其移动到和“臀部”的交接处，再将“大腿”绑定到“臀部”上，如图10-11所示。调整“小腿”的锚点，将其移动到膝盖处，如图10-12所示。再将“小腿”绑定到“大腿”，调整“脚”的锚点，将“脚”移动到脚踝处，如图10-13所示，再将“脚”绑定到“小腿”上。

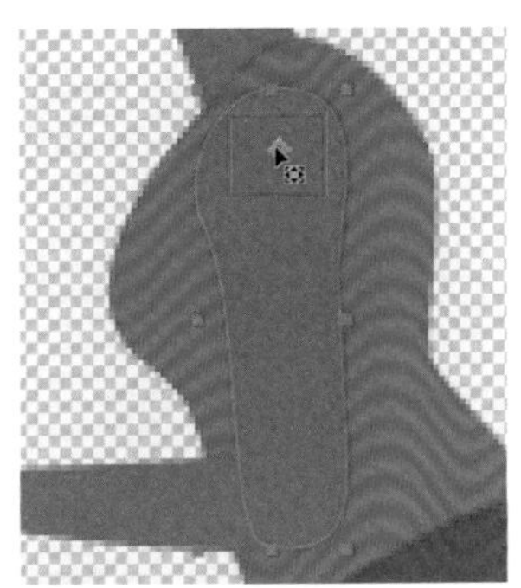
图10-8

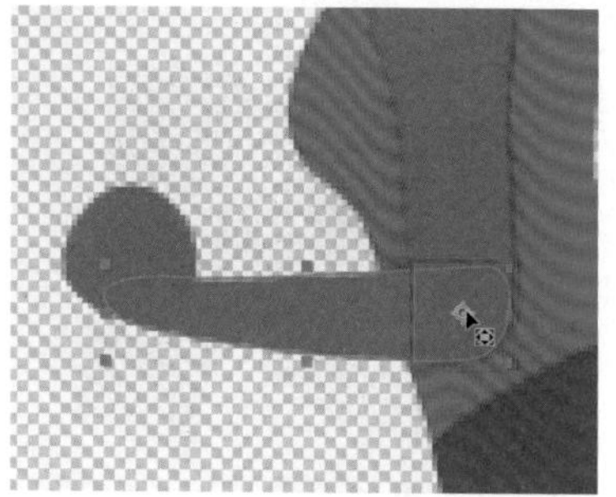
图10-9

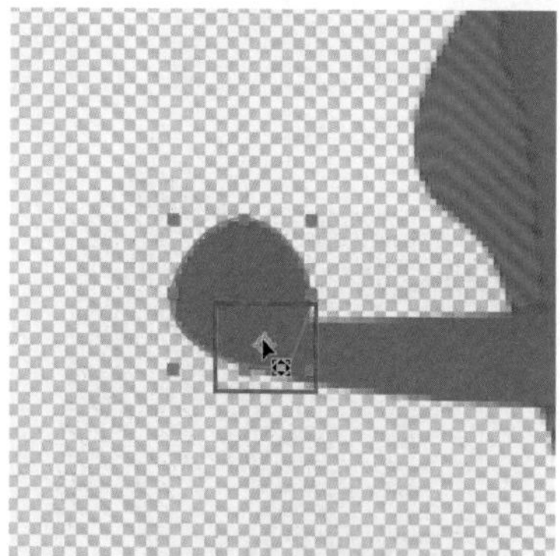
图10-10

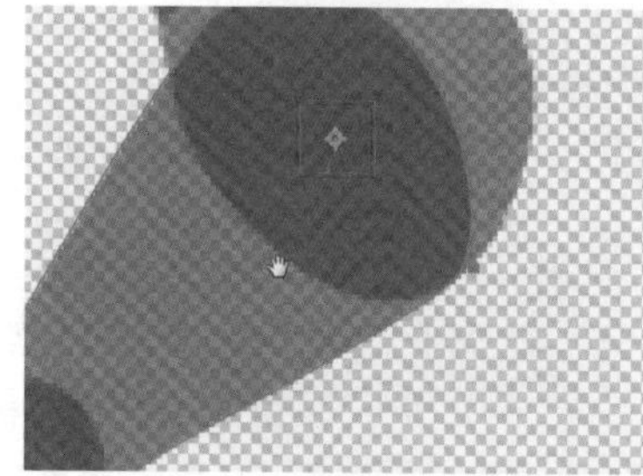
图10-11

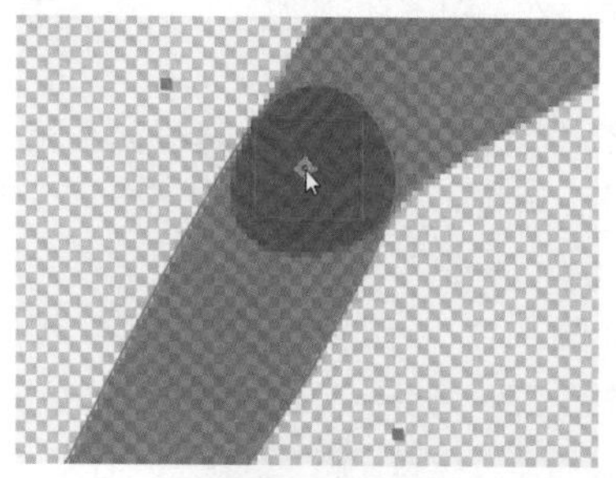
图10-12

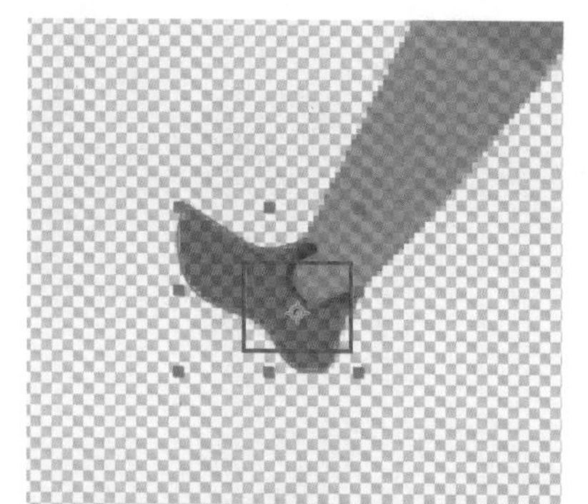
图10-13

05 选中“脚”“小腿”“大腿”三个图层，单击Duik Bassel的“自动化绑定和创建反向动力学”按钮，如图10-14所示，给腿创建IK。

图10-14

10.3 制作腿部动画

绑定骨骼之后，需要分别制作各个部位的动画。这里建议优先完成腿部的动画，这样其他动画在制作时也会有参照。

01 选中“c | 脚”图层，按P和R键，分别调出“位置”和“旋转”属性。在0帧处，将“位置”调整为（486,556）、“旋转”调整为5°，并打上关键帧，如图10-15所示。

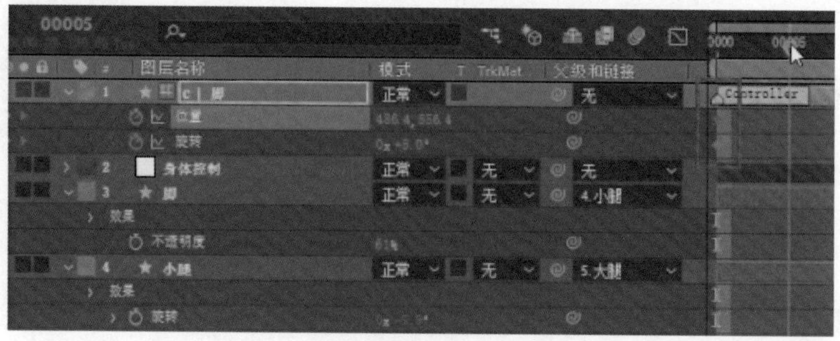

图10-15

02 将当前时间移动到5帧处，将“位置”调整为（566,591）、“旋转”调整为-41°，并打上关键帧。

03 将当前时间移动到10帧处，将“位置”调整为(746,586）、“旋转”调整为-55°，并打上关键帧。

04 将当前时间移动到15帧处，将“位置”调整为（776,526）、“旋转”调整为-116°，并打上关键帧。

05 将当前时间移动到20帧处，将“位置”调整为（726,466）、“旋转”调整为-134°，并打上关键帧。

06 将当前时间移动到25帧处，将“位置”调整为（693,468）、“旋转”调整为-136°，并打上关键帧。

07 将当前时间移动到30帧处，将0帧的“位置”和“旋转”属性复制粘贴过来。这样一条腿的奔跑动作就完成了，如图10-16所示。

08 同时选中“脚”“小腿”“大腿”三个图层，按快捷键Ctrl+D复制一份，并移动到所有图层的最下方，再分别删掉这三个图层的“位置”和“旋转”里写的表达式，如图10-17所示。

09 同时选中复制的“脚”“小腿”“大腿”三个图层，单击“Duik Bassel”的“自动化绑定和创建反向动力学”按钮，给复制的腿创建IK，如图10-18所示。

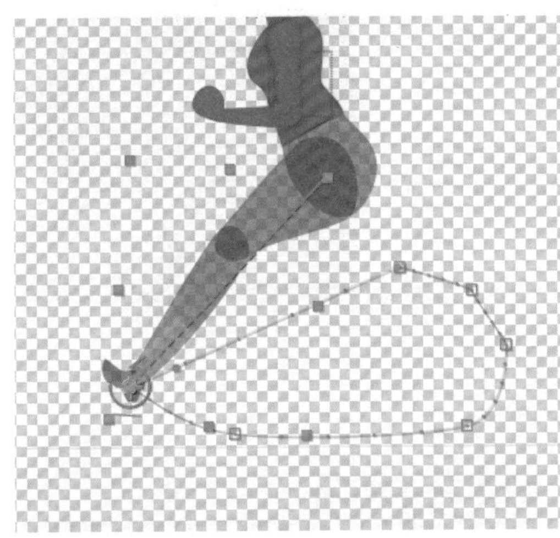
图10-16

图10-17

图10-18

10 选中“c | 脚”图层，按U键，显示它打的所有关键帧。然后直接框选所有的关键帧，按快捷键Ctrl+C复制，再选中“c |”图层，按快捷键Ctrl+V把刚刚复制的关键帧粘贴过去，这样就得到了两条动作一样的腿，如图10-19所示。

11 分别给“c |”图层的“位置”和“旋转”添加表达式looIn（）+loopOut（）-value，如图10-20所示。

12 调整“c |”图层的位置，将其整体后移15帧，如图10-21所示。这样两条腿的动作就会错开，腿部的走路动画就完成了。

图10-19

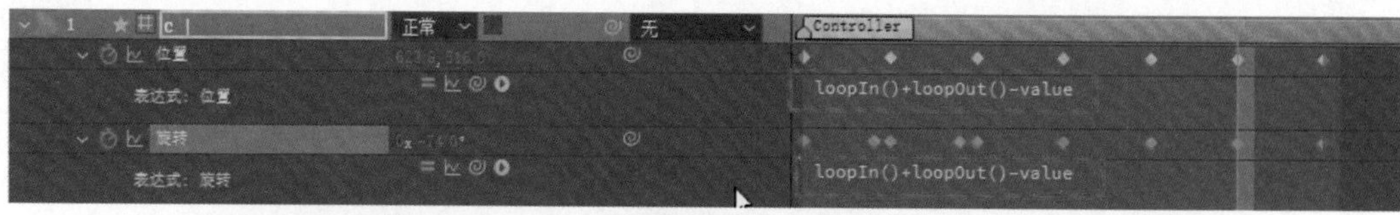

图10-20

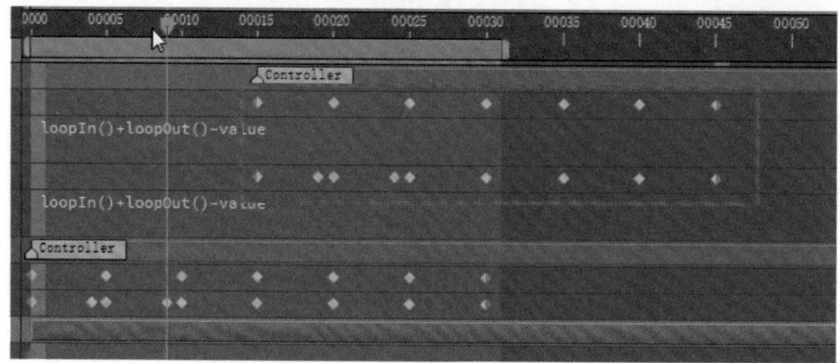

图10-21

10.4 制作身体动画

腿部动画完成后，下面就要完成身体部分的动画。

01 选中“身体控制”图层，按P键调出“位置”属性，在0帧处，将“位置”属性设置为（618,332）。

02 在7帧处，将“位置”属性设置为（618,352）。

03 在15帧处，将“位置”属性设置为（618,332）。

04 选中前3步打好的3个关键帧，按快捷键Ctrl+C复制，再在15帧处，使用快捷键Ctrl+V粘贴，如图10-22所示。

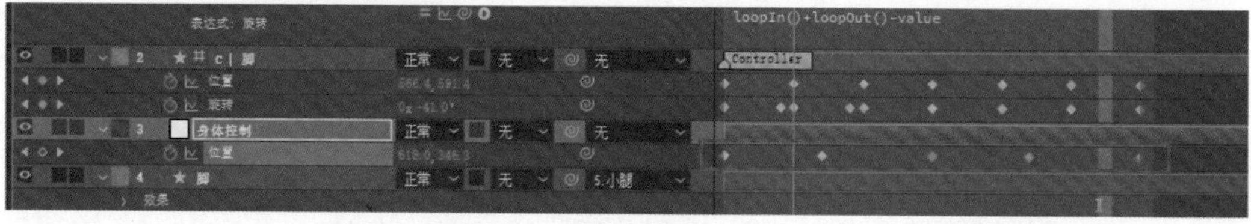

图10-22

05 调整“身体控制”图层的位置，左移2帧，如图10-23所示。让腿在做第二个动作时，对应身体在最低点。

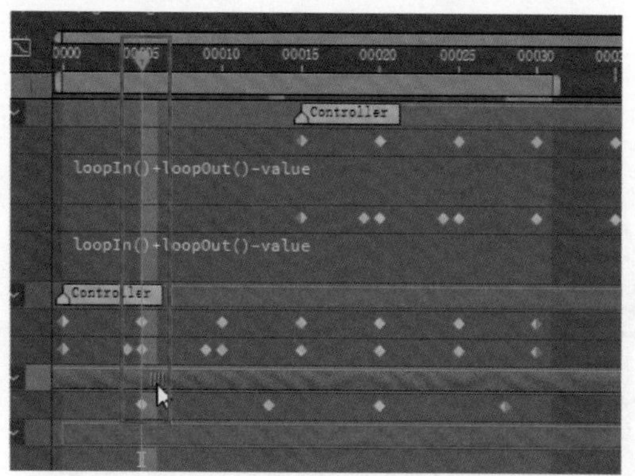

图10-23

06 给“身体控制”的位置属性添加循环表达式loopOut( )，这样身体的动画也完成了。

10.5 制作手臂动画

手臂动画使用IK也可以制作，但是IK的控制相对没有那么灵活。所以在这个案例里，在绑定骨骼之后，取消了IK，使用FK来实现手臂动画。

01 选中“c | 2”图层，也就是手的IK控制器。在“效果控件”面板中勾选“IK”的Enable复选框，如图10-24所示，这样IK就不再起作用了。

图10-24

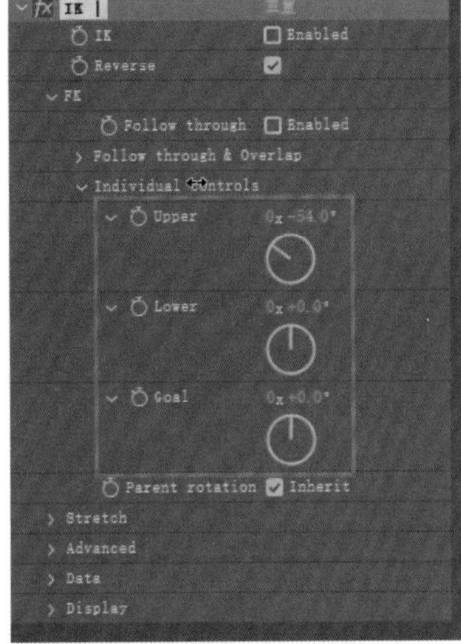

图10-25

02 单击展开下方的“FK”属性，找到“Individual Controls”，此时通过控制“Upper”“Lower”“Goal”的三个属性的旋转角度，就可以控制手臂的形态，如图10-25所示。

03 在0帧处，分别将Upper、Lower、Goal调整为-57°、31°、-19°。

04 在5帧处，分别将Upper、Lower、Goal调整为-31°、-6°、-2°。

05 在10帧处，分别将Upper、Lower、Goal调整为-4°、13°、-8°。

06 在15帧处，分别将Upper、Lower、Goal调整为8°、37°、0°。

07 在20帧处，分别将Upper、Lower、Goal调整为-4°、13°、-8°。

08 在25帧处，分别将Upper、Lower、Goal调整为-31°、-6°、-2°。

09 在30帧处，分别将Upper、Lower、Goal调整为-57°、31°、-19°，这样一条手臂的动画就做完了，如图10-26所示。

10 使用和前面一样的方法，创建出第二条手臂的控制器，然后将前面做好的关键帧直接复制粘贴给该控制器，再添加循环表达式looIn（）+loopOut（）-value，最后调整错帧，这样两条手臂的动画就都完成了，如图10-27所示。

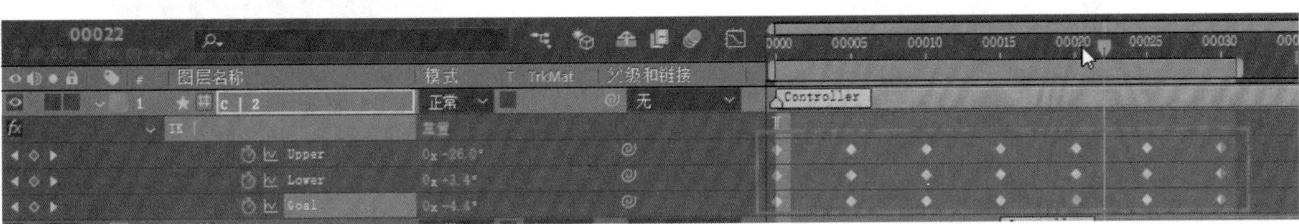

图10-26

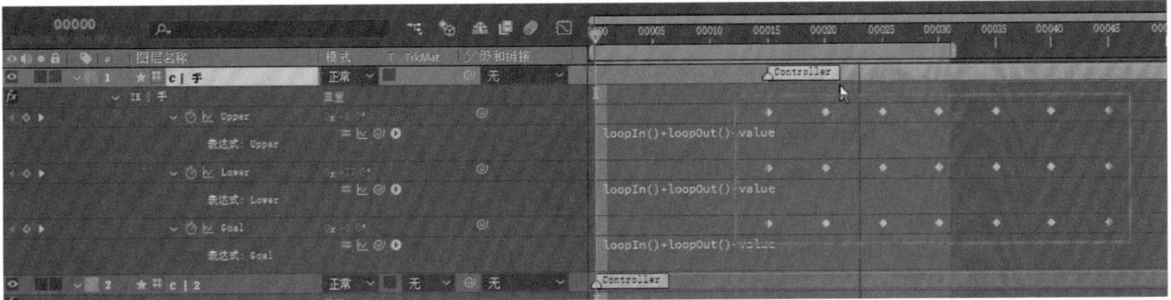

图10-27

10.6 完善细节动画

所有的主体动画都完成后，下面来完善一些细节部分的动画。

01 同时选中“头”和“脖子”两个图层，按R键调出它们的“旋转”属性，在0帧处，分别将两个图层的旋转属性都改成0°。

02 在7帧处，将“头”的“旋转”调整为12°，将“脖子”的“旋转”调整为-15°。

03 在15帧处，将“头”的“旋转”调整为0°，将“脖子”的“旋转”调整为0°。

04 在22帧处，将“头”的“旋转”调整为12°，将“脖子”的“旋转”调整为-15°。

05 在30帧处，将“头”的“旋转”调整为0°，将“脖子”的“旋转”调整为0°。

06 分别给两个图层的旋转属性添加循环表达式looIn（ ）+loopOut（ ）-value，并整体后移，实现错帧，如图10-28所示。

图10-28

07 选中“辫子”图层，展开其“路径”属性，在0帧处，将路径调整为图10-29所示的状态；在7帧处，将路径调整为图10-30所示状态。

图10-29

图10-30

08 在15帧处，将0帧的关键帧复制过来；然后选择当前已有的3个关键帧，直接在15帧处复制粘贴，辫子的动画就做完了，如图10-31所示。这样整个动画就完成了。

图10-31

第 11 章 羊驼奔跑 MG 动画

除了MG动画、LOGO动效这些商用动效，社交媒体上的趣味动效也越来越多，而且很多都是专业的动效设计师利用自己的闲暇时间做的。趣味动效除了有更好的传播性，也可以体现动效设计师的专业能力，所以也不失为一种招揽客户的方式。本章将制作一个羊驼奔跑的MG动画。

11.1 动画分析

羊驼动画虽然也属于“走路动画”，但因为羊驼腿的结构比较简单，只有两段，所以这里无须使用骨骼脚本，绑定父子级之后给旋转打上关键帧即可。

整个动画一共有三段，虽然两段都是奔跑动画，但是要注意，前腿的运动方式会发生变化。

两段奔跑动画制作方法并不复杂，难点是从“趴着”到“直立”状态的切换。为了实现这个切换，需要在四肢和身体之间再嵌入一个空对象。

第一幕：羊驼趴在地上奔跑，如图11-1所示。

图11-1

第二幕：羊驼从“趴着”切换到“直立”状态，如图11-2所示。

图11-2

第三幕：羊驼直立奔跑，如图11-3所示。

图11-3

三幕动画完成后，直接拼到一起，就组成了一个完整的动效。

11.2 正常奔跑

由于羊驼的造型比较复杂，使用After Effects绘制成本较高，所以这里是在Illustrator里先绘制好，然后再导入After Effects完成动画制作。

导入After Effects后，需要做的第一件事并不是打上关键帧，而是绑定图层。完成图层绑定后，再去打上关键帧就可以大大减少设计师的工作量。

11.2.1 导入

01 启动After Effects 软件，执行“合成”→“新建合成”命令，在弹出的“合成设置”对话框中设置“宽度”为1000px，“高度”为1000px、“帧速率”为60帧/秒、持续时间为105帧，如图11-4所示，最后单击“确定”按钮。

02 打开“羊驼.ai”文件，框选所有的形状，激活

Overlord上的“拆分形状到图层”按钮，如图11-5所示。再单击“导入”按钮，如图11-6所示，即可将羊驼的所有形状导入到刚刚创建好的After Effects合成中。

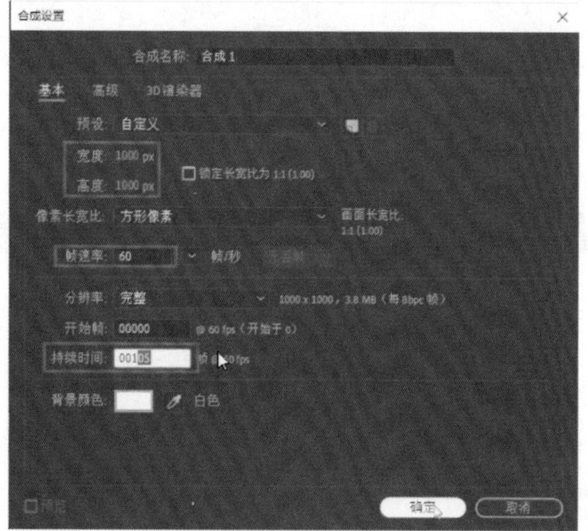

图11-4

图11-5

图11-6

03 将导入的图层重命名，并根据类型修改一下图层的颜色，方便后续制作动画，如图11-7所示。这里需要注意的是，腿的图层只需要命名一条就可以，因为后续制作时，只需要制作一条腿的动画，其他三条腿直接复制做好的这条腿即可。

图11-7

04 将“耳朵-L”“耳朵-R”“刘海”“嘴巴”四个图层绑定到“头”上，将“眼睛-L”“眼睛-R”绑定到“眼镜连接”上。将“眼镜连接”绑定到“头”上，将“胸毛”绑定到“身体”上，“围巾”绑定到的“头”上。“2-下”绑定到“2-上”上，但在绑定之前，需要调整下锚点，将大腿的锚点移动到大腿根部，小腿的锚点移动到膝盖处，如图11-8所示。将“2-上”和“头”绑定到“身体”上。如果移动“身体”图层，看到的是图11-9所示的效果，就说明绑定工作完成了。

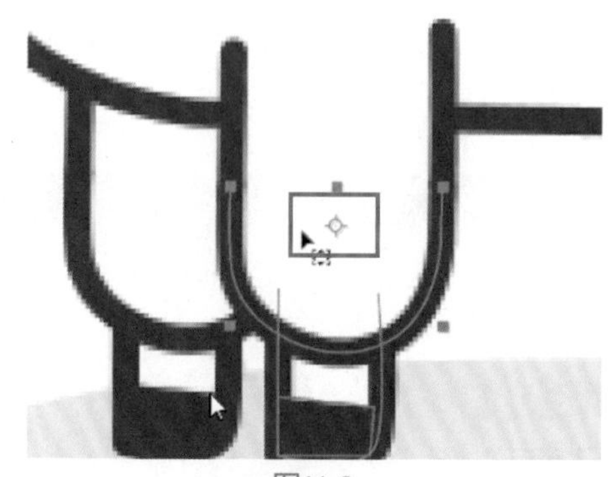

图11-8

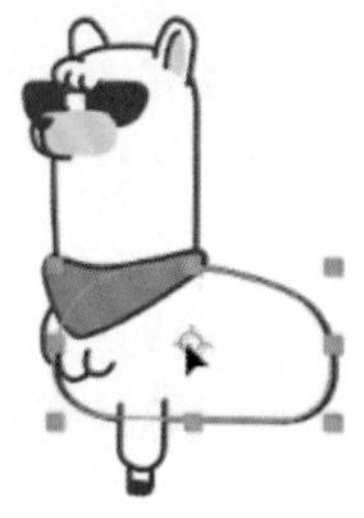

图11-9

11.2.2 腿部和身体动画

01 选中“2-上”和“2-下”两个图层，按R键调出它们的“旋转”属性，然后将当前时间指示器移动到0帧处，给“旋转”属性打上关键帧，如图11-10所示。

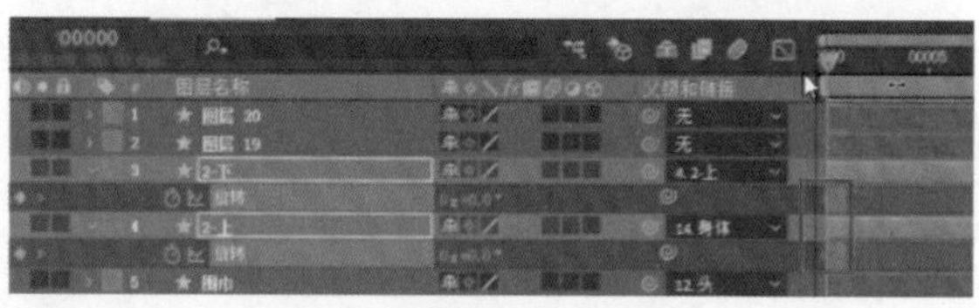

图11-10

02 将当前时间指示器移动到10帧处，将“2-下”的“旋转”调整为-4°；将“2上”的“旋转”调整为-45°。

03 将当前时间指示器移动到20帧处，将“2-上”的“旋转”调整为54°。

04 将当前时间指示器移动到30帧处，分别将“2-上”和“2-下”在0帧处的关键帧复制粘贴到30帧处，如图11-11所示。

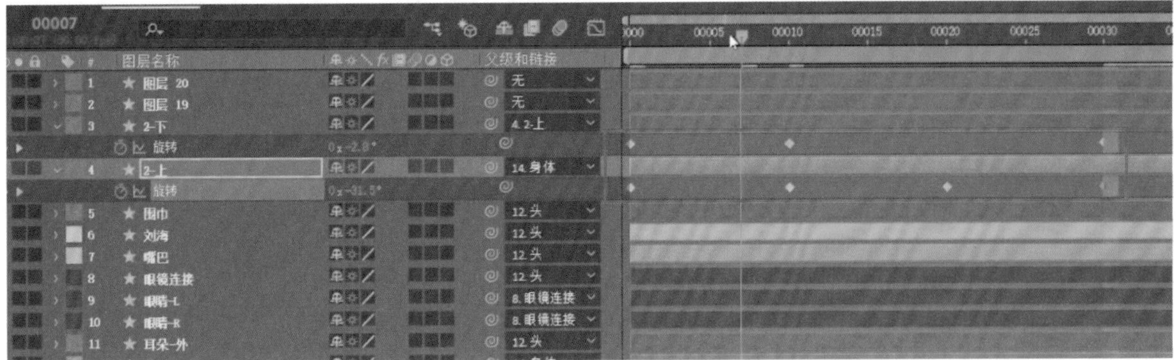

图11-11

05 框选所有关键帧，按住Alt键，将最后一个关键帧拖动到50帧处，如图11-12所示。

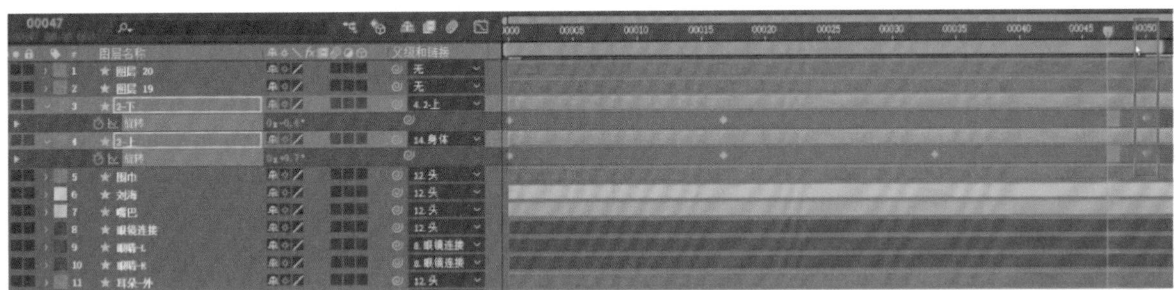

图11-12

06 将当前时间指示器移动到3帧处，将“2-上”和“2-下”两个起始关键帧复制粘贴过来，这样羊驼腿的直立时间就得到了延长，如图11-13所示。

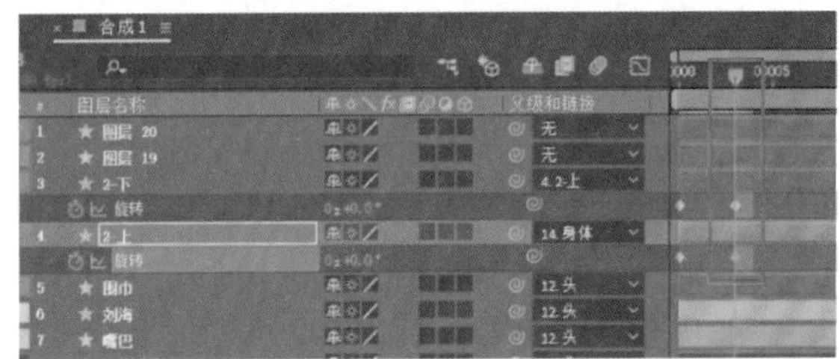

图11-13

07 将当前时间指示器移动到22帧处，并将16帧处的两个旋转关键帧复制粘贴过来，并将“2-下”和“2-上”的“旋转”调整为-83°和-21°，如图11-14所示。

图11-14

08 将当前时间指示器移动到36帧，分别将“2-上”和“2-下”的“旋转”调整为1.4°和54°，让腿处于一个向前伸直的状态，如图11-15所示。

09 选中步骤8里的两个旋转关键帧，按F9键转换为“缓动关键帧”，并按照图11-16所示的方式调整关键帧的曲线，让这个动作停留时间稍久一些。

10 选中“2-上”图层，在图层面板搜索框搜索“路径”，这样就可以直接调出“2-上”的“路径”属性。在0帧处，先给“路径”属性打上关键帧。

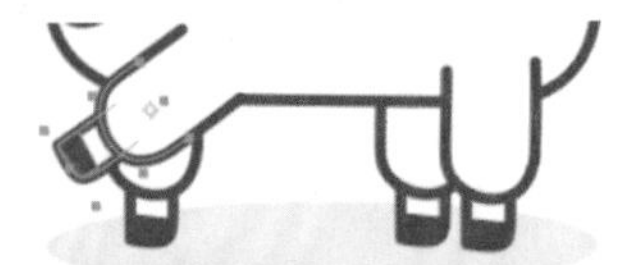

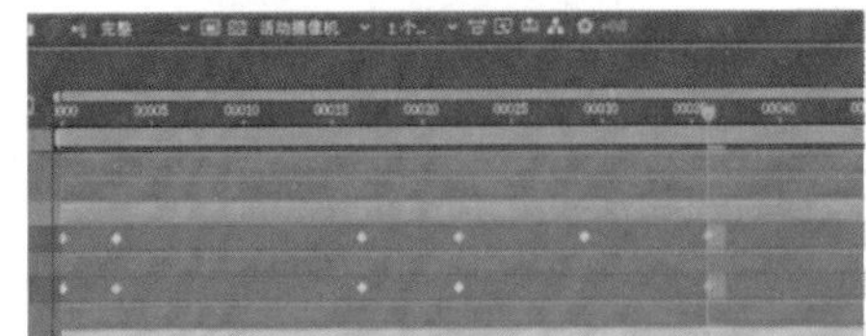

图11-15

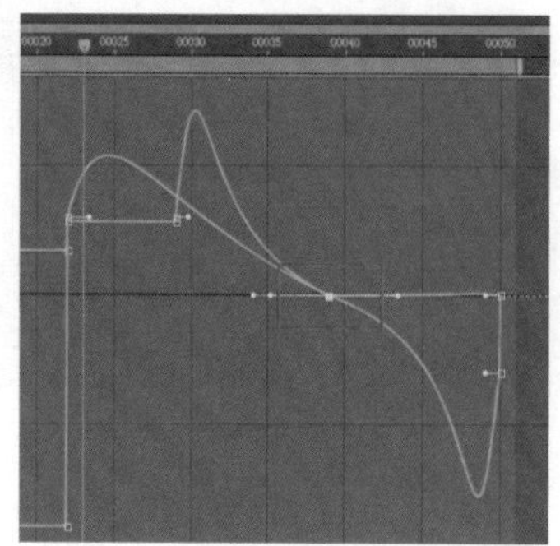

图11-16

11 将当前时间移动到17帧处，调整一下路径，将上腿穿帮的部分复原，如图11-17所示。

图11-17

12 将当前时间移动到22帧处，再次调整下路径，修复一下穿帮的部分，如图11-18所示。

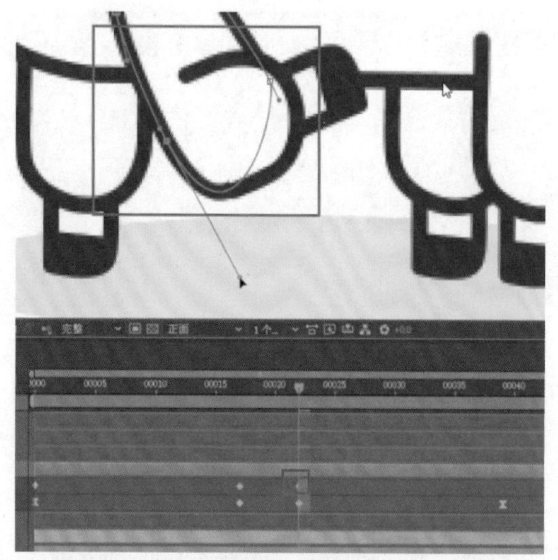

图11-18

13 按照前面的流程，检查后面每一个穿帮的部分，再通过调整路径将其复原。后续大概还要在28帧、38帧、50帧、19帧处进行调整，如图11-19所示。

图11-19

14 选中“2-上”图层的“旋转”关键帧，按F9键转换为“缓动关键帧”，并将曲线调整为图11-20所示的样子。

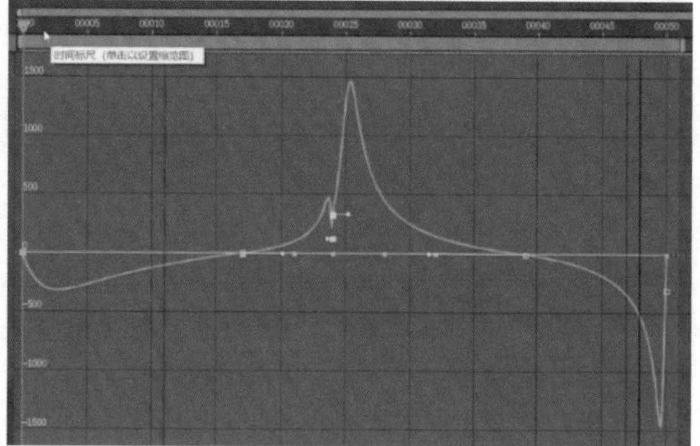

图11-20

15 选中“2-上”和“2-下”图层所有关键帧，单击“Character Tool”脚本的“Assistant”里的“Looper”按钮，如图11-21所示，给它们的动画属性加上循环表达式。

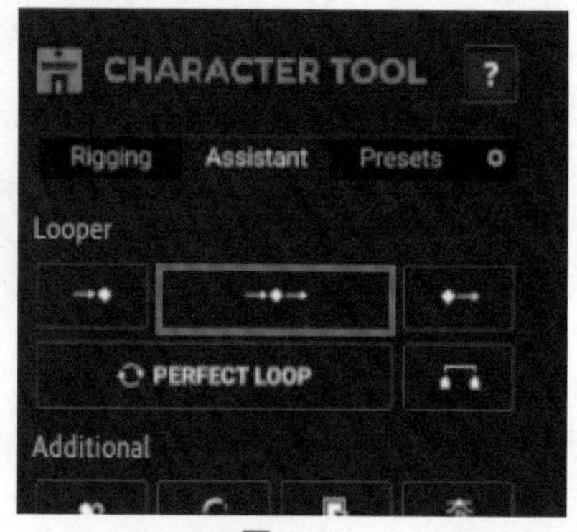

图11-21

16 选中“2-上”和“2-下”两个图层，按快捷键Ctrl+D复制三份，然后将它们摆放到身体的对应位置，这样四条腿的动画就都有了。最后再调整一下图层顺序，如果是内侧的腿，则需要将它们移动到身体图层的下方，如图11-22所示。

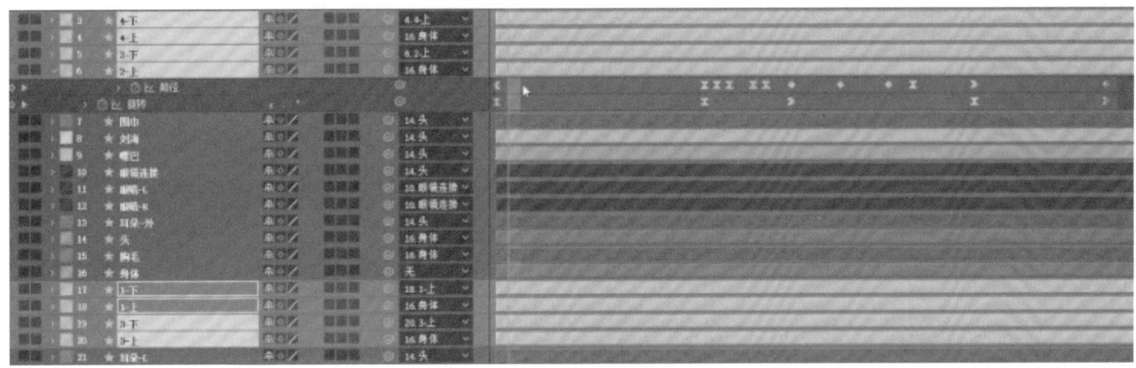

图11-22

17 将“1-上”“1-下”“4-上”“4-下”图层前移25帧，这样腿的动作就错开了，如图11-23所示。

图11-23

18 选中身体图层，在0帧处打上关键帧，将当前时间移动到10帧处，将身体上移20像素；再将当前时间移动到20帧处，把0帧的关键帧复制粘贴过来，然后选中所有关键帧并复制，在20帧处粘贴，如图11-24所示。

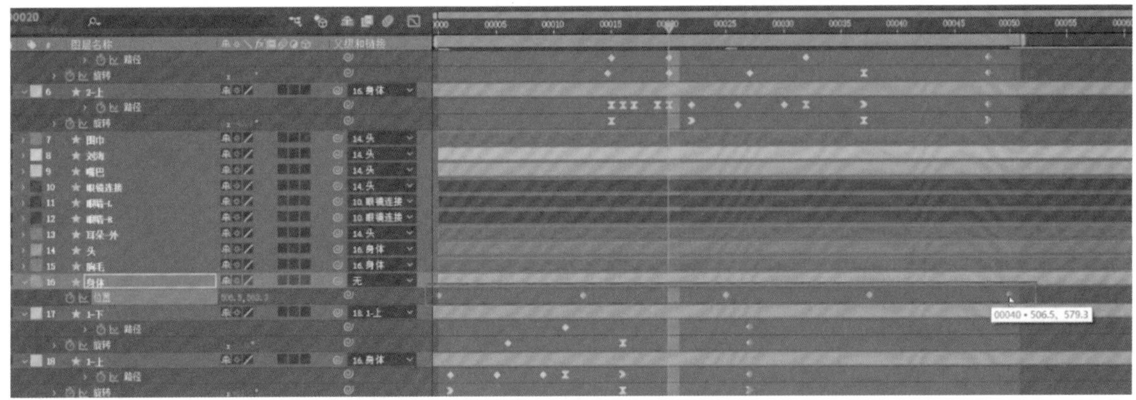

图11-24

19 选中所有关键帧，按住Alt键拖动最后一个关键帧，拖至50帧处，如图11-25所示，这样身体的动画就做完了。

图11-25

11.2.3　身体细节调整

01 身体上下晃动会导致变形，所以需要通过调整路径把这种变形给表现出来。将当前时间指示器移动到0帧处，给身体的“路径”属性打上关键帧。再将当前时间移动到13帧处，将身体调成往上变形的状态，如图11-26所示。

图11-26

02 将当前时间指示器移动到25帧处，复制0帧的路径关键帧并粘贴过来；再选中前三个关键帧并复制，再次在25帧处粘贴，如图11-27所示。

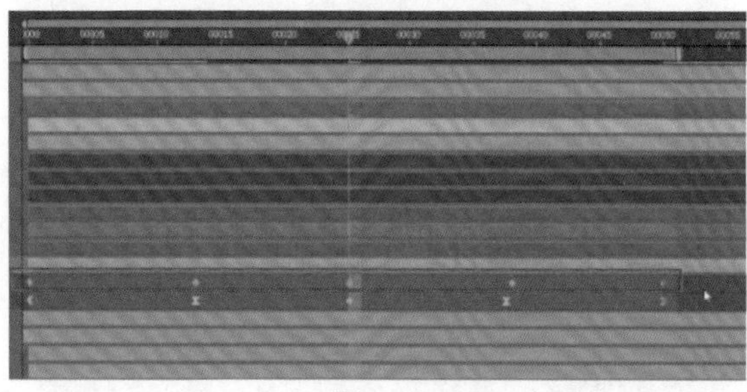

图11-27

03 选中所有路径关键帧，按F9键转换为“缓动关键帧”，然后将所有的路径关键帧整体后移，如图11-28所示。最后用Character Tool给它们添加循环表达式，这样身体的变化就有了惯性。

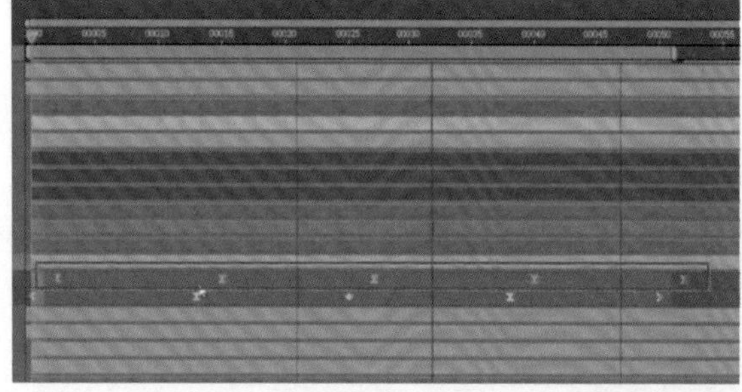

图11-28

11.2.4 头部细节调整

01 为了让头表现出惯性，需要给头做一些动画。选中“头”图层，将它的锚点调整到脖子和身体的连接处，如图11-29所示。

02 按S键调出“头”的“缩放”属性，并为（104%,96%），然后在0帧处打上关键帧；再将当前时间指示器移动到13帧处，将“缩放”属性调整为（95%,110%）；再将当前时间指示器移动到25帧处，将0帧的缩放关键帧复制粘贴过来；最后选中这三个关键帧并复制，在25帧处粘贴，如图11-30所示。

图11-29

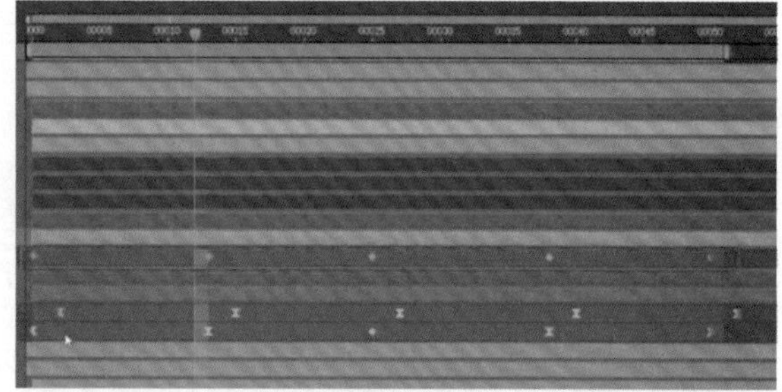

图11-30

03 将身体的位置缓动用Ease Copy脚本复制粘贴过来，这样头的晃动看起来也会比较有节奏。最后再将头的缩放关键帧后移两帧，进行错帧，表现出头的惯性。

11.2.5 五官细节调整

01 下面来给两只耳朵调整细节。选中“耳朵-外”图层，将它的锚点移动到根部，如图11-31所示。

图11-31

02 选中“耳朵-外”图层，按R键调出它的“旋转”属性，在0帧处将其设置为14°，并打上关键帧；将当前时间指示器移动到13帧处，把“旋转”调整为0°；再将0帧处的关键帧复制粘贴到25帧处；最后选中已经打好的三个关键帧并复制，在25帧处粘贴，并将之前复制的缓动粘贴到这5个关键帧上，耳朵的旋转动画就做完了，如图11-32所示。

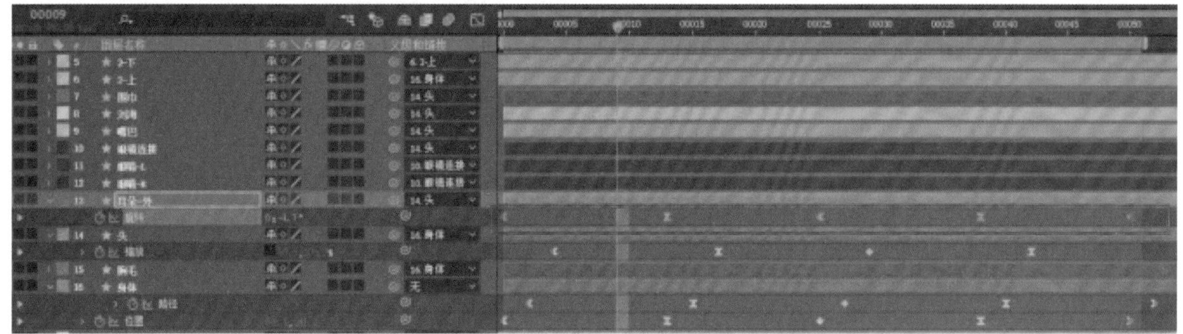

图11-32

03 还可以在这个基础上给耳朵增加一些细节。选中“耳朵-外”图层，在图层面板上方的搜索栏搜索“路径”，这样就可以直接调出该图层的所有“路径”属性。在0帧处将耳朵调整为一个向下变形的状态，然后都打上关键帧，如图11-33所示；再将当前时间指示器移动到13帧处，把耳朵调整为一个向上变形的状态，如图11-34所示。

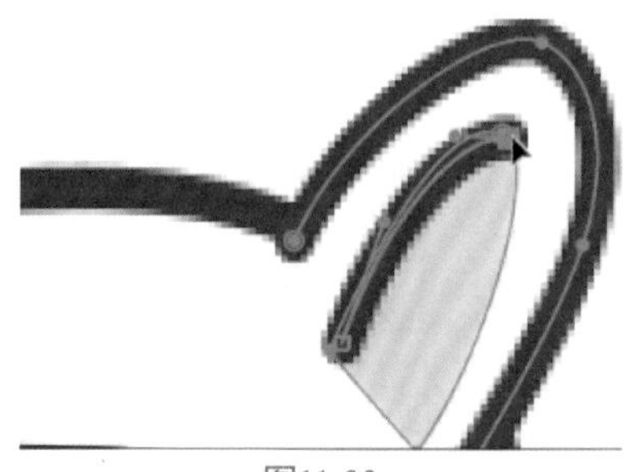

图11-33

图11-34

04 将0帧处的关键帧复制粘贴到25帧处，再选中这三组关键帧复制，然后在25帧处粘贴，这样一个周期里的耳朵变化形态就有了；选中所有的路径关键帧，使用Ease Copy把“旋转”属性的缓动粘贴过来，并使用Character Tool添加循环表达式，再整体后移3帧，这样耳朵的变形动画就做完了，如图11-35所示。

图11-35

05 使用同样的方式，给“耳朵-L”图层的“旋转”属性也做一个动画，如图11-36所示。

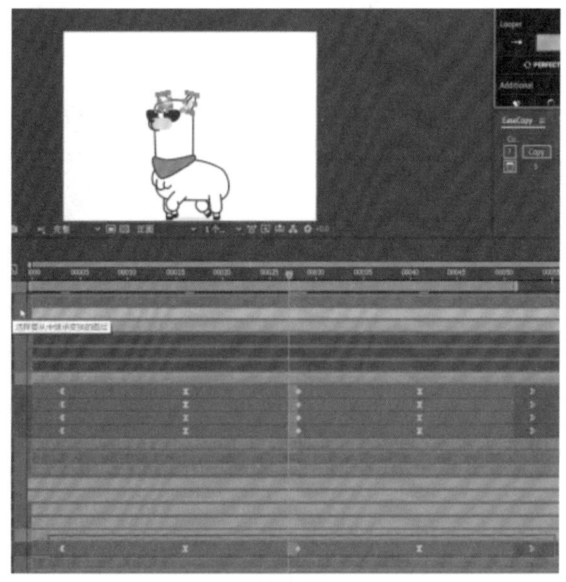

图11-36

06 选中“胸毛”图层，按R键，调出其“旋转”属性，在3帧处打上关键帧；再将当前时间移动到16帧处，将“旋转”调整为8°；将当前时间移动到28帧处，再将“旋转”调整为0°；然后将这三个关键帧选中并复制，在28帧处直接粘贴，这样一个周期的胸毛关键帧就都有了；最后用前面介绍的方法，给这几个关键帧粘贴上缓动和添加循环表达式，如图11-37所示。

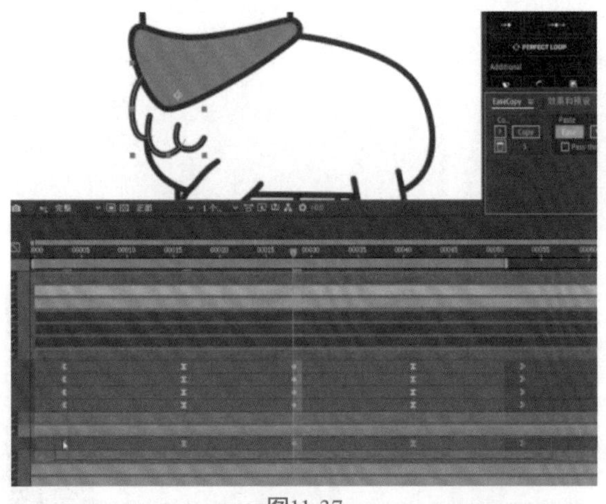

图11-37

07 选中“嘴巴”图层，按R键调出“旋转”属性，将当前时间指示器移动到5帧处，打上关键帧；将当前时间移动到18帧处，将“旋转”调整为2°；将当前时间指示器移动到30帧处，将5帧处的旋转关键帧复制粘贴过来；再选中已经打好的3个关键帧，按快捷键Ctrl+C复制，并在30帧处粘贴，这样就有了一个周期的关键帧；最后选中这5个关键帧，使用Ease Copy脚本粘贴一下之前复制好的缓动，并使用功能Character Tool脚本添加一下循环，嘴巴的动画就完成了，如图11-38所示。

图11-38

08 选中“刘海”图层，按R键调出“旋转”属性，将当前时间指示器移动到5帧处，打上关键帧；将当前时间移动到18帧处，将“旋转”调整为8°；将当前时间指示器移动到30帧处，将5帧处的旋转关键帧复制粘贴过来；再选中已经打好的3个关键帧，按快捷键Ctrl+C复制，并在30帧处粘贴，这样刘海一个周期的关键帧也都有了；最后选中这5个关键帧，使用Ease Copy脚本粘贴之前复制好的缓动，并使用功能Character Tool脚本添加一下循环，刘海的动画就完成了，如图11-39所示。

图11-39

11.2.6 眼镜动画制作

01 使用“矩形工具”绘制一个矩形，填充设置为白色，如图11-40所示。

图11-40

02 将刚刚绘制好的“形状图层 1”图层移动到“眼镜-R”图层上方；选中“眼镜-R”图层，按快捷键Ctrl+D复制一份，把复制得到的“眼镜-R 2”图层移动到“形状图层 1”图层上方，如图11-41所示。

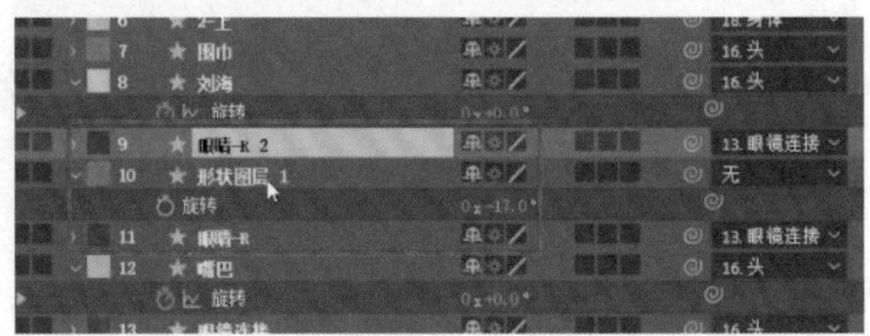

图11-41

03 选中“形状图层 1”图层，将其轨道遮罩设置为“Alpha 遮罩‘眼镜-R 2’”，这样矩形多余的部分就被遮罩裁剪掉了，如图11-42所示。

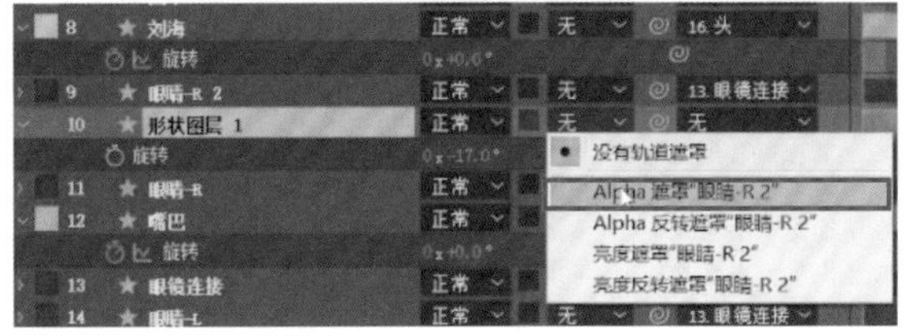
图11-42

04 选中“形状图层1”图层，按P键调出“位置”属性，将当前时间指示器移动到0帧处，打上关键帧，把“位置”调整为（-51.7,-3.8）；将当前时间移动到43帧处，把“位置”调整为（59.3,-3.8），如图11-43所示。

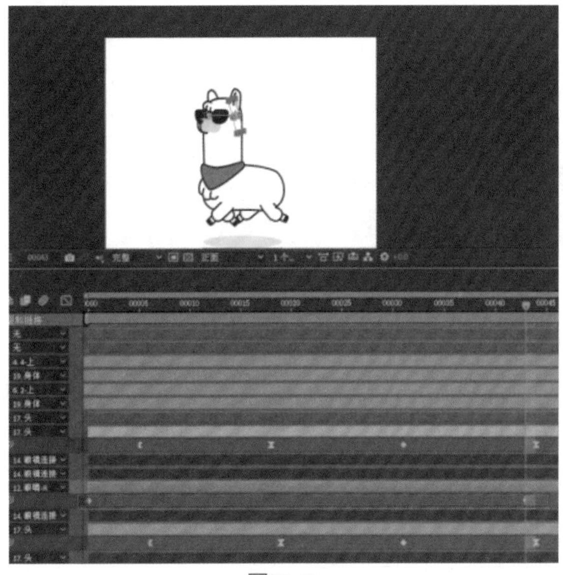
图11-43

05 将“形状图层 1”图层复制一份，移动到“眼镜-L”图层上，再将“眼镜-L”图层复制一份移动到“形状图层 2”上，再将“形状图层 2”图层的Alpha遮罩设置为“眼镜-L 2”，这样两个眼镜的高光就都做好了，如图11-44所示。

图11-44

06 将“眼镜-R”和“眼镜-L”图层分别复制一份，将填充设置为“无”，然后移动到“眼镜-R 2”图层的上面，这样眼镜框上就不会有反射，如图11-45所示。

图11-45

11.2.7　制作围巾上的斑点

01 切换到“椭圆工具”，按住Shift键，在围巾上绘制一个正圆，填充颜色设置为#ffb31c，描边大小设置为5px，颜色色值为#12315a，如图11-46所示。

图11-46

02 展开刚刚设置好的正圆图层的内容，单击“添加”按钮，找到“中继器”。将“中继器1”的副本数量设置为5、“位置”设置为（47,0），如图11-47所示。

03 选中“内容”，再次单击“添加”按钮，找到“中继器”，给它再添加一个中继器。将“中继器2”的“位置”设置为（-27,39）、“副本”设置为3，如图11-48所示。

04 调整“斑点”图层的位置和大小，如图11-49所示，再将其绑定“围巾”图层作为父级。

05 选中“斑点”图层，在“效果和预设”面板搜索“设置遮罩”，双击找到效果器，将“从图层获取遮罩”设置为“围巾”，如图11-50所示，这样超出围巾的部分就被裁剪了，如图11-51所示。

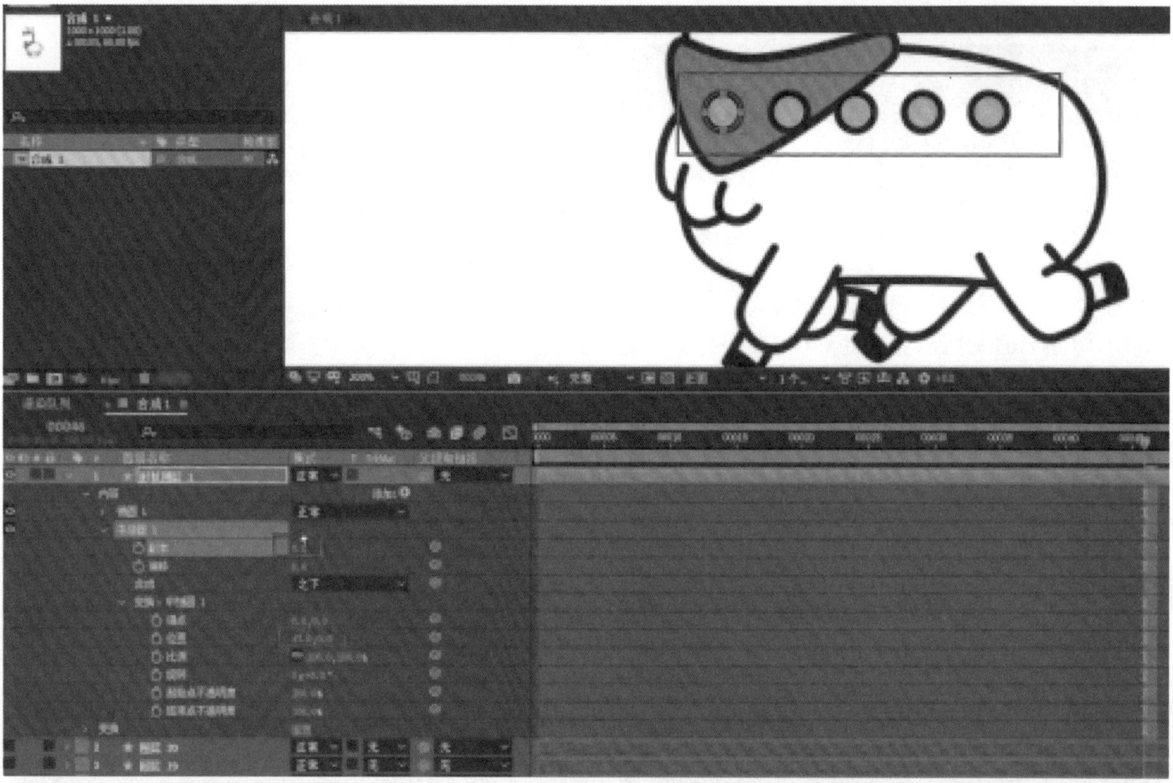

图11-47

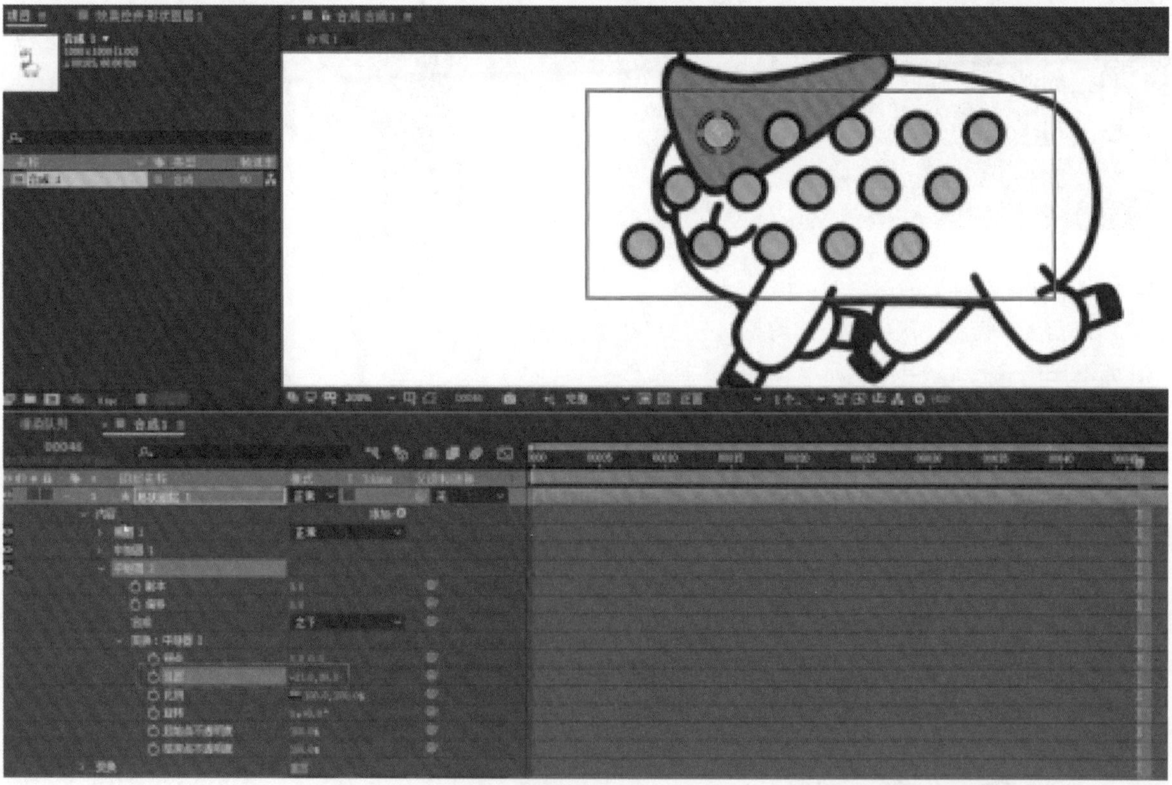

图11-48

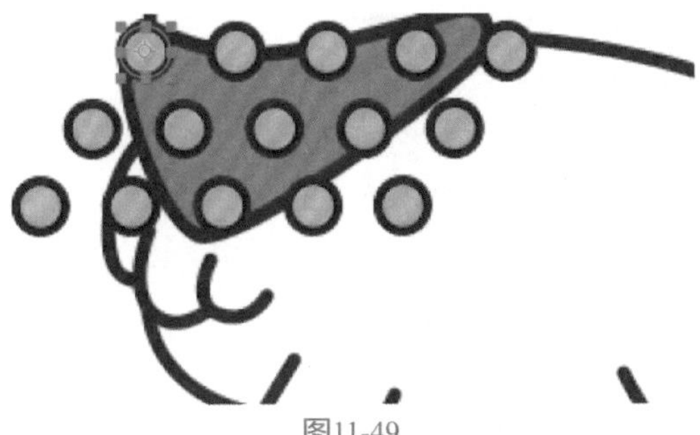

图11-49

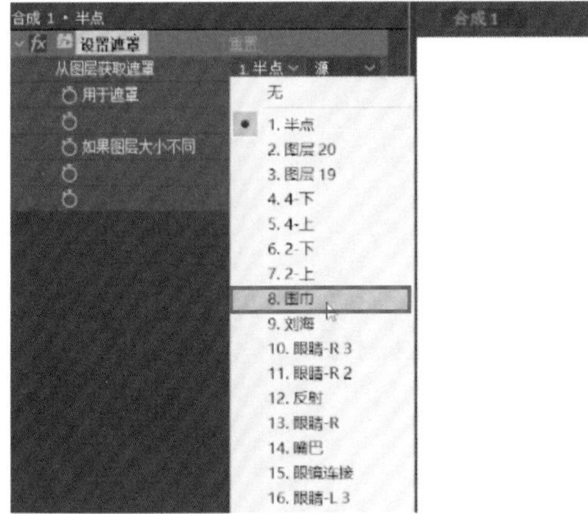

图11-50

图11-51

06 选中“围巾”图层，展开图层内容，在5帧处给“路径”属性打上关键帧；再将当前时间指示器移动到18帧处，调整围巾的路径形态，如图11-52所示。

07 将当前时间指示器移动到31帧处，将“围巾”的路径在5帧处的关键帧复制粘贴过来；选中已有的3个关键帧使用快捷键Ctrl+C复制，并在31帧处粘贴，这样一个周期内“围巾”路径变化的关键帧就有了。

08 将刚刚打好的5个关键帧整体前移3帧，然后全选，使用EaseCopy将之前复制好的缓动粘贴过来；再单击Character Tool的添加循环功能，给它们添加上循环表达式。

09 选中“围巾”图层，按快捷键Ctrl+D复制一层，将其移动到“斑点”图层上方，将“填充”设置为“无”，只保留描边样式，这样围巾的边缘就没有“斑点”图案了，如图11-53所示。

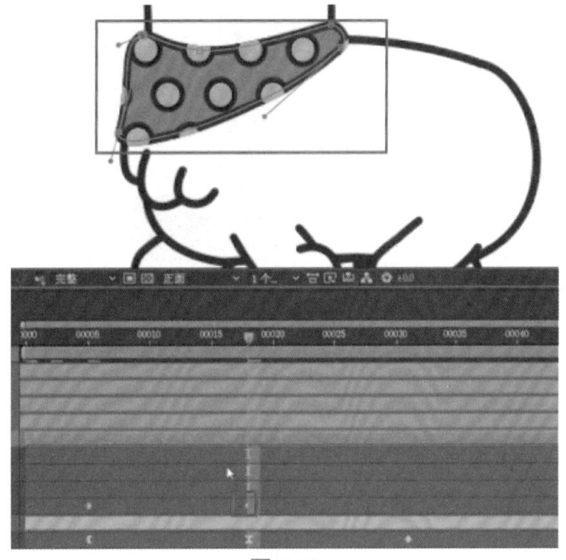

图11-52

图11-53

11.2.8　制作地面上的阴影

01 选中“阴影”图层，按S键调出它的“缩放”属性，在0帧处打上关键帧；将当前时间指示器移动到13帧处，将“缩放”调整为（87%,64%）；将当前时间指示器移动到25帧处，把0帧的缩放关键帧复制粘贴过来，然后再选中已有的3个关键帧，复制并粘贴到25帧处，这样“阴影”图层在一个周期里的缩放关键帧就都有了，如图11-54所示。

02 使用Ease Copy把之前复制好的缓动粘贴到“阴影”图层的5个缩放关键帧上，阴影动画就完成了。

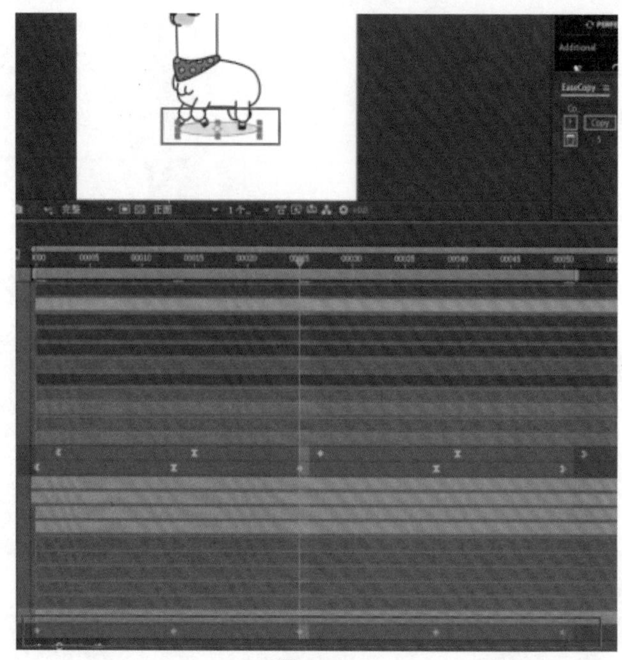

图11-54

11.3 衔接动画

羊驼从“趴着”到“直立”，需要有一个变化的过程，否则看起来就会很突兀。想要制作出这个变化的过程，光用前面做好的动画还不够，需要对它再进行一些调整。

01 在项目面板选中前面已经做好的“合成1”合成，按快捷键Ctrl+D复制一份，按Enter键给它重命名为“衔接”。

02 双击“衔接”合成，进入该合成内部，将当前时间指示器移动到50帧处，选中所有图层，按U键显示所有关键帧，再将所有打上关键帧的属性在50帧处再打上关键帧，如图11-55所示。

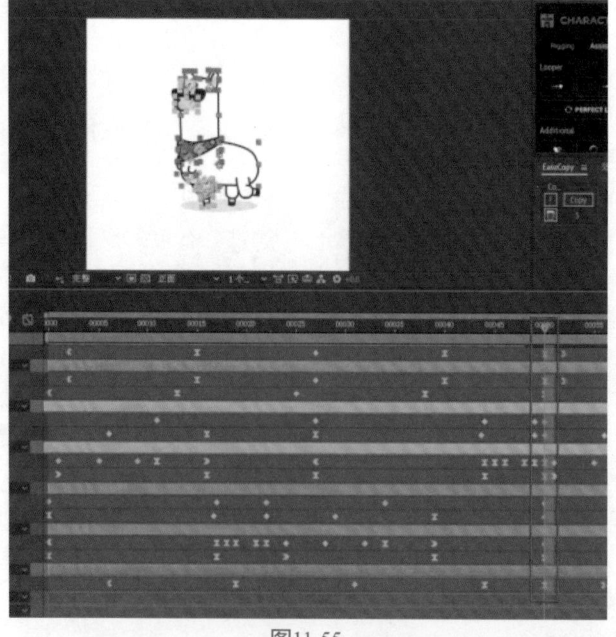

图11-55

03 确保当前时间指示器在50帧处，单击所有属性左侧的小秒表，删除所有的关键帧，如图11-56所示。此时羊驼的动作就会保持在50帧的状态，这个状态就是接下来做衔接动画的起始动作。

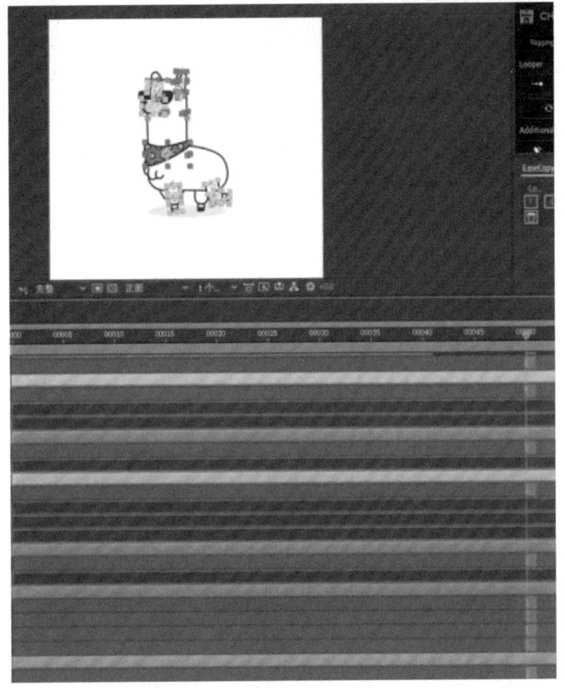

图11-56

04 单击选中所有添加了表达式的属性，执行“动画”→“移除表达式”命令，如图11-57所示，将它们中所有的表达式都清除。

图11-57

05 在“时间轴”面板的空白处右击，在弹出的快捷菜单中执行“新建”→“空对象”命令，创建一个空对象。将它调整到身体的中心位置，如图11-58所示，并命名为“身体控制”。

图11-58

06 选中“身体控制”图层，按快捷键Ctrl + D复制四层，分别命名为“1”“2”“3”“4”，并移动到羊驼四肢的根部，如图11-59所示。

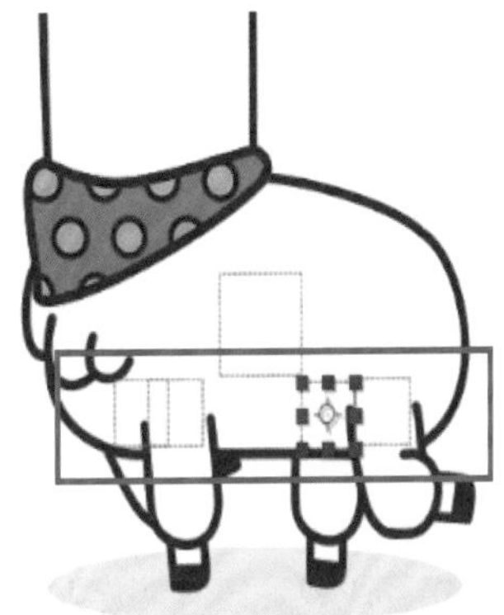

图11-59

07 选中“身体控制”图层，按快捷键Ctrl+D复制一层，命名为“头控制”，并移动到脖子的位置，如图11-60所示。

图11-60

08 选中“头控制”图层，按快捷键Ctrl+D复制两层，命名为“眼镜控制”和“胸毛控制”。

09 将“1”“2”“3”“4”四个图层的父级设置为“身体”图层；将“身体”图层的父级设置为“身体

控制”；将“眼镜连接”图层的父级设置为“眼镜控制”；将“胸毛”图层的父级设置为“胸毛控制”；将“胸毛控制”“眼镜控制”“头控制”图层的父级都设置为“身体控制”。此时移动“身体控制”图层，如果整个羊驼都跟着一起动，说明绑定完成，如图11-61所示。

图11-61

10 选中“身体控制”图层，按P和R键，分别调出“位置”和“旋转”属性。将当前时间指示器移动到0帧处，给“位置”和“旋转”都打上关键帧，如图11-62所示。

图11-62

11 将当前时间指示器移动到15帧处，将“身体控制”的“旋转”设置为90°，“位置”设置为(510,517)，如图11-63所示。

12 选中“3”和“4”图层，按P和R键，分别调出它们的“位置”和“旋转”属性；将当前时间指示器移动到0帧处，给它们的“位置”和“旋转”都打上关键帧；将当前时间指示器移动到15帧处，将“3”和“4”图层调整到图11-64所示的位置。

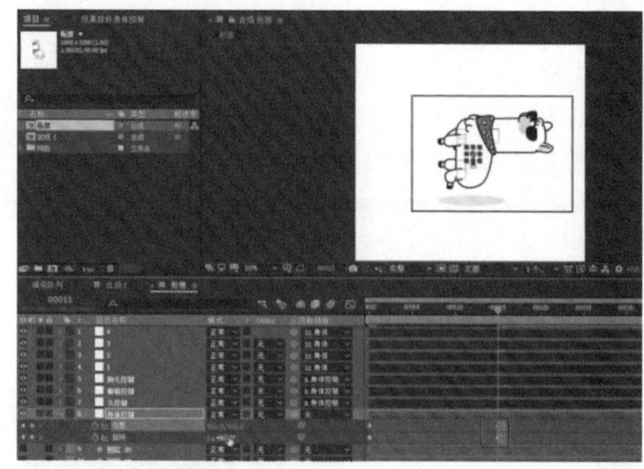

图11-63

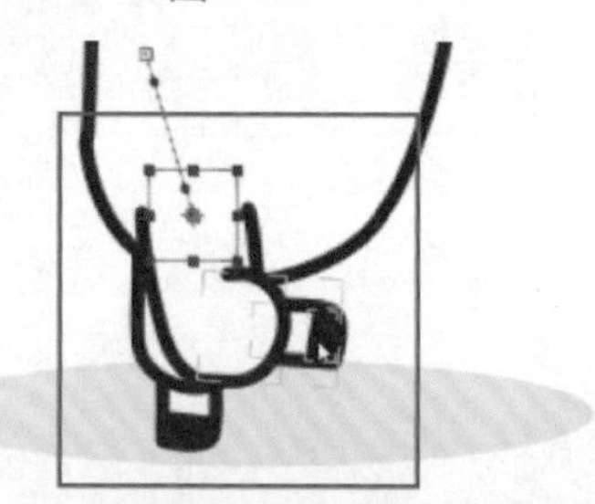

图11-64

13 选中“1”和“2”图层，按P和R键分别调出它们的“位置”和“旋转”属性；将当前时间指示器移动到0帧处，给它们的“位置”和“旋转”都打上关键帧；将当前时间指示器移动到15帧处，将“1”和“2”图层调整到图11-65所示的位置。

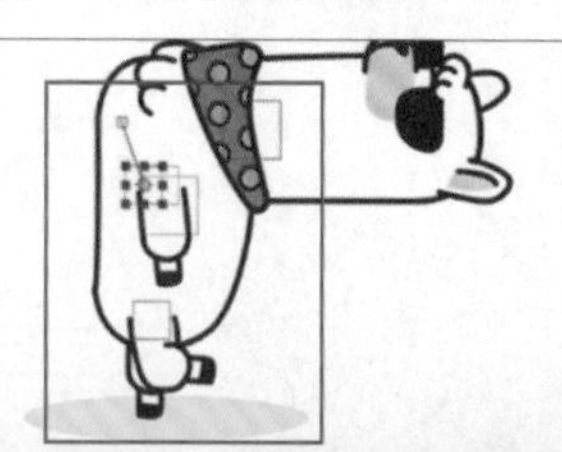

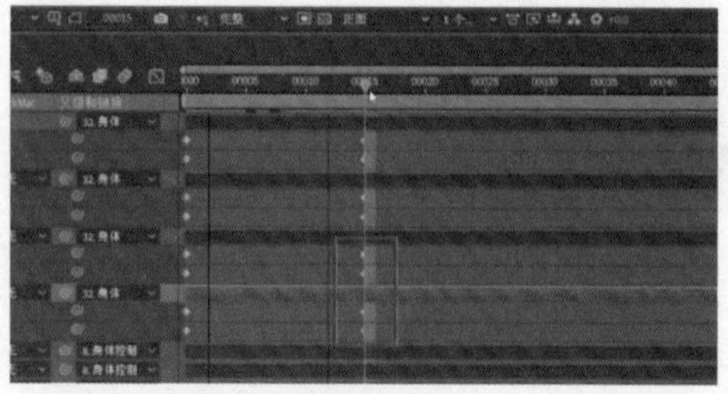

图11-65

14 将“眼睛控制”图层的父级设置为“头控制”。

15 选中“头控制”图层，按P和R键，分别调出它们的“位置”和“旋转”属性；将当前时间指示器移动到0帧处，给它们的“位置”和“旋转”都打上关键帧；将当前时间指示器移动到15帧处，将“头控制”图层调整到图11-66所示的位置。

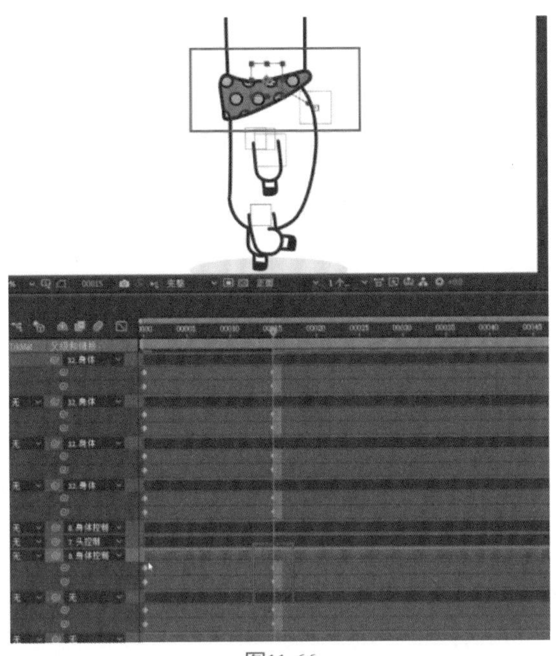

图11-66

16 选中“胸毛控制”图层，分别调出其“位置”和“旋转”属性；将当前时间指示器移动到0帧处，给“位置”和“旋转”都打上关键帧；将当前时间指示器移动到15帧处，将“头控制”图层调整到图11-67所示的位置。

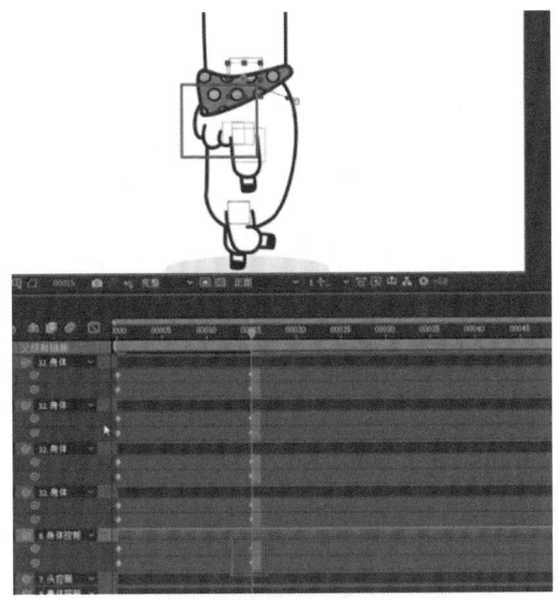

图11-67

17 选中“身体”图层，展开其“路径”属性，将当前时间指示器移动到0帧处，打上关键帧；将当前时间指示器移动到15帧处，调整路径的形态，让它看起来有点往上升的感觉，如图11-68所示。

图11-68

18 选中“眼镜控制”图层，按P键调出它的“位置”属性。将当前时间指示器移动到0帧处，打上关键帧；将当前时间指示器移动到15帧处，将图层的位置上移，直到眼镜出画，如图11-69所示。

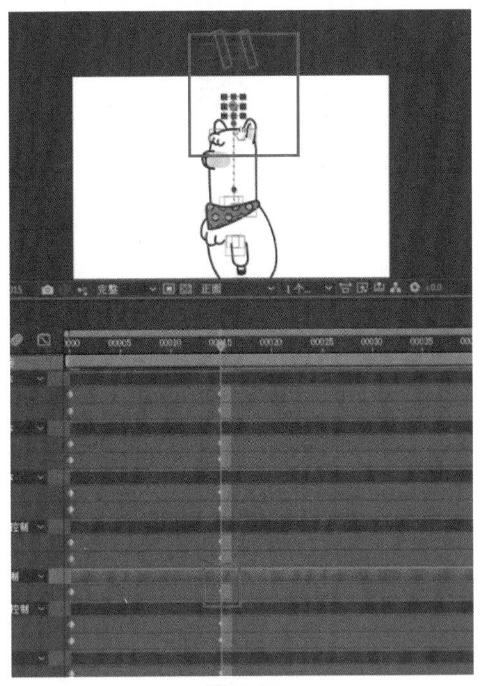

图11-69

19 切换到“椭圆工具”，按住Shift键，绘制三个正圆，组合到一起，作为羊驼的眼睛，如图11-70所示；最后再将它们绑定到“头”图层上作为子级。

20 切换到“钢笔工具”，给羊驼绘制一个舌头，如图11-71所示；最后再将图层移动到“舌头”图层下方。

21 选中“舌头”图层，按P键，调出其“位置”属性，将当前时间指示器移动到15帧处，打上关键帧；再将当前时间指示器移动到10帧处，将“舌头”移动到“鼻子”下方。

22 选中所有变形相关的图层的关键帧，按F9键添加“缓动关键帧”，这样衔接动画就完成了。

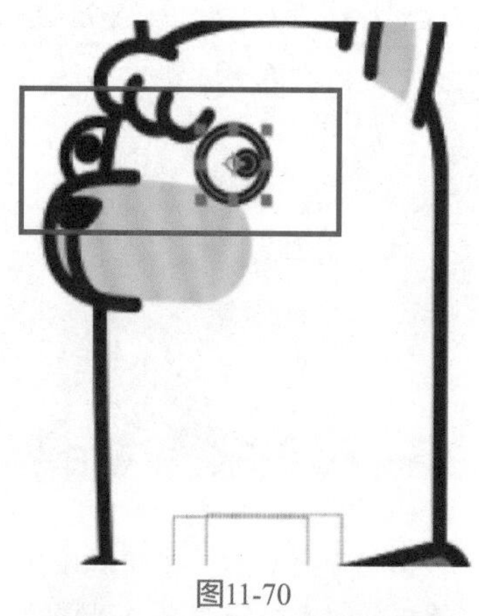

图11-70

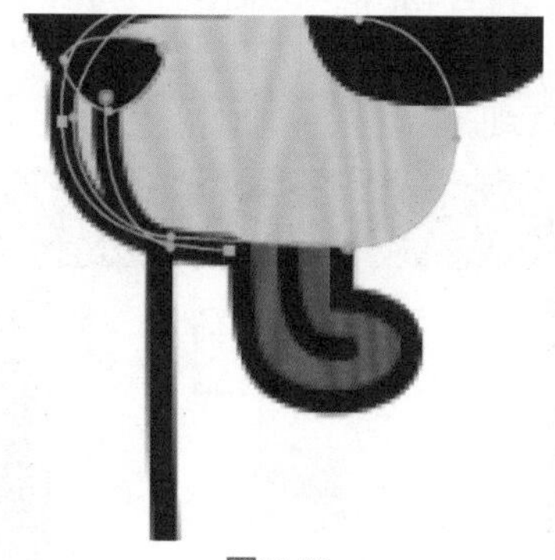

图11-71

11.4 直立行走动画

直立行走动画制作过程和趴着奔跑很像，思路也几乎一样，唯一要注意的就是羊驼的前臂的伸缩方式会发生变化。

01 选中“项目”面板的“衔接”合成，按快捷键Ctrl+D复制一层；选中复制后的合成，按Enter键将其重命名为“直立行走”，如图12-72所示。

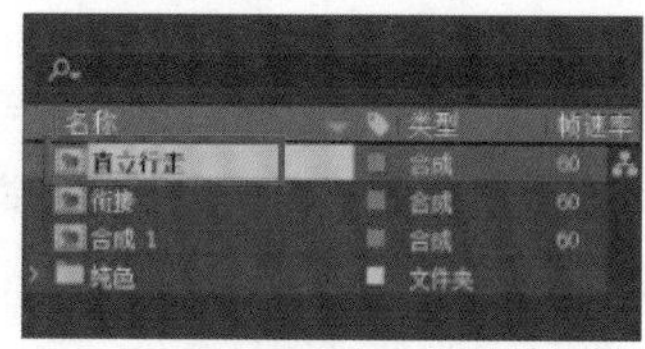

图11-72

02 将当前时间指示器移动到15帧处，选中所有图层，按U键显示所有关键帧，然后将所有的关键帧都选中，按Delete键删掉，这样就得到了羊驼直立后的状态。

03 双击“项目”面板的“合成1”，选中“2-下”图层，按U键显示所有关键帧，选中所有的关键帧按快捷键Ctrl+C复制。

04 回到“直立行走”合成，找到“4-下”图层，在0帧处，分别给“路径”和“旋转”属性打上关键帧；按住Ctrl键，依次单击“路径”和“旋转”属性，按快捷键Ctrl+V，将刚刚复制的关键帧粘贴过来。这样下腿的动画就做完了。

05 双击“项目”面板的“合成1”，找到“2-上”图层，按U键显示所有关键帧，选中所有关键帧之后按快捷键Ctrl+C复制。

06 回到“直立行走”合成，找到“4-上”图层，在0帧处，分别给它的“路径”和“旋转”属性打上关键帧；按住Ctrl键，依次单击“路径”和“旋转”属性，按快捷键Ctrl+V，将刚刚复制的关键帧粘贴过来。这样上腿的动画就做完了。

07 选中“4-上”和“4-下”两个图层，按快捷键Ctrl+D复制一份，将其移动到“3-下”图层的上方，然后将“3-下”和“3-上”两个图层删掉；最后调整一下复制过来的两个图层的时间轴位置，向前移动25帧，如图11-73所示。

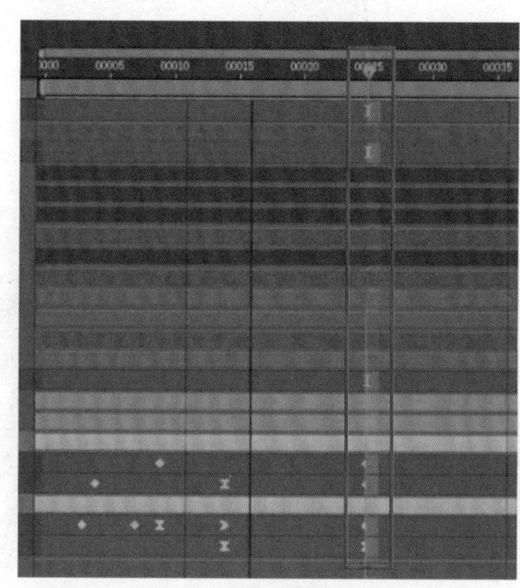

图11-73

08 选中“2-下”和“2-上”两个图层，按R键调出它们的“旋转”属性，分别将“旋转”调整为6.1°和-42.6°，并打上关键帧，如图11-74所示；将当前时间指示器移动到10帧处，分别将“旋转”调整为-5.9°和33.4°，如图11-75所示。

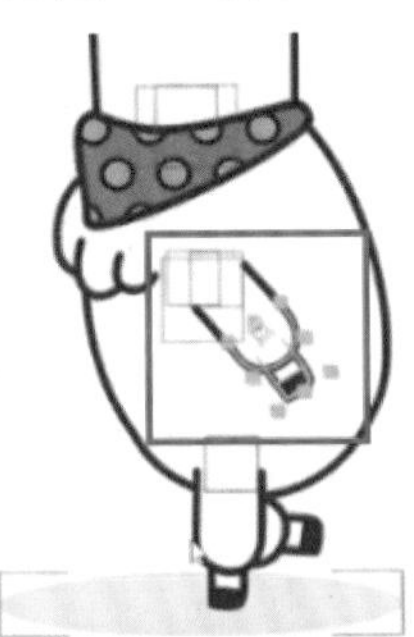

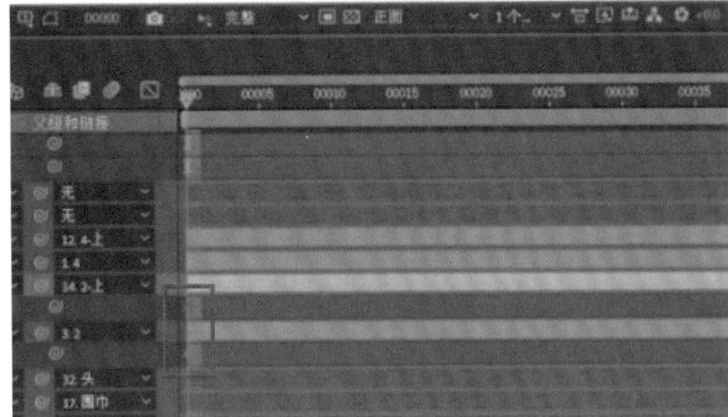

图11-74

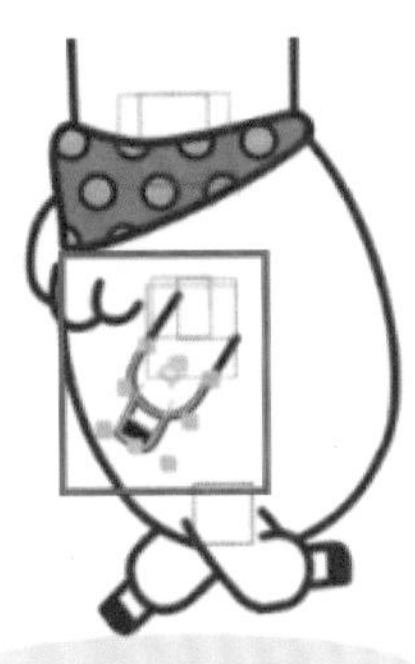

图11-75

09 将当前时间指示器移动到20帧处，分别把“2-下”和“2-上”图层在0帧处的关键帧复制粘贴过来，如图11-76所示。

图11-76

10 选中“2-上”和“2-下”两个图层所有的旋转关键帧，按住Alt键，拖动最后一个关键帧到50帧处，如图11-77所示。最后再使用Character Tool脚本分别给这两个“旋转”属性加上循环表达式。

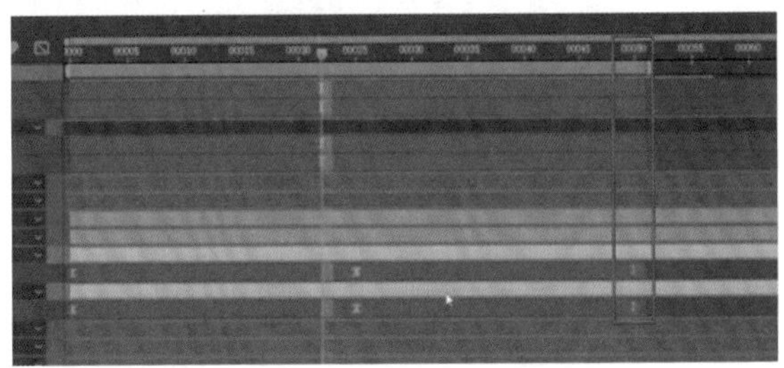

图11-77

11 选中“2-下”和“2-上”两个图层，将它们在时间轴上向前移，如图11-78所示；当前臂挥舞到身体后方的最高点时脚刚好抬到身体的最前面，走路动画看起来就是自然的。

12 选中“2-下”和“2-上”两个图层，按快捷键Ctrl+D复制一层，将它们移动到“身体”图层的下方，再将它们在时间轴上前移25帧，这样内手臂的动画就完成了，如图11-79所示。

13 选中“身体控制”图层，按P键调出其“位置”属性，将当前时间指示器移动到0帧处，给“位置”属性打上关键帧；将当前时间指示器移动到10帧处，把“位置”调整为（510,497）；将当前时间指示器移动到20帧处，把“位置”在0帧处的关键帧复制粘贴过来；再把当前的3个关键帧都选中并复制，在20帧处粘贴；最后选中“位置”属性的这5个关键帧，按住Alt键，将最后一个关键帧拖动到50帧处，如图11-80所示。

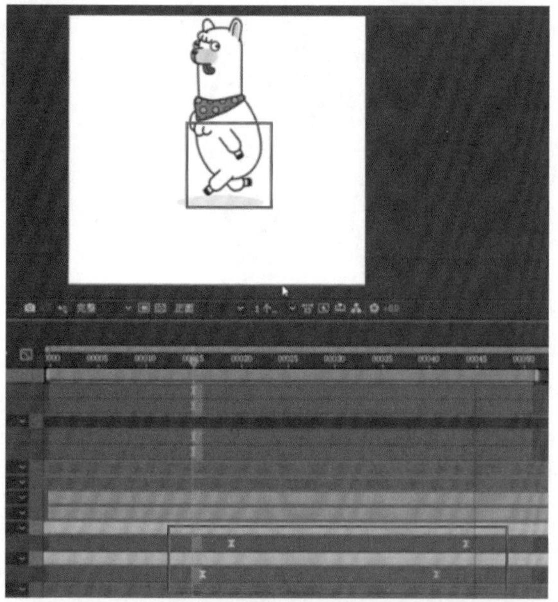
图11-78

图11-79

图11-80

14 选中“身体控制”“位置”属性的第2和第4个关键帧，按F9键转换为“缓动关键帧”；单击“图表编辑器”按钮，将位置属性的速度曲线调整为图11-81所示的样式，这样身体的弹跳看起来就会自然很多。

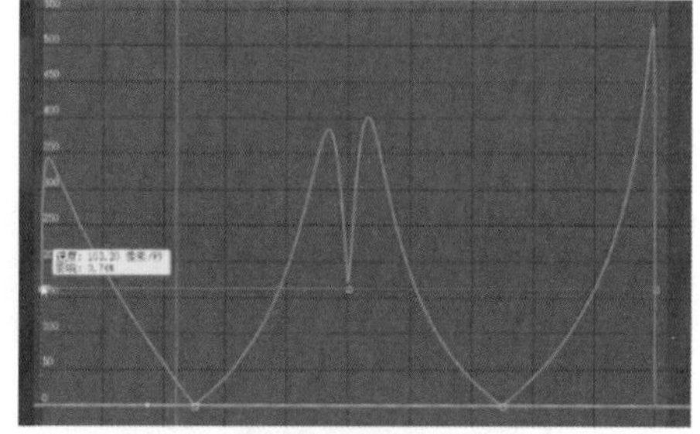
图11-81

15 选中“身体”图层，展开其“路径”属性，将当前时间指示器移动到0帧处，给路径打上关键帧；将当前时间指示器移动到10帧处，调整身体的路径，作出身体上移的感觉，如图11-82所示。

图11-82

16 将当前时间指示器移动到20帧处，将“身体”图层在0帧处的关键帧复制粘贴过来；选中已有的3个关键帧，使用快捷键Ctrl+C复制，在20帧处使用快捷键Ctrl+V粘贴；最后，按住Alt键，拖动最后一个关键帧到20帧处，身体的变形动画就完成了，如图11-83所示。

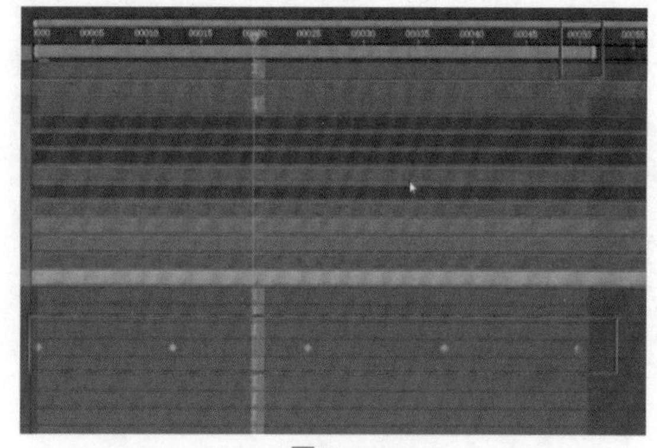
图11-83

17 使用Ease Copy脚本将“身体控制”的“位置”属性的缓动复制粘贴给“身体”的路径关键帧；再用Character Tool脚本给“身体”图层的路径关键帧加一个loop in+loop out的表达式；最后将图层在时间轴上右移3帧，这样身体的变形看起来就是有惯性的，如图11-84所示。

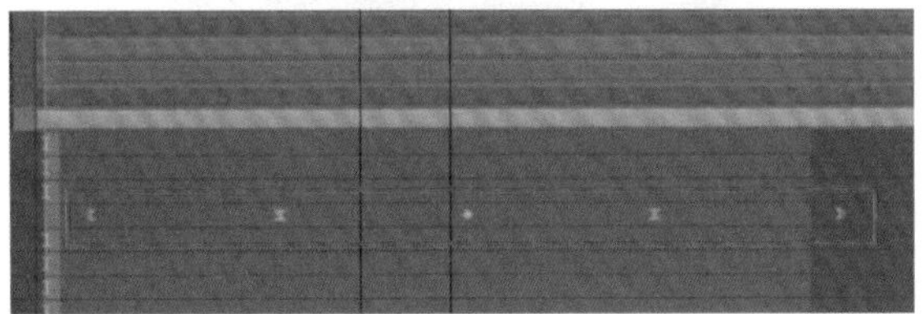

图11-84

18 选中“胸毛”图层，按R键调出“旋转”属性，在0帧处打上关键帧；将当前时间指示器移动到10帧处，将“旋转”属性设置为13°；将当前时间指示器移动到20帧处，将0帧处的关键帧复制粘贴过来；选中已有的3个关键帧，在20帧处复制粘贴；选中所有的5个关键帧，按住Alt键，把最后一个关键帧拖动到50帧处；使用EaseCopy脚本将“身体控制”的位置属性的缓动复制粘贴给“胸毛”的旋转关键帧；再用Character Tool脚本给“胸毛”图层的旋转关键帧加一个loop in+loop out的表达式；最后将图层在时间轴上右移3帧，这样身体的变形看起来就是有惯性的，如图11-85所示。

图11-85

19 选中“头”图层，按S键调出“缩放”属性，将其调整为（182%,168%），在0帧处打上关键帧；把当前时间指示器移动到10帧处，将“缩放”调整为（168%,182%）；把当前时间指示器移动到20帧处，将“缩放”调整为（182%,168%）；选中已有的3个关键帧，在20帧处复制粘贴；选中已有的5个关键帧，使用Character Tool给它们添加loop in+loop out表达式，再按住Alt键，拖动最后一个关键帧到50帧处；最后将整个图层在时间轴上后移5帧，身体的摇晃就完成了，如图11-86所示。

20 选中“耳朵-外”图层，按R键调出其“旋转”属性，在0帧处将其设置为9°并打上关键帧；将当前时间指示器移动到10帧处，将“旋转”设置为0°，如图11-87所示；将当前时间指示器移动到20帧处，将“旋转”设置为9°；选中已有的3个关键帧，在20帧处复制粘贴；选中已有的5个关键帧，使用Character Tool给它们添加loop in+loop out表达式，再按住Alt键，拖动最后一个关键帧到50帧处；最后将整个图层在时间轴上后移7帧，外侧耳朵的摇晃就完成了，使用同样的方式给“耳朵-内”图层也制作一下晃动动画。

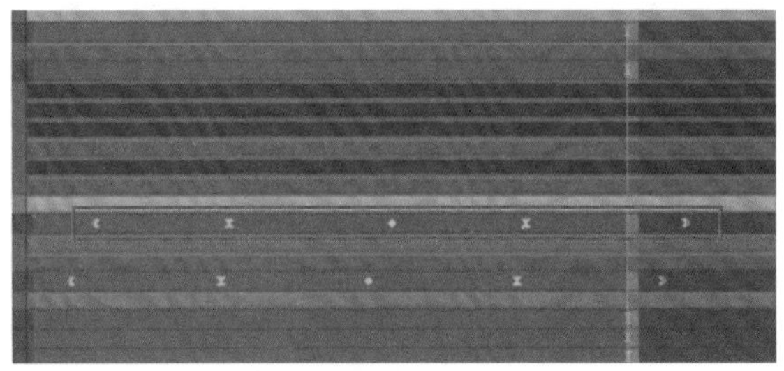

图11-86

21 选中“形状图层3”图层（也就是舌头图层），按P键调出其“位置”属性，在0帧处打上关键帧；将当前时间指示器移动到10帧处，将其上移10个像素，如图11-88所示；将当前时间指示器移动到20帧处，把0帧处的关键帧复制粘贴过来；选中已有的3个关键帧，在20帧处复制粘贴；选中已有的5个关键帧，使用Character Tool给它们添加loop in+loop out表达式，再按住Alt键，拖动最后一个关键帧到50帧处；最后将整个图层在时间轴上后移8帧，“舌头”的晃动动画就完成了。

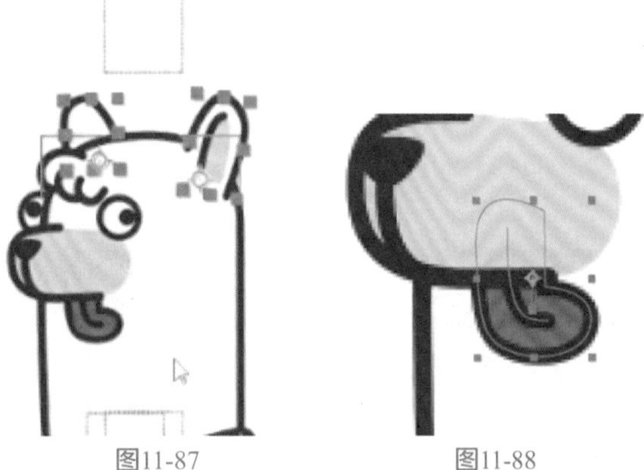

图11-87　　图11-88

22 选中“围巾”图层，展开其路径属性，在0帧处打上关键帧；将当前时间指示器移动到10帧处，将围巾的形态调整为图11-89所示的形态；将当前时间指示器移动到20帧处，把0帧处的关键帧复制粘贴过来；选中已有的3个关键帧，在20帧处复制粘贴；选中已有的5个关键帧，使用Character Tool给它们添加loop in+loop out表达式，再按住Alt键，拖动最后一个关键帧到50帧处；最后将整个图层在时间轴上后移

8帧，围巾的飘动动画就完成了。

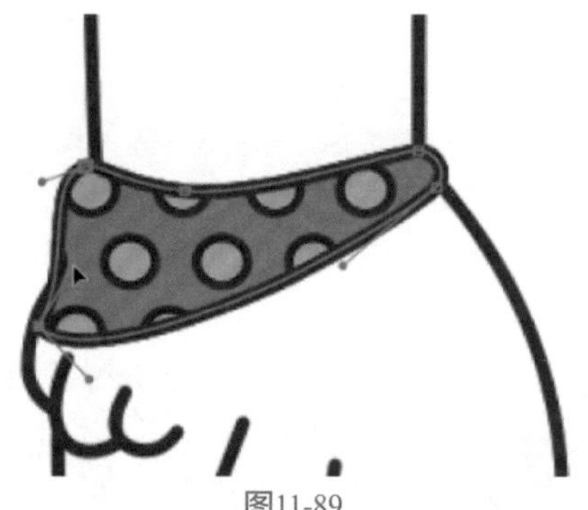

图11-89

23 双击“项目”面板的“合成1”，选中最下面的“阴影”图层，按U键，选中所有的缩放关键帧，按快捷键Ctrl+C复制；再回到“直立行走”合成，选中最下方的“阴影”图层，按快捷键Ctrl+V粘贴，这样阴影的动画就完成了。

11.5 整合动画

所有动画片段做好之后，需要将它们整合成一个完整的动画，但仅仅把这些片段拼到一起还是不够的，我们需要注意每个片段之间的衔接，还要调整速度的变化，让整体看起来更加协调。

01 双击“项目”面板的“合成1”，将当前时间指示器移动到50帧处，按N键，这样合成的预览范围就变成了从0帧到50帧，此时在时间轴上方右击，在弹出的快捷菜单中选择“将合成修剪至工作区域”选项，如图11-90所示，预览的时长就变成了合成的时长。

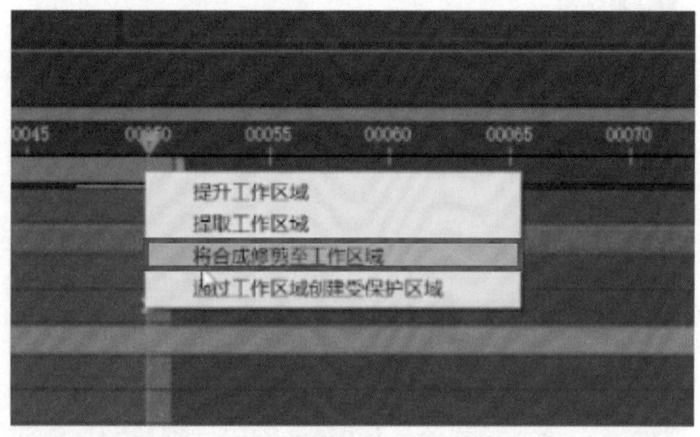

图11-90

02 在“项目”面板中单击选中“合成1”，按Enter键将其重命名为“趴着行走”；将趴着行走拖到“项目”面板的“合成图标”上，如图11-91所示；这样就创建了一个包含“趴着行走”合成的新合成。

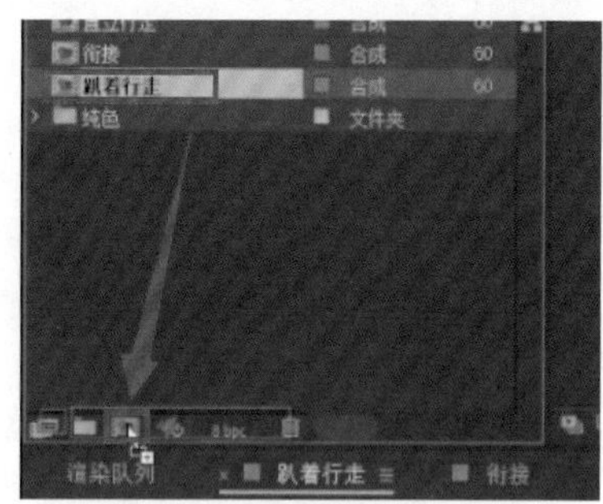

图11-91

03 按快捷键Ctrl+K调出“合成设置”面板，将持续时间改成251，如图11-92所示。

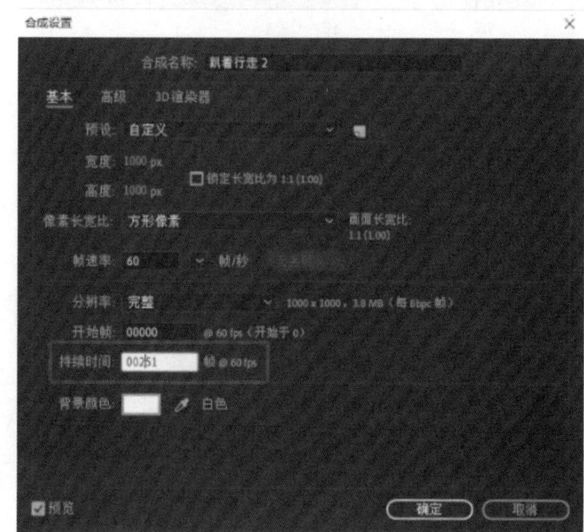

图11-92

04 选中“时间轴”面板的“趴着行走”合成，使用快捷键Ctrl+D再复制一个，并将它们在时间轴上依次排列，如图11-93所示。

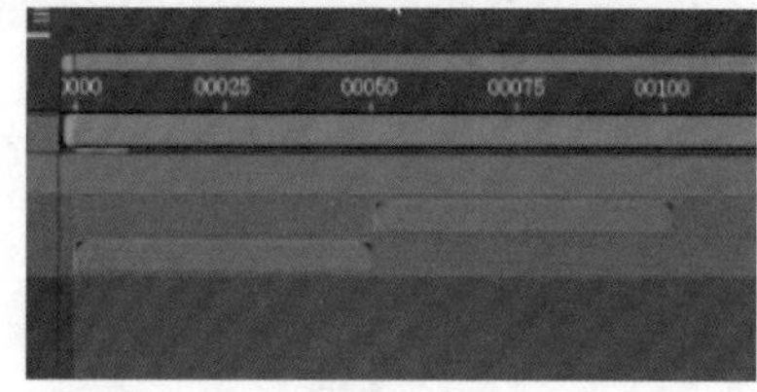

图11-93

05 将合成面板的“衔接”拖到时间轴上，放到“趴着行走”的后面；双击“衔接”合成，进入它的内部，按快捷键Ctrl+K调出“合成设置”面板，将时长设置为15帧。

06 将合成面板的“直立行走”拖到时间轴上，放到“衔接”的后面；选中“直立行走”合成，按快捷键Ctrl+D复制两层，摆放到原合成的后方，如图11-94所示。

07 选中“衔接”合成，按快捷键Ctrl+D复制一层，将其移动到最后一个“直立行走”的后面；在图层上右击，在弹出的快捷菜单中执行“时间”→“时间反向图层”命令，如图11-95所示，这样“衔接”的动作就会反过来播放。

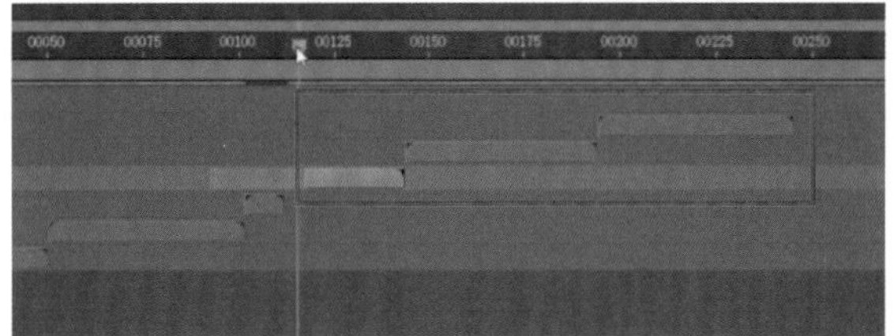

图11-94

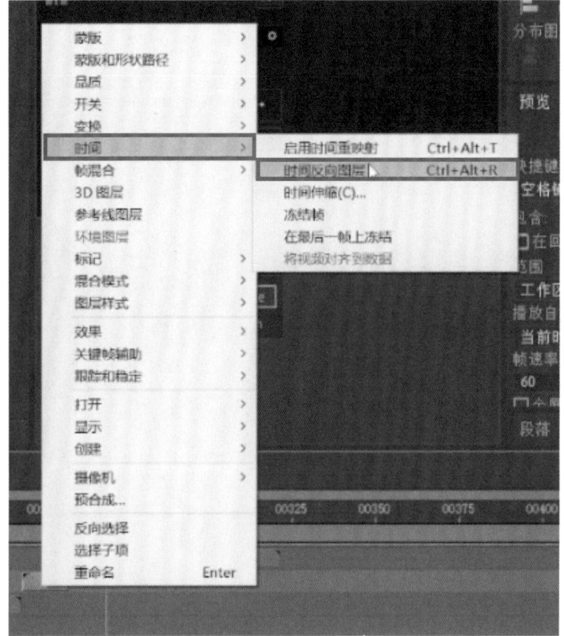

图11-95

08 选中“趴着行走”图层，按快捷键Ctrl+D复制一层，将其移动到最后一个“衔接”的末尾，如图11-96所示。

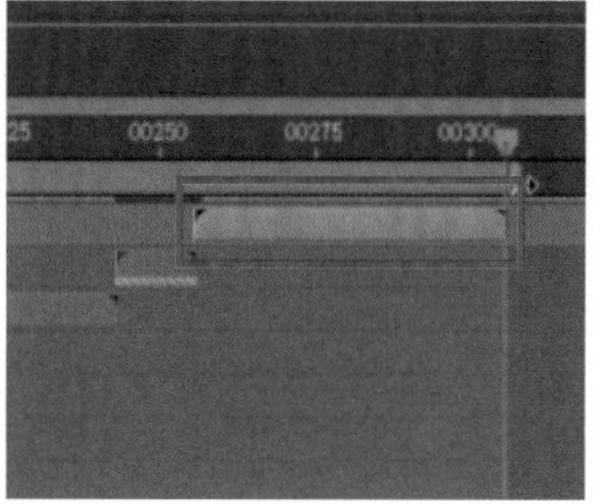

图11-96

09 将当前时间指示器移动到306帧，按N键将预览区域调整到306帧处，最后在时间轴上方右击，在弹出的快捷菜单中选择“将合成修剪至工作区域”选项，预览的时长就变成了合成的时长。这样羊驼奔跑的案例就完成了。